KB091247

인공 지능 없는
한국

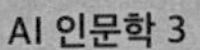

인공 지능 없는 한국

AI 시대를 위한 기업, 교육, 사회, 국가 혁신 전략

위정현

중앙대학교 인문콘텐츠연구소
HK+인공지능인문학사업단 기획

사이언스북스
SCIENCE BOOKS

오늘의 나를 있게 한 사랑하는

어머니 정봉자 님과 아내 장필선,

그리고 두 딸 여경, 여민에게 이 책을 바칩니다.

책을 시작하며

'인공 지능 후진국' 한국

인공 지능 노동은 인공 지능에게, 인간 노동은 인간에게

2019년 7월 9일 KBS는 동해안 철책 근무를 섰던 한 병사가 북한 목책 선박 감시 소홀로 질책받은 후 자살했다고 보도했다. 국방부는 육군 23사단 소속의 한 일병이 원효대교에서 한강으로 투신해 숨졌다고 밝혔다. 육군 23사단은 북한 목선의 삼척항 입항 당시 관할 지역의 방위 태세를 책임졌던 부대로 해당 병사는 사건이 발생한 해안의 소초 상황병으로 근무하고 있었다.

당시 북한 선원 4명이 탄 소형 목선은 북방 한계선(NLL)을 통과해 삼척항에 도달 시까지 57시간을 표류했던 것으로 알려졌다. 그리고 삼척항에 도착한 후에도 선원들이 자유롭게 주변을 돌아다녔고 주변 주민들과 대화하고 심지어 핸드폰을 빌려 통화를 시도했으나, 군이나 경찰은 이를 인지하지 못해 국민들에게 큰 충격을 주었던 사건이다. 국방부는 해당 병사의 자살은 문책에 따른 것이 아니라고 부인했지만, 그럼에도 불구하고 북한 목선 경계 실패와 관련해 육군 23사단장과 해군 1함대 사령관을 징계 위원회에 회부한다는 점은 분명히 했다.

북한 목선 사건에서 우리는 두 가지 의아함을 느끼게 된다.

첫째, 왜 기계나 AI와 같은 기계나 소프트웨어가 잘할 수 있는 일을 인간에게 강요하는가의 문제이다. 임무에 숙달되지 못한 병사에게 그것도 수면 부족이나 야간에 시각적 능력의 한계 등 물리적, 신체적 한계를 가지고 있는 '인간 병사'에게 굳이 그런 일을 시켜야 하는 것일까? 이런 단순 작업이야말로 AI가 잘할 수 있는 최적의 일거리일 수 있다. 물체를 식별하는 인식 기술과 영상 기술의 결합, 그리고 AI 기술은 목선을 포함한 적선에 대한 탐지를 용이하게 한다. 휴전선에서, 또는 3면이 바다인 우리나라의 해안선에서 의미 없이 불안하게 24시간 전방을 주시해야 하는 단순 노동에서 AI는 인간보다 수백 배 더 잘할 수 있다. 그럼에도 불구하고 인간이 굳이 할 필요가 없고, 또 인간보다 AI가 훨씬 탁월한 능력을 발휘할 수 있는 작업에 왜 굳이 인간을 투입해야 하는가에 대한 의문이 이번 사태의 핵심 문제이다.

둘째, 사건에 대한 책임 문제로 해당 병사가 자살했다는 논란이 일었고, 나아가 지휘관 2명은 징계 위원회에 회부되었다. 과연 그 병사는 자살할 정도로 중요한 과실을 범한 것일까? 지휘관들도 징계를 받을 정도로 중대한 실수를 범했을까? 징계를 시도한 것은 더글러스 맥아더(Douglas MacArthur)가 남긴 "작전에 실패한 지휘관은 용서할 수 있어도, 경계에 실패한 지휘관은 용서할 수 없다."라는 명언 때문일 것이다. 물론 이 말은 틀림이 없다. 경계에 실패해 적의 공격을 막지 못한다면 역사에 길이 남을 죄인이 될 것이기에 일벌백계는 당연한 것이다. 그러나 문제의 핵심은 21세기 우리 병사들은 1950년 한국 전쟁이나 1940년 제2차 세계 대전과 완전히 다른 군사 환경에 놓여 있다는 점이다. 사람이 눈에 보이는 적을 감시하는 것이 아니라, 지구로부터 3,500킬로미터 높이에 있는 정찰 위성이 적대국의 트럭 이동을 감시하는 시대이며, 인간이 아닌 무인 드론이 '표적'을 암살하는 시대이다.

2017년 8월 미국의《비즈니스 인사이더》는「미국은 김정은을 확실하게 살해할 수 있었는데 그러지 않은 이유」라는 기사에서 "북한이 화성-14형 탄도 미사일 발사대 옆에서 김정은이 담배를 피우며 걸어 다니는 모습을 미군과 정보 기관 관계자들이 70분 동안 실시간으로 지켜보고 있었다."라고 전했다.[1] 또 "김정은이 미국의 조준에 1시간 넘게 들어 있었고, 미국은 김정은을 사살할 수 있는 다양한 무기도 있었지만 아무것도 안 했다는 점이 중요하다."라고 지적했다. 북한이 화성-15형 ICBM을 발사할 때도 동일한 상황이었다.

미국에게 이런 능력을 부여하는 정보 자산은 정찰 위성이다. 미국의 정찰 위성은 '열쇠 구멍(Key Hole, KH)'이라는 코드명이 붙는데, 한반도에서 미국 정보 기관들은 비공식적으로 KH-13, 극비로는

KH-14를 운영하고 있다고 한다. KH-13은 고도 1,100킬로미터와 1,105킬로미터 사이의 타원형 궤도를 돌면서 전자 광학 장비 또는 합성 개구 레이더(SAR)로 지상을 감시하는데 특히 전자 광학 장비는 해상도가 가로세로 5센티미터 크기의 물체까지 식별할 수 있는 것으로 알려져 있다.[2] 가로세로 5센티미터 크기라면 골프공을 식별할 수 있다는 말이다.

그렇다면 목선 사건에서 문제의 핵심은 해상 감시 장비를 자동화, 기계화하지 않은 채 여전히 제2차 세계 대전 시절의 낡은 무기 체계와 인간에 의한 원시적 감시 체계를 유지하고 있는 군 수뇌부와 정부에 있다고 할 수 있다. 무인기와 드론이 전쟁을 하는, 4차 산업 혁명의 시대에 군은 이미 대응했어야 하지만 여전히 구시대의 잔재에 의존하고 있다.

이 사건을 계기로 우리의 군사 무기 체계도 AI나 드론, 로봇과 같은 기술 기반의 체계로 가야 한다는 의견이 있었지만 아직 우리 군의 방어 체계나 전략 체계가 신기술 기반으로 혁신한다는 뉴스를 들은 적은 없다. 아마 이런 논의가 본격화하면 필연적으로 군 인력 감축과 고위 장교 감축에 대한 논란이 동반된다. 인력과 조직이 감축되면 필연적으로 조직의 권력은 약화된다. 권력의 약화를 두려워하는 군 수뇌부와 국방부의 거부가 문제의 원인인 셈이다.

2020년 1월 3일 미국이 가셈 솔레이마니(Qasem Soleimani) 이란 혁명 수비대 사령관을 살해한 사건은 이런 예측을 현실화하고 있다. 미국이 사용한 무기는 공격용 드론 'MQ-9 리퍼'였다. 리퍼는 길이 11미터, 날개 폭 20미터, 무게 2,200킬로그램으로 재래식 전투기보다 훨씬 작다. 레이저로 유도하는 헬파이어 미사일 14발 등 약 1.7톤의 무기를 탑재할 수 있고 완전 무장 상태에서 14시간 이상 비행할 수 있다. 7,600미터 상공에서 이동하기에 적이 식별하기도 어렵다. 그래서 리퍼는 미국 본토에서 조종해 수천 킬로 거리에 있는 '타겟' 암살을 가능하게 한다.

미군의 드론 활용 공격은 이번이 처음은 아니다. 지난 2015년에도 IS(이슬람 국가)의 지도자인 샤히둘라 샤히드(Shahidullah Shahid)가 아프가니스탄 동부에서 미국의 드론 공격으로 사망했다. 이날 미군 드론 공격으로 49명의 IS 전투 요원도 함께 사망했다고 알려져 있다. 드론은 이미 실전에 투입되어 이라크, 시리아, 아프간 등지에서 전쟁을 수행한 지 오래다. 다만 솔레이마니 같은 거물급 인사가 살해되어 새삼스럽게 세계의 관심을 모으고 있을 뿐이다.

드론을 이용한 전쟁은 「에이스컴벳」 같은 비행 슈팅 FPS(1인칭 슈팅) 게임과 본질적으로 다를 바 없다. 스크린에 보이는 타겟을 십자 마크의 중앙에 오도록 조준하고 버튼을 누르면 될 뿐이다. 드론에 의한 전쟁은 잔인함이나 죄책감 같은 인간의 '불편한 감정'을 제거해 준다. 슈팅 게임은 가상의 전투이기 때문에 이런 감정을 느낄 이유가 없다.

드론 전쟁만이 아니다. 현재 개발되고 있는 전투용 AI나 로봇이 전장에 투입된다면 역시 마찬가지 상황이 될 것이다. 타겟이 이번의 솔레이마니처럼 살아 있는 인간이 될 수도 있지만 실제 전장에서와 같이 인간의 단말마적인 비명이나 고통은 보이지도 않고, 또 느낄 필요도 없다. 전쟁은 말 그대로 '게임'이 되어 버린 것이다.

드론을 넘어선 전투기의 AI 응용도 이미 시작되었다. 2020년 8월 20일 존스 홉킨스 응용 물리학 연구소(APL)에서 열린 인간 조종사와 AI 조종사의 모의 공중전에서 인간은 참담하게 패배했다. 시청자들은 유튜브를 통해 미국 방위 고등 연구 계획국(Defence Advanced Research Projects Agency, DARPA)이 주최한 가상 대결에서 F-16 조종사 코드명 '뱅거'가 AI 조종사에 5 대 0으로 완패하는 모습을 지켜보았다. 더 나아가 미국 공군과 오스트레일리아 공군은 무인 제트 전투기 공동 개발에 착수하고 있기도 하다. 2020년 최소 3대의 시제품 시험기가 만들어지며, 오스트레일리아에서 첫 시험 비행이 이루어진다고 한다. 미국 공군이 개발하는 이 무인 로봇 제트 전투기 시스템은 ATS(Airpower Teaming System)로 불리며 비행기는 'XQ-58A 발키리'로 불린다.[3]

전쟁이 게임이 되어 버렸다는 것은 전통적인 군인이 아닌 게이머나 엔지니어가 전쟁을 더 잘 수행하는 시대가 다가왔다는 것을 의미한다. 군대가 강인한 체력과 정신력을 기반으로 하는 군인이 아니라 전혀 다른 역량을 가진 인력을 필요로 한다는 이야기이다. AI 엔지니어나 게임 플레이어가 근미래의 군대에서 가장 필요한 인력이 될 것이다.

현실의 전장이 게임 속 가상 공간처럼 되어 버렸기 때문에 게임과 같은 전쟁은 현실의 전쟁과 완전히 다른 가상 공간 인식 기술과 전투 스킬을 필요로 한다. 따라서 가까운 미래 징병 검사에서는 지원자의 신체 역량보다 '게임 역량'을 더욱 중요하게 평가할지 모른다. 징병관은 이런 질문을 던질 수도 있다.

"자네의 배틀그라운드 게임 성적을 말해 주게. 전투에 참가한 100인 중 최후의 승자가 되어 본 적이 있는가?"

기업의 핵심 역량을 파괴하는 AI

기업 역시 AI 기반 조직과 전략으로 변화해야 한다. 인간의 경험과 숙련에 기반한 기업 경영의 시대는 막을 내렸다. AI는 인간이 지닌 정신적 지식 영역인 '암묵지'의 흡수를 본질로 한다. 철학자이자 화학자인 마이클 폴라니(Michael Polanyi)에 따르면 인간의 지식은 기록 가능 여부에 따라, 그리고 인지 대상에 따라 크게 두 가지로 분류할 수 있다. 기록 가능 여부에 따라서는 형식지(explicit knowledge)와 암묵지(tacit knowledge)로 구성된다. 형식지는 정형화할 수 있고 문서로 기록할 수 있으며 외부 조직과 공유할 수 있는 성격의 지식이다. 반면 암묵지는 정형화하기 어렵고 문서로 기록하기 어려우며 타 조직에 이전하거나 적용하기 어렵다는 특성을 갖는다.

여기서 암묵지는 기업의 핵심 역량으로 작용한다. 다른 기업이 단기간에 모방할 수 없는 고유의 역량이기 때문에 경쟁 기업과의 차별화와 경쟁 우위를 가져오는 핵심 요소인 것이다. 따라서 현대의 기업은 자신의 고유한 암묵지를 어떻게 형성할 것인가, 특히 암묵지가 체화되어 있는 인간을 어떻게 획득하고 조직화할 것인가가 가장 중요한 경쟁력의 원천이었다.

인간의 육체에 체화된 암묵지의 이전이 가져올 기업 역량의 변화는 수치 제어(NC) 공작 기계의 등장으로 이미 입증된 바 있다. 공작 기계는 '기계를 만드는 기계(mother machine)'이다. 기계를 만든다는 것은 기계의 부품을 만드는 것이며, 공작 기계는 다양한 제조 방법 중에서 절삭 가공과 소성 가공에 이용되는 모든 기계를 의미한다. 공작 기계는 자본재 산업의 핵심이며 기술적인 특성으로는 규격, 품질, 성능이 다양한 기술 집약적 산업의 결정체이다. 공작 기계 제조업은 기술 축적에 오랜 시간이 소요되고 모방 기술의 한계로 인해 단기간에 경쟁력 확보가 어려우며, 엔지니어링을 기반으로 기술 집약도가 높은 고부가 가치 산업이기도 하다.

NC 공작 기계의 등장은 인간 노동에 충격적인 변화를 주었다. 기존에 인간이 하던, 부품 가공 공정을 연결해 주는 작업이나 공정 진행 관련 작업은 소멸하고 새로이 제어 시스템 개발이나 CAD 개발이라는 직종이 생겨났다. NC 공작 기계는 인간 노동의 고도화를 실현했다. 그런데 AI는 이 NC 공작 기계처럼 다시 한번 인간의 정신적 노동의 고도화를 요구하고 있다.

AI는 인간의 정신적 암묵지, 즉 정신 노동을 흡수하고 있고 이는 정신 노동의 고도화를 초래한다. AI를 가장 먼저 공격적으로 개발, 도입하고 있는 곳은 기업이다. AI는 기업의 인사 분야에 먼저 진입하고 있다. 기존의 공개 채용 구조에서 기업은 막대한 비용과 인력을 투입해 신입 사원을 뽑지만 비용 대비 효과와 양질의 인력 확보 여부에 대해서는 확신하지 못한다.

더구나 어렵게 선발한 신입 사원의 퇴사도 증가하고 있다. 2016년 대졸 신입 사원 1년 내 퇴사율은 27.7퍼센트이다. 1년 이내 구간별 퇴사율(누적)은 1개월 이내 4.6퍼센트, 3개월 이내 11.4퍼센트, 6개월 이내 17.5퍼센트, 1년 이내 27.7퍼센트 등으로 시간의 경과와 더불어 급격히 증가한다.

이런 수치는 기업과 지원자 간의 정보의 비대칭성과 미스매치가 증가하고 있다는 증거이다. 기업 지원자는 고작해야 기업 브랜드나 직종, 연봉 정도를 보고 지원할 뿐이고, 기업은 지원자의 역량이나 자질과 같은 핵심 정보가 아닌 출신 대학이나 학력, 또는 삼성의 GSAT 같은 오지선다형 문제 풀이로 지원자를 선별한다. 그나마 구글, 페이스북 같은 글로벌 기업은 인사 전문가들을 장시간 투입해 이런 정보의 비대칭성을 해결하려고 한다.

물론 한국 기업도 인사 분야 AI 도입을 고민하고 있다. 인사에서 AI의 도입은 특히 채용의 공정성을 향상시켜 줄 것으로 기대되고 있다. 개개인에 대한 평가에서 '인간'보다 객관성을 가져다줄 것이라는 기대이다. 여기에 블록체인 기술이 결합된다면, 그리고 개별 기업이 축적한 개별 인사 평가에 대한 데이터를 제3의 컨설팅 기업이나 다른 기업이 참고할 수 있다면 이는 개인의 평가와 인사 제도에서 혁명적 변화를 야기할 것이다. AI가 빅 데이터 분석을 수행할 것이기 때문에 개인과 기업은 서로 최적의 매칭을 이루어낼 수 있다. 이런 데이터 축적과 분석은 구직자에 대한 기업의 평가 못지않게 기업에 대한 구직자의 평가 역시 중요한 지표가 될 것이다.

최근까지 한국은 노동 인력의 공급이 수요를 앞서는 기업 중심의 노동 시장이 형성되어 왔다. 따라서 잡마켓 자체가 기업 정보보다는 구직자 정보 제공에 집중되어 왔다. 예를 들어 기업의 근무 환경이나 평판, 인간 관계 등의 정보는 거의 구직자에게 공개되지 않았다. 그 결과 연봉이나 기업 브랜드 등 극히 제한된 정보만을 가지고 취업한 지원자는 심각한 '정보의 비대칭'에 직면하게 되고 이는 이직이나 전직으로 이어지는 경우가 많았다. 노동 시장에서 수요자(기업)에 대한 정보 제공 역시 중요하며 이는 AI 기반의 빅 데이터 분석을 통해 해결 가능할 것이다.

AI의 도입으로 기업은 조직과 핵심 역량의 대격변에 직면하고 있기도 하다. 지금 기업 외부에 아웃소싱되고 있는 많은 업무는 AI로 대체될 것이다. 대표적인 업종이 콜센터이다. 콜센터는 챗봇이나 대화형 AI로 대체될 것이다. 영업 사원에 대한 관리 감독 역시 AI가 수행할 것이다. 제품에 대한 수리 주문이 들어왔을 때 최적의 수리 기사 배치는 AI의 간단한 업무이다. AI는 보유하고 있는 수리 기사 데이터와 미래 발생할 수리 요청 데이터에 기반해 수리 주문을 언제, 어느 정도 받아야 할지 예측할 것이다.

최근 각광을 받고 있는 '디지털 트윈(Digital Twin)'도 AI에 기반한 기술이다. 디지털 트윈은 미국의 GE가 주창한 개념으로 가상의 환경에 현실과 같은 디지털 쌍둥이를 만들어 현실에서 발생할 수 있는 상황을 컴퓨터로 시뮬레이션함으로써 결과를 미리 예측하는 기술이다. 예를 들어 가상의 공장을 작동시켜 각 부품의 내구성 정도와 작동 시간을 계산해 부품 교체 주기와 부품의 고장 예측 시점을 판단하는 시스템이다. 디지털 트윈은 실제 세계와 가상 세계의 상호 작용이 중요하다. 실제 세계가 복제된 가상 세계에 영향을 끼치고 반대로 가상 세계 변화가 실제 세계에도 영향을 준다. 이러한 디지털 트윈의 등장은 공장에 필요한 AS나 관리 인력의 대폭적인 삭감을 가능하게 할 것이다.

AI 이전에 기업의 핵심 역량은 인간과 조직을 중심으로 형성되고 축적되었다. 핵심 역량은 인간의 집단 역학의 산물이기 때문에 몇몇 개인의 교체가 핵심 역량을 손상시키지는 않는다. 그러나 핵심 역량이 인간과 그 인간들에 최적화된 AI의 결합에 의해 형성된다면 이야기는 달라진다. 극단적인 경우 핵심 역량은 인간이 빠진 상태에서도 AI 시스템만으로 구성될 수도 있다. 이제 기업은 인간만을 기반으로 축적하는 핵심 역량을 넘어 인간과 AI의 결합, 또는 AI만으로 형성된 핵심 역량 구축을 고민해야 하는 시대가 되었다.

인공 지능으로 인간 가치의 증대를

지금 주 52시간 근무제의 전면 도입으로 인해 기업에 불고 있는 RPS(Robot Process Automation) 바람은 아직 미풍에 불과하다. AI의 수준까지는 아니지만 화이트칼라 노동자들의 작업 방식에 급격한 변화를 초래하고 있는 소프트웨어가 RPA이다. RPA란 인간이 수행하는 인지적, 비즈니스적 영역을 로봇 소프트웨어가 대신 수행하는 사무직 노동의 자동화를 의미한다. RPA는 엑셀 입력과 같은 단순 반복적인 업무를 인간 대신 처리해 주는 비즈니스 가상 로봇인데, 서류 작업과 인사 관리 같은 사무직 노동을 자동화하고 디지털화하는 혁신을 가져올 것이다.

RPA는 주로 사무직 노동 시장에서 계약직 노동자나 파트타임(비상근) 노동자를 급속하게 대체하고 있다. 그러나 RPA 다음으로, 보다 진화한 AI가 사무직 노동 프로세스를 본격적으로 혁신하게 된다면, 노동력의 대규모 '잉여화'라는 충격적인 사태에 직면하게 된다. 2013년 미국 대통령 경제 자문 위원회(CEA)에서 발표한 보고서는 공무원이 아닌 일반 직업군에서 자동화 대체 가능성이 시간당 20달러 이하의 임금을 받는 사람들은 83퍼센트, 20~40달러를 받는 사람은 31퍼센트, 40달러 이상 받는 사람은 4퍼센트일 것이라고 예측했다.

AI 자동화를 통한 대체 위협은 고졸 이하의 저학력 노동자, 시간당 40달러 이하의 저임금 노동자에게서 먼저 발생할 것으로 예상된다. 이들을 잉여화의 늪에서 끌어 올리기 위해서 노동의 고도화를 어떻게 실현할 것인가가 중요한 과제로 떠오른 시점인 것이다.

동시에 AI는 인간의 물리적, 정신적 한계를 극복하는 수단이기도 하다. AI를 활용하는 인간은 자신의 신체적 약점의 극복이나 장점의 극대화가 가능하기 때문이다. AI를 기반으로 한 고령자나 은퇴자의 육체적, 정신적 능력의 향상이 그 한 예이다. 고령자가 직장에서 소외되는 배경에는 정년 퇴직 같은 제도적 요인도 있지만 노인 개인의 체력이나 정신적 능력의 하락도 하나의 요인일 수 있다.

그러나 나이가 들었다고 해서 노인의 모든 능력이 하락하는 것은 아니다. 일반적으로 기억력이나 인지 능력 등은 20대를 피크로 해서 저하되지만 판단력이나 이해력, 리더십 등의 결정성 지능은 60세 이후까지도 성장한다. 따라서 신체 능력, 기억력 같은 저하된 능력을 AI로 보완한다면 개개인의 역량을 최적의 상태로 끌어올리는 것이 가능하다. 이렇게 되면 AI의 보조를 받거나 AI와 협업하는 고령자는 20대, 30대 등 다른 연령대와 함께 또는 그들을 이끌면서 일하는 것이 가능하다.

현재 많은 글로벌 국가에서 전체 노동력 중 노인 인구의 비율이 증가하고 있다. 영국의 경우 2001년과 2014년 사이에 65~69세의 노동력은 2배가 되었다. 50세를 넘은 고령 노동 인구도 현재 31퍼센트를 차지한다. 2050년이 되면 60세 이상의 고령 노동 인구는 5명에 1명꼴이 될 것으로 예측되고 있다.[4] 일본의 경우도 마찬가지로 고령자 중 65~69세의 취업률은 남성이 48.8퍼센트, 여성이 29.3퍼센트로 사상 최고 수준에 이르고 있다.

OECD 각국 고령자의 전체 취업률을 보아도 일본 20.1퍼센트, 미국 17.7퍼센트, 캐나다 12.5퍼센트, 영국 9.5퍼센트 등으로 높은 수준이다. 고령자 취업률 증가율도 10년 전과 비교하면 캐나다 5.3퍼센트, 미국 4.2퍼센트, 영국 3.7퍼센트 등 거의 대부분의 OECD 국가에서 지속적으로 증가하고 있다.

그러나 고령자의 취업 의사와 취업률 증가와 같은 현실에도 불구하고 고령자의 신체적, 정신적 핸디캡으로 인해 직장에서의 부적응이나 세대 간 갈등은 해소되지 못하고 있다. 흔히 '에이지즘(ageism, 연령에 따른 차별)'으로 불리는 차별이다. 이런 연령 차별의 현실에 일찍이 주목한 미국은 1967년에 '직장 내 연령 차별 금지법'을 제정해 40세 이상의 피고용자에 대한 차별 행위를 금지하고 있다.

따라서 현재와 같은 고령자에 대한 정년 연장이나 고용 추이를 고려하면 고령자 대상의 AI는 치매 예방이나 의료, 개호 등 소극적이고 보호적인 활용을 넘어 고령자의 육체적, 정신적 역량을 끌어올리는 적극적 활용으로 발전하게 될 것이다. 예를 들어, AI 스피커는 한국 사회에서 문제가 되고 있는 독거 노인의 고독과 우울증을 완화시켜 줄 수 있다. 우울증에 노출된 노인은 신체가 건강하지 않고, 사회, 경제적 활동을 거의 하지 않는다는 특성이 있다. 그들은 방안이나 거실, 병실 등 작은 행동 반경 내에서 텔레비전 시청이나 식사 등 최소한의 행동만 한다. 따라서 이런 특성을 기반으로 공간 요소요소에 AI 스피커를 적절히 설치함으로써 노인의 고독을 완화할 수 있다.

AI는 개인의 창의성 확장도 가능하게 만든다. 인간과 AI가 협력해 보다 고도의 가치를 창조하는 활동이 가능하기 때문이다. 소니 컴퓨터 사이언스 연구소(소니 CSL)가 개발한 '플로 머신(Flow Machines)'이 한 예이다. 플로 머신은 작곡을 AI가 지원하는 프로그램이자 온라인 서비스이다. 플로 머신의 목적은 기존의 작곡 툴처럼 AI가 자동으로 작곡하는 것이 아니다. 오히려 인간 아티스트가 AI의 제안과 도움에서 아이디어와 영감을 얻고 창의성을 확장하기 위한 도구, 즉 작곡 활동의 지원을 목적으로 한다.

마이크로소프트 역시 새로운 예술 분야 AI 기술을 발표한 바 있다. 마이크로소프트가 객체의 텍스트를 이용해 이미지를 생성하는 AI 로봇을 출시한 것이다. '드로잉봇(DrawingBot)'이라 불리는 이 로봇은 텍스트에 포함되지 않은 이미지에 세부 사항을 추가할 수 있다. 구글 역시 페이스북 내 이미지를 통해 '비트모지(Bitmoji)'와 같은 아바타를 만들어 내는 기술을 개발한 바 있다.

이처럼 AI는 한편으로는 인간의 노동을 대체하는 기능을 하기도 하지만 반대로 인간의 한계를 극복하고 인간의 기능을 증대시키거나 극대화하는 역할을 하기도 한다. 여기서 핵심은 AI를 활용하는 인간의 역량이다. 인간이 AI와 동일한 영역에서, 동일한 기능으로 경쟁한다면 인간의 가치는 약화될 것이다. 단순 정보의 대결에서 인간이 네이버의 '지식인'이나 구글 검색을 이길 수 없는 것과 같다. 반대로 인간이 AI와 보완적이거나, AI를 적극적으로 활용할 수 있을 때 인간의 가치는 증대될 것이다.

미래를 준비하지 않는 나라, 한국

한국은 미래를 준비하지 않는 국가이다. 임기응변은 강하지만 현재의 대의명분에 집착하고 미래를 계획하고 대비하지 않는다. 미래를 준비하지 않는 것은 구한말 19세기나 지금이나 다를 바 없다.

지금의 IT 사회의 이론적 기반이 되는 '지식 사회론'이 등장한

1980년대에 한국은 사회적, 이념적 갈등에서 헤어나오지 못해 그 단어가 무슨 의미인지 간파하지 못했다. 한국의 1980년대는 독재 타도를 외치는 민주화 세력과 군사 정권이 대치하던 시대였다. 1980년 광주 민주화 운동에서는 공식 사망자만 165명, 부상자 2,325명이라는 대규모 희생자가 발생했다. 그리고 1987년에는 6월 항쟁을 거쳐 한국 사회는 정치적 민주주의 시대의 막을 열었다. 필자가 유학을 떠나던 1995년에도 한국 사회는 여전히 민주와 반민주라는 두 진영이 나뉘어 격렬하게 대립했고 거리에는 여전히 최루탄이 난무하고 있었다.

그러나 같은 시기 일본 사회는 미래에 대한 고민을 하고 있었다. 필자는 그 고민의 현장을 목격하고 큰 충격을 받은 바 있다. 당시 일본은 한국과 같은 진보와 보수의 격렬한 갈등이나 대립이 없었다. 이미 1960년대 후반 '전공투(全共闘)'로 대표되는 사회주의 학생 운동이 휩쓸고 지나가 버렸기 때문이다. 특히 1968년 6월 도쿄대 의학부 학생들의 점거를 시작으로 촉발된 도쿄대 야스다(安田) 강당 점거는 일본 기존 체제를 뒤흔든 충격적인 사건이었다. 경찰 기동대의 진압 과정에서 도쿄대의 상징이었던 야스다 강당은 불타올랐고, 최후의 항전을 했던 90여 명의 학생이 체포되고 막을 내렸다. 그 후 일본의 사회주의 운동은 하락기에 접어들었다. 1995년 유학 가서 도쿄대 대학원 연구실에 처음 들어갔을 때 캐비닛 위에 '전공투'라 적힌 헬멧이 먼지가 쌓인 채로 방치되어 있는 것을 본 적이 있다. 신기해서 그 헬멧을 들고 한참 살펴보았던 기억이 있다.

1990년대 중반 일본 사회의 관심은 정치적 민주화가 화두였던 한국과 전혀 달랐다. 당시 전 세계 선진국에 유행하고 있던 앨빈 토플러(Alvin Toffler)의 '정보 사회'와 피터 드러커(Peter F. Drucker)의 '지식 사회'의 실현이 이들의 관심사였다. 한국은 과거 청산이 가장 중요한 시대적 화두였던 데 비해 일본은 미래 사회가 시대적 화두였던 셈이다. 이런 과거와 미래의 대조는 2000년대 한국이 IT 강국으로 떠오르면서 극적으로 해소되었고, 역전되었다.

그러나 IT 혁명은 한국이 기획한 기술적 혁신이 아니었다는 점이 중요하다. IT 혁명의 물결은 미국의 실리콘밸리에서 출발했다. 그리고 한국이 IT 강국이 되었던 것은 1997년 IMF 사태라는 국가 경제의 파탄으로 인해 절체절명의 위기에 몰렸기 때문이다. 만일 한국이 그때 IT 혁신을 이룩하지 못했다면 한국은 여전히 일본을 추격하는 '추격형 모델(catch up model)'에서 벗어나지 못했을지 모른다. 하지만 IT 강국의 신화는 2010년을 거치면서 서서히 퇴색되기 시작한다.

싸이월드는 미국에 진출했지만 참담하게 실패한 채 페이스북에 역전되었고, 판도라TV나 아프리카TV는 유튜브에 간단히 뒤집혔다. 그나마 중국과 압도적인 차이로 경쟁력의 격차를 벌리고 있었던 게임도 2010년을 거치면서 대등한 수준으로 바뀌었고, 스마트폰 기반 게임이 등장하면서 역전당하고 만다.

2007년 1월에 등장한 아이폰은 인터넷이라는 정보 통신 기술(ICT) 생태계를 다시 한번 혁명적으로 변화시켜 버렸다. 아이폰의 GPS 기능은 '우버', '리프트'와 같은 다양한 위치 기반 서비스를 창출했고, '인스타그램', '틱톡' 같은 사진이나 동영상 앱을 하나의 산업으로 변신시켜 버렸다. 스티브 잡스(Steve Jobs)가 아이폰을 개발하면서 미처 예상하지 못했던 기능, 아이폰이 게임 플랫폼으로 진화해 버린 점도 중요하다.

아이폰은 게임 산업의 경쟁력도 극적으로 변화시켰다. PC 기반 게임에서 후진국을 벗어나기 위해 노력하고 있던 중국을 일약 모바일 게임의 최대 강국으로 만들어 버린 것이다. 스마트폰 시장에서 한국의 삼성전자가 애플과 사활을 건 전쟁을 하고 있던 시절에 중국에서는 '샤오미', '비보', '오포'와 같은 중저가 스마트폰이 등장해 '전 인민의 모바일화'를 이룩했다. 그리고 그 결과는 중국 인민에게 보급된 스마트폰을 기반으로 한 채팅 앱 '위챗'과 모바일 게임의 폭발적인 성장이었다. 여기서 게임 산업의 한중 간 경쟁력은 역전되고 만다.

이런 역전에도 불구하고 한국은 IT 강국이라는 '주술'에 취해 세계의 기술적 변화, ICT의 변화를 읽어 내지 못했다. 그리고 지금도 여전히 글로벌 사회의 격변에 둔감하다. 마치 19세기 말 러시아, 일본, 영국과 같은 열강의 대치 사이에 끼어 세계사의 흐름을 읽지 못하고 망하고 말았던 구한말의 상황이 재현되고 있는 듯하다.

특히 AI나 빅 데이터에 관련되면 이런 현상은 더욱더 두드러진다. 중국은 14억 명이라는 인구와 한족을 비롯한 56개 민족이라는 다양성을 배경으로 거대한 '빅 데이터의 댐'을 구축하고 있지만, 한국은 5000만 인구라는 빈약한 데이터 속에, 그나마 가지고 있는 정부 기관의 공공 데이터조차 결합하거나 민간에 개방하지 못하고 있다. AI 기반의 자율 주행차나 원격 의료, 기업에서의 자동화 기술이나 서비스는 기득권 집단의 저항과 정부의 무기력함에 막혀 제자리걸음이다. 더구나 게임 산업같이 엄청난 양의 빅 데이터를 쏟아내고 있는 산업이 있음에도 이 데이터를 효과적으로 사용할 방법을 찾지 못한다. 넥슨의 인텔리전스 랩스의 하루 데이터 처리량은 100테라바이트(TB)에 달한다고 한다. 책으로 따지면 하루 5억 권의 책이 출판되는 셈이다.

더구나 한국의 AI 기반 서비스의 수준도 낮다. 한국은 미국이나 중국이 개발한 서비스를 베끼는 수준에 머무르고 있다. 2020년 8월 25일 과학기술정보통신부는 '비대면 비즈니스 디지털 혁신 기술 개발 사업'을 수행할 기관을 선정하고 본격적으로 추진한다고 발표했다. 이번 사업은 이전에 발표한 '디지털 뉴딜 계획'에 따라 원격 근무 및 교육, 무인 서비스 등 비대면 서비스 관련 산업에서 국내 기업의 경쟁력을 키우고 시장을 선점하기 위해 마련된 것이다. 비대면 서비스 관련 ICT 분야 핵심 기술 개발, 사업화 지원 등 총 40개 과제가 370억 원 규모로 추진된다는 발표였다.

그런데 원격 교육에서 학생들의 수업 참여도를 개선하는 프로그램 개발이 중요 사업으로 선정되었다. 원격 교육에서 가장 취약한 부분으로 꼽히는 문제이기는 하다. 정부는 AI 기반의 이미지 해석 기술이 활용된다는 해석과 함께 "지능형 CCTV를 활용해 수강생의 동작을 측정하고 분석해 학생들의 수업 집중도를 측정"하고, "영상 분석을 정교화, 고도화해 학생들의 특정 움직임과 자세를 보일 때 집중도가 떨어지는지를 파악하고 화면 클릭 등의 비주기적 이벤트를 통해 수업 몰입도를 향상시킬 수 있을 것"이라는 점에서 높은 점수를 받았다고 설명까지 덧붙였다.

이 서비스는 이 책의 4장에서 소개하고 있는 미국 LCA에서 개발한 '네스토(Nestor)'의 유사 서비스에 다름 아니다. 네스토는 학생 PC의 웹캠을 사용해 눈의 움직임과 얼굴 표정을 추적함으로써 학습자가 실제로 학습하고 있는지를 파악할 수 있다고 말한다. 그런 다음 이 정보를 교사에게 전달하는데, 교사들은 학생들의 참여도가 가장 떨어지는 것처럼 보이는 순간에 그들의 강의 수준을 조정할 수 있다. 네스토 소프트웨어는 수업을 진행하고 있는 교사가 일일이 파악하기 힘든 학생들의 수업 참여도를 확인하는 AI 조교를 제공하는 셈이다.

그런데 LCA의 네스토는 2017년 5월에 등장한 소프트웨어로 무려 3년 전 제품이라는 점에 주의할 필요가 있다. 미국에서 3년 전에 등장한 서비스를 두고 한국에서는 획기적인 기술이라고 높이 평가하는 현실은 놀랍다. 'IT 강국'이라는 주술 속에서 우리가 어느 순간 잊고 있었던 개발도상국 시절의 추격형 모델이 망령처럼 부활하고 있는 것이다. 그리고 더욱 놀라운 사실은 정부가 이런 글로벌 기술 동향에 대해 무지하다는 현실이다. 한국 사회는 다시 한번 미래가 아닌 과거에 빠진 채, 마치 진흙탕에 빠진 것처럼 허우적거리고 있다.

지금 한국은 IMF 사태로 국가 경제가 파탄 난 직후 지푸라기라도 잡으려 했던 절박함이 필요한 시기이다. 경제, 산업, 사회, 교육, 의료, 복지 등 사회 모든 분야에 AI라는 글로벌 파도가 쓰나미처럼 몰아치고 있는 지금 우리는 시급히 변화해야 한다. 그래서 미국과 중국이라는 강대국이 만드는 파도에 떠밀리지 않고 그들과 경쟁할 수 있는 역량을 구축해야 한다.

21세기 미국과 중국의 AI를 둘러싼 패권 경쟁에서 한국이 주변국으로 전락할지 모르는 위기의 시대, 지금 우리는 바로 그런 위기의 시기를 살고 있다.

차례

1장

AI의 충격:
사회, 국가, 기업의 미래를 묻다

잉여 인간인가, 가치 인간인가

AI가 잉여 인간 논쟁을 불러일으키고 있다. AI가 인간보다 뛰어난 지적 능력을 발휘하게 된다면 결국 인간은 '잉여 인간'으로 전락하고, '기본 소득'이나 받으면서 수준 낮은 삶을 영위할 것이라는 공포감을 주기 때문이다.

잉여 인간이라는 개념은 최근 등장한 현대적 개념은 아니다. 잉여 인간은 19세기 러시아의 문호 알렉산드르 푸시킨(Alexander S. Pushkin)의 소설 『예브게니 오네긴』에서 제시한 인간 유형이다. 예브게니 오네긴은 러시아 귀족 청년이다. 19세기 러시아의 많은 귀족이 그랬듯이 오네긴의 정신을 가득 채우고 있는 것은 따분함과 지루함이다. 이 따분함에서 벗어나기 위해 방법은 단 하나 바로 연애라는 장난이다. 그는 연애에 탁월한 재능을 지니고 있어 여자 주인공 타티아나를 놀이 삼아 유혹하지만 나중에는 그녀를 진짜 사랑하게 되는 운명에 직면한다. 이 오네긴을 푸시킨은 잉여 인간으로 묘사한다. 사회적 지위도, 능력도 갖추고 있지만 사회적으로 유의미한 일을 하지도 않고 할 동기도 느끼지 못한다. 이 잉여 인간이 21세기에, AI가 만들어 낼 미래 사회에 되살아날 수도 있다면 과언일까? AI가 만들어 낼 미래 사회에서도 인간은 19세기 러시아 귀족처럼 '유한 계급'으로, '한량'으로, 아니 '잉여 인간'이 되어 살아가게 될까? 그때 이 '잉여'의 의미는 무엇일까?

인간 사회에 투영된 AI는 두 가지의 얼굴을 가지고 있다. 하나는 인간을 정신적, 육체적 노동으로부터 해방시키는 '인간 해방'이다. 다른 하나는 인간을 노동으로부터의 소외시키는 '인간 소외'이다.

일찍이 카를 마르크스(Karl H. Marx)는 자본주의가 타도되고 사회주의를 거쳐 공산주의가 실현되면 노동으로부터의 소외가 해소되고 자유로운 인간(들의 공동체)이 탄생할 것이라고 보았다. 그는 『독일 이데올로기』에서 공산주의적 유토피아가 실현되면 개인의 일상은 아래와 같을 것이라고 묘사했다.

> 누구나 사냥꾼이나 어부나 목동이나 비평가가 되지 않더라도 아침에는 사냥하고, 오후에는 물고기를 잡고, 저녁에는 가축을 기르고, 저녁 식사를 하고 나서는 비평을 하는 날이 올 것이다.[1]

노동 시간의 단축과 여유로운 삶에 대한 전망은 현대 중국의 알리바바 그룹 전 회장인 마윈(馬雲)도 이야기한다. 그는 '2018 글로벌 지속 가능 발전 포럼'에서 도래할 미래 세대를 아래와 같이 표현했다.

> 할아버지는 하루에 18시간씩 일했지만, 우리는 하루 8시간씩 주 5일만 일하고도 바쁘다고 합니다. 우리 다음 세대는 하루 3~4시간씩 주 3일만 일하면서도 바쁘다고 할 것입니다. 그들은 전 세계를 여행 다닐 것입니다.

146년이라는 시차를 두고 태어난 두 사람은 동일하게 노동 시간의 단축과 여유로운 삶을 예측하고 있다. 하지만 그 노동 시간의 단축과 여유 시간의 확대를 가져다주는 게 AI라면, 삶과 사회에 대한 인간의 지배력은 과연 어떻게 될까? 그렇게 주어진 시간에 대해 우리는 우리가 주인이라고 주장할 수 있을까?

잉여 인간과 기본 소득

AI의 등장과 궤를 같이해서 전 세계적으로 기본 소득 논쟁이 일어나고 있다. 기본 소득은 노동하지 않는 사람을 포함해 전 국민에게 일정 소득을 제공한다는 개념이다. 기존의 경제적 패러다임에서는 인정되지 않았거나 심지어 도덕적으로 죄악시하기도 했던 생각이다. 대표적인 실제 사례가 주민들에게 분배되고 있는 알래스카의 영구 기금 배당금이다. 미국 알래스카 주는 주에서 채굴된 석유의 판매 수익 일부를 주민에게 지급하는 '알래스카 영구 기금 배당금' 사업을 1980년대부터 시행해 오고 있다. 이 영구 기금의 펀드는 지급하기 10여 년 전부터 조성하기 시작했다. 석유 채굴 수입을 펀드로 적립해 국제 분산 투자 자금으로 활용하고 이 투자 수익을 바탕으로 주민들에게 배당금을 제공하는 방식이다.

이 배당금은 6개월 이상 알래스카에 거주하는 주민들에게 연 1회 지급된다. 2019년에는 1,606달러를 지급했는데, 2015년에는 역대 최대 금액인 2,072달러를 지급했다. 온라인으로 직접 예금을 선택한 주민의 경우 매년 10월 3일부터 서류 신청을 받아 지급하고, 수표를 선택한 주민의 경우 10월 24일부터 지급한다. 2019년 영구 기금 배당금의 총 지급액은 10억 1300만 달러에 이른다.

영구 기금 배당금은 복지병을 야기할 것이라는 우려와 함께 국가 경쟁력 하락으로 이어질 것이라는 비판도 동시에 받고 있다. 알래스카 주민들의 영구 기금 배당금에 관한 인식을 보면 40퍼센트가 도움이 되었다, 39퍼센트는 상당히 많은 도움이 되었다고 응답하고 있다. 또한 사용 용도에 대해서는 "저축하거나 빚 갚는 데 쓴다."라는 답변이 57퍼센트 이상을 차지하고 있다. 배당금이 현재의 생활비 용도로 사용되지 않고 있음을 알 수 있다.[2] 미국 캘리포니아 주의 소규모 도시인 스탁턴 시도 기본 소득 실험을 하고 있다. 스탠퍼드 대학교 출신의 1990년생 흑인 시장인 마이클 텁스(Michael Tubbs)가 주도하는 실험이다. 그는 시장 선거 공약대로 2018년부터 2년 동안 100가구를 골라 월 500달러의 기본 소득을 지급하기로 했다. 재원은 시 예산이 아니라 이를 위해 따로 걷은 후원금이다. 그의 실험은 미국 본토에서 처음 행해지는 기본 소득 제도이기도 하다.

또한 핀란드에서는 2017년부터 2019년 1월까지 한시적으로 기본 소득 제도가 시행된 적이 있다. 핀란드 기본 소득 제도의 핵심은 실업자가 실업 급여에 안주하지 않고 일할 수 있도록 동기를 부여하는 것이었다. 또한 복지 제도 시행에서 관료주의의 폐해를 줄이는 것이 주요 목표 중 하나이기도 했다. 이를 위해 핀란드에서는 복지 수당을 받는 생산 가능 인구 중 2,000명을 무작위 선발해 아무 조건 없이 실업 급여 560유로(약 73만 원)를 지급했다. 여기서 실업 급여와의 가장 큰 차이는 실업자들이 취직한 이후에도 재정적 지원을 지속하는 것이었다. 이는 노동자의 직업 선택권을 적극적으로 보장하기 위한 것이었다. 임금이 적어도 좋아하는 일이라면 할 수 있도록 나라가 보조하는 것이다. 핀란드 정부는 2019년 1월에 기본 소득 제공을 중단함으로써 이 실험을 종료했다. 비판 여론과 재원 한계 등으로 인해 당초 계획을 추진하지 못하고 중단된 것이다.

핀란드 이외에도 몇몇 국가에서 기본 소득 제도를 시행하려는 움직임이 있었는데, 스위스의 경우 2013년 '기본 소득 스위스'의 입법 발의 운동을 시작으로 논의가 진행되었고, 17차례에 걸친 국민 투표를 통해 실시 여부를 결정하고자 했다. 하지만 구체적인 재원 조달 방안의 미흡과 국민 정서상 시기상조라는 다수의 반대 여론에 밀려 결국 부결되었다.[3]

이처럼 기본 소득 논의는 오래전부터 진행되어 왔다. 우리나라에서는 기본 소득 논의가 진보적인 제도로 주창되는 경우가 많지만, 서구 선진국에서는 과도한 사민주의적 복지 제도를 구조 조정하기 위한 우파 진영의 아젠다일 때도 있다. 최근 AI 기술이 산업 전반에 확산되고 이에 따라 노동 일자리가 줄어들게 되면 이 대응책으로 기본소득이 필요하다는 주장이 더해지면서 논의가 새로운 단계로 넘어가고 있다. 특히 '테크노마르크스주의자(Techno-Marxist)'가 등장해 이 논의를 재가열하고 있다.

마르크스주의와는 관계없는 미국의 IT 리더들 역시 AI 기술의 확산으로 인한 사회적 충격의 완화 방안으로 기본 소득의 필요성을 제기하고 있기도 하다. 미국 테슬라의 일론 머스크(Elon R. Musk)는 보편적 기본 소득 도입을 주장했고, 페이스북의 CEO 마크 저커버그(Mark E. Zuckerberg) 역시 2018년 미국 하버드 대학교 졸업식 축사에서 누구나 안심하고 새로운 일을 시도할 수 있도록 기본 소득 지급을 검토해야 한다고 주장한 바 있다.

긱 이코노미와 플랫폼 기업

긱 이코노미(gig economy)는 온라인 플랫폼을 기반으로 사용자의 필요에 따라 임시로 맺은 노동 계약을 바탕으로 한 경제 형태를 가리키는 말이다. 최근 우버, 타다 등 플랫폼을 기반으로 한 비즈니스가 급속하게 팽창하면서 사회적 이슈로 부상하고 있다. 긱 이코노미에서는 제조업에서 일반화된 정규직 노동 계약이 아니라, 고용자와 피고용자의 필요에 따라 계약직, 파트타이머, 임시직 등 다양한 형태의 노동 계약이 이루어진다. 한국에서도 배달의 민족이나 쿠팡과 같은 플랫폼 기반의 비즈니스 모델이 하나의 전형이며 향후 AI의 발전과 함께 그 영역이 확대될 것으로 예상된다. '직업 빅뱅' 또는 '전통적 노동 시장의 해체와 재편'을 가져오는 긱 이코노미를 AI의 보편적 보급이 가속화시키고 있는 것이다.

긱 이코노미는 전통적인 산업 관계나 노사 관계와 구분된다. 19세기 산업 혁명 이후 전통적인 제조업이나 서비스업에서는 개개인과 조직이 보유한 지식과 노하우가 기업 발전의 중요한 원천이라는 인식 하에 종신 고용, 평생 직장과 같은 제도가 확립되어 왔다. 그러나 AI의 발전으로 소프트웨어나 툴이 자동적으로 데이터를 습득, 학습하게 되면서 인간보다 더 신속하게 새로운 정보를 생성할 수 있게 되었다. 이런 기술이 산업 전반에 확산되면 지금까지 지식 경영 차원에서 중요하게 여겨졌던 개인 및 조직의 핵심 지식이나 경영 지식의 중요성은 약화되고 심지어 의미를 상실할 수도 있다.

이렇게 된다면, 특히 화이트칼라의 상층을 제외한 화이트칼라의 중간층과 하층이 분해되어 소멸한다면, 기업이라는 댐이 핵심 인력을 채용해 저장하고 있는 노동 시장은 급격한 변화를 맞이하게 될 것이다. 화이트칼라 시장에서도 단기 고용을 중심으로 한 새로운 노동 시장이 형성될 수 있다. 이미 회계, 재무 분야는 물론 투자, 단순 사무 업무 분야에서 RPA에서 AI까지 기계 기반 서비스가 급격히 확대되고 있다. 제조 분야에서도 사물 인터넷(IoT)이나 자율 주행차 같은 지능화된 기계가 도입되어 생산, 검사, 물류 업무를 대신하기 시작했다.

인력 정책의 대전환이 요구되고 있는 것이다. 특히 우버, 에어비앤비와 같은 플랫폼 기업의 등장은 노동 형태의 급격한 변화를 촉진하고 있다. 미래의 기업은 나이키와 같이 상품이나 서비스를 기획, 개발하는 조직만 유지되고 나머지 생산 조직은 아웃소싱으로 전환할 가능성이 크다.

이와 같은 산업 변화와 위기 의식을 반영해 토요타 자동차 CEO 도요타 아키오(豊田章男)는 "종신 고용의 폐기"라는 발언을 한 바 있다. 토요타 자동차는 종신 고용을 유지해 온 일본 기업의 상징과도 같은 존재이다. 2019년 5월 13일, 일본 자동차 공업회 회장이기도 한 도요타 아키오는 도쿄에서 열린 기자 회견 자리에서 "지금 일본을 보고 있으면 고용을 계속 이어 가는 기업에 대한 인센티브가 별로 없으며, 종신 고용을 지키기 어려운 국면에 들어섰다."라는 의견을 피력해 일본 사회에 충격을 주었다.

AI의 등장에 따른 노동 시장의 변화는 기업 간 관계에도 강력한 영향을 미치고 있다. 중국의 알리바바와 같은 글로벌 비투비(BtoB) 거래 플랫폼의 등장은 일본 특유의 기업 간 장기 거래를 파괴한다. 일본 기업의 관계를 연구한 마리 사코(Mari Sako)와 수전 헬퍼(Susan Helper)의 연구에 따르면,[4] 기업 간의 연결성, 즉 기업 간 배태성(胚胎性, embeddedness)이 증가하게 되면 기업들의 상호 연결 및 협력 비용이 현저히 낮아지게 된다. 기업이 거래 상대를 찾기 위한 비용이 감소하고 이는 결과적으로 기업의 경쟁력 증가로 이어진다는 논리이다.

기업 간 배태성이란 네트워크 내에 존재하는 기업들이 상호 협력

과정에서 서로에 대한 지식 자산을 형성하는 것을 의미한다. 그러나 만일 글로벌 거래 플랫폼의 등장으로 인해 비용 구조가 붕괴되면 기업 간의 배태성이 약화되고 이는 기존에 기업들이 구축해 온 공급망의 해체와 글로벌 재구성의 가능성을 열어 준다. AI가 실시간으로 글로벌 차원에서 부품 공급자를 검색해 찾아주는 수평적인 네트워크형 분업 구조로 변화될 가능성이 커지는 것이다. 전통적 산업 환경을 지배해 온 어셈블러(최종 조립 생산자)를 중심으로 한 위계적 기업 집단 구조가 네트워크를 기반으로한 수평적 구조로 변화할 가능성이 커지는 것이다.

이러한 수평적 네크워크형 협력이 확대됨에 따라 기업은 수요와 공급의 변동에 유동적으로 대처할 수 있는 고용 구조를 선호하게 되고, 이는 다시 종신 고용의 약화와 고용의 유연화, 나아가 긱 이코노미형 고용 시스템 확산을 촉진한다.

AI와 플랫폼 기업의 확산은 연공 서열적 고용 관계의 파괴와 더불어 노동 시장에서 떠난 은퇴 노동자의 소환이라는 현상도 발생시키고 있다. 특히 플랫폼 기업은 기존 산업 구조에서 배제되었던 노령 인구에게 경제 활동을 할 수 있는 기반을 제공하고 있다. 고용 시장의 노소(老少) 간 경쟁이라고 부를 수 있는 새로운 현상이다.

실제로 2016년 2사분기에는 한국 정부의 통계 집계 이래 처음으로 60세 이상 취업자 수가 20대 취업자 수를 앞질렀다. 은퇴한 베이비부머가 노후를 위한 취업 전선에 뛰어들어 취업자가 늘어난 반면 경기 둔화로 20대의 신규 채용이 감소했기 때문이다. 한 예로 에어비앤비의 노령 호스트의 증가는 이런 현상을 잘 설명해 준다.

에어비앤비의 호스트(주택 대여자) 수를 연령대별로 보면 2016년까지 성장세가 가장 가팔랐던 연령대는 노년층이었다. 노년층 호스트는 해마다 102퍼센트씩 늘어났는데, 이는 전체 평균인 85퍼센트를 뛰어넘는 수치이다. 노년층 호스트는 전체의 13퍼센트까지 늘어나 시장의 주요 공급자가 되고 있다. 영국《이코노미스트》도 미국 공유경제에서 55세 이상 종사자가 약 24퍼센트를 차지하고 있다고 보도했다.

이러한 현상은 플랫폼 기업이 AI의 도입을 확대하면 가속화될 것이다. 기존 오프라인 경제에서 자산을 축적한 노인층이 이제는 온라인에서 자신들의 자산을 기반으로 부가적인 경제 활동을 하기가 더욱 용이해진 것이다. 이와 같이 긱 이코노미와 AI는 청년층뿐 아니라 모든 세대를 아우르며 고용 시장을 충격적으로 변화시켜 가고 있다.

21세기의 선거 혁명, AI와 딥페이크에서?!

AI는 인간의 정치 활동에도 강력한 영향을 미치고 있다. 정치에 대한 유권자의 성향을 분석하고, 특정 후보에게 유리한 정보를 반복적으로 제공하는 등 정치 활동 전반에 AI가 활용되고 있다. 한 개인의 정치적 의사 결정은 유도되거나 조작되지 않은, 자발적, 독립적 정보 획득에 기반해야 한다. 그러나 AI는 2016년 미국 대선과 2017년 프랑스 대선 등에 이미 도입되었고, 향후 다양한 선거에 활용될 것으로 보인다.

미국 민주당의 오바마 전 대통령이 빅 데이터 기술을 활용해서 대통령에 당선된 사례라면 공화당의 트럼프 전 대통령은 AI의 도움을 받아 대통령에 당선된 중요한 사례이다. 페이스북이 개인 정보를 넘겨주어 세계적인 논란거리가 되었던 '케임브리지 애널리티카(Cambridge Analytica)' 사례가 그것이다. 케임브리지 애널리티카는 AI를 이용하여 개인의 행동 심리학적 성향에 기반한 광고 콘텐츠 매칭 솔루션을 제공하는 기업이다. 문제는 이 기업의 소유자인 억만장자 헤지펀드 투자가 로버트 머서(Robert Mercer)가 브렉시트 찬성 단체 리브이유(LeaveEU)와 트럼프의 선거 캠페인을 지원하는 과정에서 트위터 봇 등을 결합, 여론 조작(big nudge)을 했다는 의혹이 제기된 것이다.

마이크로 타게팅(micro targeting)이라 불리는 개인화된 광고 솔루션은 개인 선택에서 상당한 영향력을 가진다. 행동 심리학적으로 정치적 의사 결정을 바꿀 가능성이 있는 유권자만을 대상으로 광고를 제공하고, 인종과 개인적 성향에 맞는 메시지를 설정해 정치 광고를 제공함으로써 비용 대비 효율성을 극대화하는 것이다. 이는 개인 맞춤형 광고와 유사한 유권자 맞춤형 선거 캠페인이라 할 수 있다. 마이크로 타게팅과 트위터 봇이라는 AI 기반의 툴이 유권자의 정치 의사 결정에 영향을 미친 것이다.

그러나 2017년 프랑스 대선에서는 전혀 다른 양상이 전개되었다. 프랑스 대선 직전 SNS에는 대선 후보 에마뉘엘 마크롱(Emmanuel Macron)과 관련된 추문과 조작 정보가 급격하게 퍼지기 시작했다. 사후 조사 결과 50퍼센트의 트위터 콘텐츠가 3퍼센트의 계정으로부터 시간당 평균 1,500개의 트윗과 9,500개의 리트윗으로 발생했음이 밝혀졌다. 이는 트럼프의 사례와 같이 트위터 봇의 여론 조작 양상과 유사하다고 볼 수 있다.

그러나 놀라운 부분은 마크롱 진영이 이에 대응하며 이루어 낸 선거 캠페인의 혁신이다. 마크롱 진영의 데이터 기반 선거를 이끌었던 리에게 뮬러 퐁스(Liegey Muller Pons, LMP) 사는 개인 맞춤형 정치 광고가 불가능한 프랑스의 선거법을 준수하면서도 AI 기술을 효과적으로 이용해 마크롱을 대통령으로 당선시키는 데 기여했다.[5]

마크롱 선거 캠프는 우선 선거구별로 선거 결과와 여론 조사 결과 그리고 다양한 데이터를 활용해 지역별로 지지율 데이터를 분석하는 작업에 돌입했다. 그리고 마크롱과 관련된 조작 정보에 가장 취약한 지역이나 지지율이 격동하고 있는 지역을 실시간으로 추적했다. 이후 자원 봉사단을 제한된 선거 기간 동안 취약 지역과 부동층에 집중적으로 투입해 조작된 정보에 대한 차단과 설득을 시도해 성공했다. 다른 후보들보다 충성도가 높은 자원 봉사단이라는 조직을 기반으로 인간 조직을 AI와 하이브리드로 결합한 새로운 혁신적 시도였다.

AI 기반의 딥페이크(deepfake) 기술 역시 선거를 교란할 수 있는 요소이다. 딥페이크는 AI 기술을 활용해 특정 인물의 얼굴, 신체 등을 원하는 영상에 합성한 편집물이다. 미국에서 '딥페이크'라는 네티즌이 미국 온라인 커뮤니티 레딧에 할리우드 배우의 얼굴과 포르노를

합성한 편집물을 올리면서 시작되었다고 한다. 딥페이크 기술로 정치적 공격을 가한 사례도 이미 발생하고 있다.

2019년 5월 미국 민주당의 낸시 펠로시(Nancy Pelosi) 하원 의장이 혀가 꼬여 말을 잘 하지 못하는 듯한 상태에 있는 것처럼 보이는 딥페이크 영상이 유포되었다. 이 3분짜리 가짜 동영상은 트럼프 대통령이 특검 수사 결과를 은폐하고 있다고 연설하는 내용으로 유튜브와 페이스북 등을 통해 빠르게 퍼지면서 큰 정치적 논란을 불러일으켰다.

또 인도에서는 2018년 4월 현 나렌드라 모디(Narendra Modi) 정권을 지속적으로 비판해 온 여성 언론인, 라나 아유브(Rana Ayyub)의 얼굴을 포르노 동영상에 합성한 딥페이크 영상이 유포되었는데, 정권 지지자들이 딥페이크를 활용해 정권의 비판자를 공격한 사례이다. 라나 아유브는 인도 총리의 민족주의를 비판했고 그로 인해 모디 정권을 지지하는 악플러들의 표적이 되어 딥페이크의 피해를 입었다.[6]

광고나 제품 구매와 달리 정치적 의사 결정 과정의 AI 개입을 어느 수준까지, 혹은 어떤 내용까지 허용해야 할까 하는 문제는 향후 본격적인 논란에 휩싸일 것이다. 더불어 도널드 트럼프 전 미국 대통령이 집권 기간 내내 러시아의 온라인 선거 개입 혹은 여론 조작으로 당선된 것 아니냐는 시비에 시달린 것처럼 외국 정부나 기관이 AI를 활용해 특정 국가의 선거나 정치에 개입할지도 모른다는 우려가 커졌다는 것도 주목해야 할 부분이다.

AI 굴기로 글로벌 패권 국가를 꿈꾸는 중국

중국의 AI 기술 개발은 '중국 굴기(崛起)'를 내건 국가적 사업이다. 이러한 배경에서 중국 정부 주도의 거대한 AI 연구 활동 지원 사업이 진행되고 있다. 클래리벳 애널리틱스(Clarivate Analytics)의 2017년 자료에 따르면 최근 10년간 중국에서 발표된 AI 관련 논문은 약 9만 9000건으로 세계 1위 수준을 자랑하고 있으며, 같은 연도 《포브스》 자료에 따르면 중국의 딥 러닝(deep learning) 관련 저널 발행 부수는 2015년부터 미국을 추월하고 있다. 중국은 13차 5개년 국가 과학 기술 혁신 계획에서도 AI 분야에 3년간 1000억 위안(약 18조 원)을 투입하겠다는 계획을 발표한 바 있다.

중국 정부는 AI 중에서도 슈퍼컴퓨터와 음성 인식, 사물 인식 등에 집중적인 투자를 하고 있다. 가까운 시일 내에 중국은 AI 활용 기반 음성 인식 및 시각화 분야에서 세계 시장의 리더가 될 것으로 예측되고 있다. 알리바바와 스탠퍼드 대학교가 공동 주최한 AI 독해력 대회에서 중국의 한 스타트업 기업이 선보인 AI 프로그램이 1위를 기록하는 등 AI의 자기 학습, 직관 감지, 종합 추리, 혼합 지능, 집단 지능 영역에서도 상당한 기술적 진보 수준을 보이고 있다.

중국 정부의 이러한 AI 투자가 통제 국가를 위한 것이라는 비판 역시 존재한다. 이 논란의 중심에 사회 신용 제도가 있다. 'AI 기반 사회 구축'이라는 목표 아래 중국 정부는 2015년부터 대담한 실험을 진행하고 있다. 2015년 중국은 개인에 대한 사회 신용 평가 시스템을 전면적으로 구축하기 위해 개인 신용 평가업을 알리바바와 텐센트를 포함한 8개 민간 기업에 허가했다. 이는 2014년 중국 국무원에 의해 발표된 사회 신용 시스템 구축 계획의 시작이다. 민간 기업들로부터 개인 신용 정보를 확보해 2020년까지 개인과 기업에 대한 데이터베이스를 구축하기 위한 시도로서 AI 기반 정부의 초석인 셈이다.

현재 해당 기업들은 온라인 사용자에 대한 금융 및 법적 정보를 취합해 자체적으로 개인 신용 평가 체제를 운영하고 이에 기반한 각종 서비스를 제공하고 있다. 개인 신용 평가 회사 역시 재가공된 사회 신용 정보를 기반으로 다시 신용을 평가해 서비스를 차별화해 제공한다. 현재 항저우, 상하이 등 30여 개 중국 지방 정부는 포괄적 신용의 개념으로 사회 신용 체계를 시범 운영하고 있다.[7]

최저 350점과 최고 950점 사이의 점수로 평가하는 중국의 이 개인 신용 평가 방식은 금융 거래를 중심으로 개인 신용을 평가하는 미국이나 한국과 달리 개인의 온라인 소비 행태, SNS 활동, 법규 위반 기록 등 사회 생활 전반에 대한 정보를 측정한다는 점이 특징이다. 사회 신용은 크게 네 중점 분야(정부, 상업, 사회, 사법)에서 평점을 받게 된다. 중국 정부는 크레딧차이나(Creditchina, 信用中國)라는 사이트를 개설해 신용 점수 통계 수치에 근거해 도시별로 순위를 매겼고 상위 5위권 도시로는 베이징, 상하이, 충칭, 항저우, 샤먼이 올랐다.

유럽 연합의 중국 관련 싱크 탱크인 메르카토르 중국 연구소(Mercator Institute for China Studies, MERICS)에서는 중국의 사회 신용 제도와 금융 정보 기반 개인 신용 평가의 차이를 다음과 같이 정리했다.

1. 신용 평가 목적으로 개인을 다양한 기준으로 평가한다.
2. 비순응 행위에 대한 폭넓고 효과적인 제재(인센티브)를 가한다.
3. 첨단 센서가 동원되어 개인의 행위 및 정보를 실시간으로 수집하고 평가한다.

중국에서 사회 신용 제도의 개념이 등장한 데에는 사회적 배경이 있다. 중국에는 담보가 없거나 금융 거래 기록이 없어 신용 등급 자체가 없는 소기업이나 개인이 다수 존재한다. 본래 취지는 이들의 금융 거래를 용이하게 한다는 것이었다.

중국 중앙 은행은 8억 명 이상의 방대한 금융 데이터를 가지고 있지만 신용 이력이 있는 사람은 인구의 40퍼센트인 3억 2000만 명에 불과하다. 반면 핸드폰 보급률은 99.5퍼센트에 달한다. 따라서 중국 정부의 입장에서는 온라인 기반의 활동을 평가한 사회 신용 제도가 개인을 더 용이하게 평가할 수 있다고 간주한다. 특히 알리바바나 텐센트와 같은 대기업이 스마트폰 기반 활동 데이터를 보유하고 있기 때문에 정부의 범죄 기록 등의 데이터베이스와 연동된다면 쉽게 개인을 평가할 수 있다.

텐센트는 서비스 중인 모바일 게임 「왕자영요(王者荣耀, Honor of Kings, 한국명 펜타스톰)」에 중국 최초로 실명 인증 시스템을 도입했다. 실명 인증 시스템은 중국 공안의 데이터베이스와 연결되어 있어 게이머의 나이를 정확하게 확인하고 플레이 시간을 제한할 수 있다. 중국 게임 업계에서 이 같은 실명 인증 시스템을 도입한 것은 처음이다. 향후 정부와 민간 기업의 데이터베이스를 연동하는 작업은 중국의 사회 신용 제도를 급격히 확산시킬 것이다.

그러나 중국의 사회 신용 제도는 감시와 인권 탄압이라는 비판을 동시에 초래하고 있다. 아래와 같은 사례는 대표적이다.[8]

사례 1. 중국 선전 시 시민은 무단 횡단을 할 경우 즉시 문자 메시지로 교통 법규 위반 범칙금 고지서를 받는다. 중국 공안 당국이 AI와 감시 카메라, 얼굴 인식 기술을 치안에 적용하는 범위를 높여 가고 있기 때문이다. 고해상도 카메라를 통해 신분이 확인되면 무단 횡단 시 사진이 길거리에 설치된 스크린에도 게시된다. 2018년 10개월 동안 1만 3930명이 단속되어 길거리에 사진이 게시되었다.

사례 2. 허난 성 정저우 시 기차역에서는 경찰들이 얼굴 인식 카메라가 달린 안경을 끼고 수배범들을 체포한다. 블랙리스트 기업으로 선정될 경우, 공공 조달, 정부 부지, 미디어 플랫폼, 보조금 지원 등에서 배제된다. 법원 결정에 순응하지 않는 경우 사치품 소비 제한 등 제한 조치가 들어간다. 그 밖의 제한 조치로는 고속 철도 이용 제한, 국외 여행 제한, 자녀 사립 학교 입학 제한 등이 있다.

사례 3. 베이징 회사원 왕페이는 중국 IT 업계에서 일하며 매달 약 8,000위안을 스마트폰으로 결제한다. 왕은 신용 점수가 950점 만점에 777점으로 최상위 등급이다. 덕분에 왕은 중국 호텔에서 숙박객에게 흔히 받는 보증금이 면제되는 등 각종 우대 혜택을 누린다. 중국 온라인 데이트 게시판에는 "애인 모집 중, 점수 700점 이상만"이라는 구인 글을 올리거나 "나는 793점, 나도 700 넘었다."는 등 자신의 점수를 사진과 함께 인증하는 사례도 나타났다. 신용 조회를 통해 높은 신용도가 증명되면 아파트 임대 보증금을 내지 않아도 된다.

이 같은 사례는 사회 신용 제도가 찬반 논란을 떠나 이미 중국 사회에 수용되어, 널리 확산되어 가고 있음을 보여 준다. 조지 오웰(George Orwell)의 소설 『1984년』에는 빅 브라더(Big Brother)에 의한 감시와 통제 사회가 묘사되고 있다. 중국에 대한 비판자들은 중국 사회가 이와 유사하다고 지적한다. 『1984년』에는 이런 문장이 나온다.

심지어 초콜릿 배급량을 일주일에 20그램으로 올려 준 것에 대해 빅 브라더에게 감사하는 시위도 있었던 것 같았다. 그는 어제만 해도 초콜릿 배급량을 일주일에 20그램으로 '줄인다는' 발표가 있었다는 것을 생각해 보았다. 24시간밖에 지나지 않았는데 사람들은 어떻게 그렇게 쉽게 잊어버릴 수 있단 말인가? 그렇다, 사람들은 너무 쉽게 잊어버린다.

중국 정부의 사회 신용 제도는 사회적 소외 계층의 제도권 진입과 혜택의 부여라는 측면과 인민에 대한 국가적 감시와 통제라는 양면성을 가지고 있다. 그리고 향후 AI가 확산될수록 중국에서는 사회적, 개인적 편익과 개개인에 대한 감시와 통제라는 모순이 격화, 충돌할 것이다. 그 모순의 첨단에 서 있는 국가가 중국이기 때문이다.

AI는 인간을 보다 고차원의 호모 사피엔스로 끌어올릴 것인가, 아니면 빅 브라더 치하의 통제받는 신민으로 만들 것인가. 인간은 AI와 협력해 새로운 경제 사회의 모델을 만들 것인가 아니면 AI와 직업을 놓고 경쟁하거나 AI의 지시에 순응하는 인간이 될 것인가. 다음 장부터 그 새로운 가능성을 탐색해 가기로 하자.

2장

AI가 강제하는 기업 경영의 변화

AI가 인간을 선별한다

기업에서 인재의 중요성에 대해서는 오랫동안 많은 경영학자와 기업가가 지적한 바 있다. 경영의 그루 피터 드러커는 "유능한 인재를 매료시키지 못하면 그날로 조직은 부패하기 시작한다. 그 결과 발생하는 쇠퇴는 막을 수 없다."라고 강조했다. 마이크로소프트 창업자인 빌 게이츠(Bill Gates)는 "우리에게서 상위 20명의 인재를 스카우트해 간다면 마이크로소프트는 전혀 무게감 없는 회사로 전락할 것이다."라고 말했고, 포드 자동차의 창업주 헨리 포드(Henry Ford)는 "나의 공장을 가져가고 차를 부숴도 좋다. 다만 나에게서 포드 사람만 빼앗아 가지 마라. 그러면 이 사람들과 함께 다시 지금의 포드를 만들 수 있을 것이다."라고 인재의 중요성을 강조한 바 있다. 그래서인지 기업에서 가장 먼저 AI를 도입하고 있는 분야가 인사, 특히 채용 분야이다.

기존의 채용 구조에서 기업은 막대한 비용과 인력을 투입해 신입 사원을 선발하지만 비용 대비 효과가 어느 정도인지, 양질의 인재를 확보했는지는 확신하지 못한다. 인재의 중요성을 잘 인식하고 있는 대기업조차 채용과 관리에서 고전 중이다. 예를 들어, 삼성전자를 보자. 삼성은 창업자 고 이병철 회장이 주창한 '인재제일'이라는 모토를 기반으로 우수한 인재를 선발하기 위해 많은 자원을 투입한다. 이 선발의 첫 과정이 삼성 그룹의 공채 시험이다. 삼성전자의 3급 신입 사원 채용은 그림 1과 같은 과정을 거친다.

입사 지원자는 먼저 지원서를 접수해야 한다. 2015년 이전 삼성전자 지원자는 20만 명 이상으로 알려져 있다. 삼성은 2015년 상반기 공채까지 모든 지원자에게 GSAT(직무 적성 검사) 응시 기회를 주었으나 그해 하반기부터는 채용 직무 적합성 평가를 통과해야 시험을 볼 수 있도록 절차를 변경했다. 모든 지원자에게 GSAT 시험 기회를 주는 것은 시험 과정 관리에서 막대한 인적, 물적 비용이 소요되기 때문이다.

직무 적합성 선별을 거친 지원자는 다음 GSAT 단계로 진입한다.

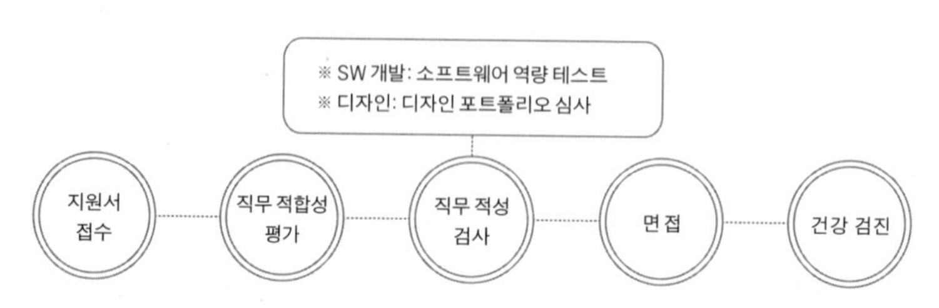

그림 1. 삼성전자의 신입 사원 채용 과정. http://www.samsungcareers.com/main.html#에서.

GSAT는 매년 상반기와 하반기에 두 차례 국내에서는 서울, 부산, 대구, 대전, 광주 등 5개 도시와 미국 뉴욕, 로스앤젤레스 두 곳에서 치러진다. 2019년 상반기 기준으로 지원자들은 오전 9시 20분부터 11시 48분까지 115분 동안 언어 논리, 수리 논리, 추리, 시각적 사고 등 4개 과목의 110문항을 풀어야 한다.

2019년 상반기 채용 문제 중 언어 논리 영역은 상당한 논란을 불러일으키기도 했다. '겸손한 태도로 남에게 양보하거나 사양하다.'란 뜻의 '겸양하다.'의 반대어를 물었는데 정답은 '잘난 체하다.'는 의미의 '젠체하다.'였다. '일처리가 반듯하고 야무짐'을 의미하는 '칠칠하다.'와 '선뜻 결정을 내리지 못하고 망설임'을 의미하는 '서슴다.'라는 단어의 의미를 묻는 문제도 나왔다고 한다.[1] 과연 '전체하다.'나 '칠칠하다.'와 같은 단어의 뜻을 아는 게 삼성전자의 당면 과제를 해결하는데 얼마나 도움이 되는지는 알 수 없지만 면접 대상자 3배수를 선별하기 위해 이런 과정을 거친다.

GSAT 시험이 지원자의 최저한의 기본 자질을 판별하기 위한 커트라인이라고 한다면 다음 단계인 면접은 기업이 원하는 인재를 선별하기 위한 가장 중요한 과정일 것이다. 그런데 최근 채용 과정에서 삼성전자의 고민이 또 하나 생겼다. '압박 면접'을 금지한다는 인사팀의 방침 때문이다. 압박 면접이란 지원자의 약점이나 부족한 부분을 집중적으로 파고들어 공격적 질문으로 지원자의 임기응변, 판단 능력, 태도와 끈기 등을 평가하는 방식이다. 삼성전자가 최근 이를 금지한 것은 소위 면접자의 '갑질 논란' 때문이다.

그런데 정작 문제는 이런 고난도의 문제와 면접을 거쳐 입사한 삼성 그룹의 신입 사원 10퍼센트 정도가 조기 퇴사한다는 것이다. NICE 기업 정보에 따르면 삼성 그룹 주요 계열사의 퇴사율(평균 연봉)은 삼성전자 5퍼센트(1억 1700만 원), 삼성카드 10퍼센트(1억 100만 원), 삼성증권 11퍼센트(9596만 원), 삼성화재 13퍼센트(9675만 원) 등이다. 이렇게 되면 막대한 자원을 투입해 진행하는 채용 과정 자체에 문제가 있다는 추론을 할 수 있다.

신입 사원 조기 퇴사의 문제는 삼성 그룹만의 문제는 아니다. 2016년 6월 한국경영자총협회(경총)가 전국 306개 기업을 대상으로 조사한 '2016년 신입 사원 채용 실태 조사 결과'에 따르면 대졸 신입 사원 1년 내 퇴사율은 상승 추세였다. 구체적으로 보자. 2016년 대졸 신입 사원 1년 내 퇴사율은 27.7퍼센트였다. 1년 이내 구간별 퇴사율(누적)은 1개월 이내 4.6퍼센트, 3개월 이내 11.4퍼센트, 6개월 이내 17.5퍼센트, 1년 이내 27.7퍼센트 등으로 시간의 경과와 더불어 급격히 증가한다. 신입 사원 조기 퇴사의 가장 큰 이유로는 조직 및 직무 적응 실패 49.1퍼센트가 꼽혔다. 이어 급여 및 복리 후생 불만 20퍼센트, 근무 지역 및 환경에 대한 불만 15.9퍼센트, 공무원 및 공기업 취업 준비 4.4.퍼센트 등이다. 한마디로 '개인과 조직의 부조화'라고 할 수 있다. 흔히 하는 말로 하면 '자신과 맞지 않아서'이다.

여기서 우리는 기업의 채용과 선발 과정에서 두 가지 근본적인 문제를 지적할 수 있다. 첫째, 기업의 선발 과정 그 자체에 문제가 있다는 점, 둘째, 지원자와 기업이 상호 선택하는 과정에서 불일치가 발생하고 있다는 점이다.

기업과 지원자의 상호 탐색 과정은 블랙박스적 선택 과정이라고 할 수 있다. 블랙박스적 선택이란 주어진 정보가 제한적이기 때문에 제한된 정보에 기반해 의사 결정을 해야 한다는 것을 의미한다. 예를 들어 경제학의 게임 이론에 '레몬 시장(lemon market)'이라는 비유가 있다. 레몬 시장이란 정품 속에 불량품이 뒤섞여 있는데 정보의 부족으로 이를 구매자가 알 수 없어 결국 구매자는 제품 전체를 불량품으로 인식한다는 이론이다. 레몬 시장의 가장 전형적인 예가 중고차 시장이다. 중고차 구매자는 정보의 비대칭으로 판매자가 내놓은 중고 자동차에 대한 정보를 자세히 알 수 없다. 시장에 나와 있는 중고차가 홍수 났을 때 침수된 차인지, 과거 얼마나 심한 사고를 겪었는지, 부품의 마모 정도는 어떤지 등 차량에 대한 중요한 정보를 알기 어렵다. 그래서 중고 시장에 불량차가 포함되어 있을 경우 구매자는 중 어떤 차량이 불량차인지 알 수 없기 때문에 중고차 시장 전체를 불신하게 된다. (이때의 불량차를 레몬차라고 한다.) 여기서 구매자와 판매자에게 서로에 대한 정보를 제공하고 상품에 대한 보증을 하는 중개 거래자, 플랫폼 비즈니스가 등장한다.

레몬 시장은 그나마 중고차 판매자라는 한쪽 당사자가 완전한 정보를 가지고 있지만 이와는 달리 기업 채용 과정은 기업과 지원자 모두 상대방에 대한 극히 제한된 정보만 가지고 의사 결정을 해야 한다. 지원자는 고작해야 기업 브랜드나 직종, 연봉 정도를 보고 지원할 뿐이고, 기업은 지원자의 역량이나 자질과 같은 핵심 정보가 아닌 출신 대학이나 학력, 또는 삼성의 GSAT 같은 오지선다형 문제 풀이로 지원자를 선별한다. 그나마 구글, 페이스북 같은 글로벌 기업은 인사 전문가를 장시간 투입해 이런 딜레마를 해결하려고 한다. 마이클 쿠수마노(Michael A. Cusumano) MIT 교수는 "마이크로소프트는 면접한 MIT 학생 중 5퍼센트만을 입사시킨다."라고 말한 바 있다. 5퍼센트의 선별이 가능한 것은 채용 담당자들이 한 달 이상 캠퍼스에 상주하면서 대상자를 면밀하게 면접, 분석하기 때문이다. 그러나 인사관리 역량을 가지고 있지 못한 중소 기업은 물론이고 구글, 페이스북 같은 글로벌 기업조차 기업과 지원자의 블랙박스적 선택 과정의 딜레마를 벗어나지 못하고 있다. 이러한 딜레마를 해결하기 위한 대안 중 하나로 AI 기반 채용이 등장하고 있다.

실리콘밸리에 AI 기반 채용이 등장하고 있는 또 다른 이유도 있다. 그것은 인종별, 성별, 연령별 채용 불공정 논란이다. 특정 인종 선호와 여성 취업 차별에 대한 비판이 나오고 있는 것이다. 2014년 미국 평등 고용 위원회 조사 결과에 따르면 실리콘밸리 IT 기업들의 직원 중 68.5퍼센트가 백인으로, 미국 전체 민간 기업 63.5퍼센트보다 그 비율이 높았다. 또 구글, 페이스북, 인텔 등 대표적인 실리콘밸리 IT 기업 직원의 80퍼센트 이상이 백인 남성이나 아시아 남성으로 채워져 있다.

AI는 바로 이런 블랙박스적 곤란과 인종 차별과 같은 논란을 해소할 수 있는 대안으로 인식되고 있다. 기업과 지원자의 블랙박스적 곤란을 해결하고자 하는 AI 도구 중 하나가 구글의 '클라우드 잡스

(Cloud Jobs)'이다. 구인/구직의 딜레마는 상호 누적 데이터가 부족하기 때문이다. 기업이 지원자의 경력이나 역량에 대한 장기간의 데이터를 알 수 있다면, 또한 지원자가 해당 기업의 평판이나 근무 조건, 기존 지원자나 근무자의 평가 등을 접할 수 있다면 이런 블랙박스적인 곤란은 상당 부분 해소될 것이다. 또한 만일 기업이 요구하는 인재와 지원자의 정확한 매칭이 가능하다면 역시 이런 블랙박스적 문제는 해결 가능할 것이다.

구글의 클라우드 잡스는 이런 문제 인식에 기반한 AI 기반 채용 플랫폼이다. 구글은 '구글 포 잡스(Google for Jobs)'라는 일자리 검색 엔진을 통해 기업과 구직자를 연결하려고 한다. AI가 구직, 채용 사이트나 온라인 커뮤니티 게시판에 올라온 채용 정보를 수집, 학습하고 분석, 정리해 구직자에게 제안한다. 지원하고 싶은 기업의 위치나 직급, 정규직/비정규직 여부, 파트타임 근로 조건 등 다양한 정보를 조회할 수 있고 "내 주변 일자리(Jobs near me)"라고 입력하면 자신이 위치한 곳 주변의 일자리를 알려주기도 한다. 또한 온라인에 존재하는 해당 기업에 대한 평판도 볼 수 있기 때문에 특히 기업에 대한 정보가 부족한 지원자의 경우에 그 곤란을 완화할 수 있다.

우수 직원도 인공 지능이 먼저 안다!

AI 기반 채용을 본격 도입한 기업 중에 일본의 소프트뱅크도 있다. 소프트뱅크는 인력 채용의 방식 자체를 변경하면서 AI를 활용했다. 소프트뱅크의 대학 신규 졸업자 채용에는 매년 약 3만 명의 지원자가 모인다. 대부분은 대규모 구직 사이트를 통해 들어온다. 소프트뱅크의 고민은 이 지원자들이 소프트뱅크에 관심이 있는 인재 집단이라고는 해도, 회사의 필요에 꼭 맞는 맞춤한 인재라고는 할 수 없다는 점이다. 실제로 일본 내 연간 대학 신규 졸업자는 약 45만 명으로 이 전체 모집단 안에는 소프트뱅크가 원하는 인재가 있을 가능성이 크다. 일단 다음 그림 2를 함께 살펴보자.[2]

이 그림을 보면 소프트뱅크는 모집 풀을 기존의 대규모 구직 사이트 경유 지원자를 넘어 대학원생, 관련 학회 참가자, 지방 대학과 고등학교 학생까지 확대하고 있음을 알 수 있다. 여기서 소프트뱅크는

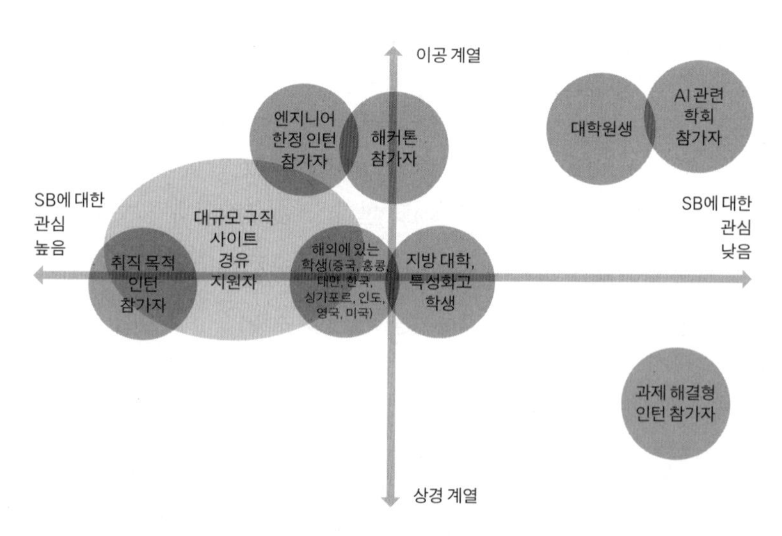

그림 2. 소프트뱅크가 구상하는 채용 후보자 풀의 확대 방안. 대규모 구직 사이트 경유 지원자에 한정되어 있던 기존 모집 풀을 AI의 도움을 받아 다양한 풀로 확대하려 하고 있다. SB는 소프트뱅크.

모집 풀을 기존 지원자 3만 명이 아닌 졸업자 45만 명 전체로 정하고 소프트뱅크에 대한 관심 유무에 관계없이 어떤 그룹에 속하는지, 그리고 그 그룹 안에서 얼마나 우수한 인재인지 조사하는 새로운 채용 방식을 시도했다.[3] 그런데 이런 모집 풀의 확대는 채용 비용의 증가라는 문제를 야기한다. 모집 풀의 증가와 질적 수준의 향상, 그러나 동시에 채용 비용의 비약적인 증가, 이것이 기업 채용 과정에서 발생하는 딜레마이다.

이런 딜레마를 해결하기 위해 도입한 도구가 AI 채용 관리 시스템이다. 소프트뱅크는 2017년부터 미국 IBM의 AI '왓슨'을 이용한 지원서의 자동 판독을 시작했다. 소프트뱅크는 왓슨에게 지원서를 읽히고, 자신이 요구하는 인재의 최저 조건을 만족시키고 있는지를 판정하는 예비 선발을 실시하고 있다. 소프트뱅크는 왓슨에게 기존 합격자의 서류 수만 건을 학습시켰고, 왓슨은 11개 항목에 대한 질문을 통해 구직자의 자질을 비교 분석한 뒤 그 결과를 인사 담당자에게 전달한다. 실제로 채용을 결정하려면 지원자의 적성이나 역량과 자질 등을 파악하는 면담이나 심층 면접이 중요한데 이를 위한 시간적 여유를 확보할 수 있게 된 것이다.

소프트뱅크는 집념, 기민함 등의 주제로 200자 이상의 에세이를 입사 지원서에 기술하라고 요구한다. 왓슨은 소프트뱅크가 선호하는 인재상을 기준으로 지원자의 자기 소개, 지원 동기, 에세이 등을 종합적으로 판단해 합격과 불합격을 거른다. AI가 불합격이라고 판단한 지원자에 한해서 채용 담당 직원이 다시 살펴본 후, 그중 합격자를 다시 골라낸다. AI 심사 과정에서 오류가 발생할 가능성을 완전히 배제할 수는 없기 때문에 최종적으로는 사람이 보고 불합격자를 확정한다. 그렇다면 AI와 사람 중 누가 더 정확한 판단을 내릴까?

2017년 5월에 접수된 400여 장의 지원자 자기 소개서에서 "소프트뱅크가 중시하는 5개 이념 중 자신의 강점과 합치하는 항목과 그 강점을 발휘했던 경험을 기술하라."라는 문항을 인사 담당자와 AI 왓슨이 동시에 평가한 적이 있다. 인사 담당자와 AI는 5명 중 1명의 비율로 탈락자를 골라냈는데, 인사 담당자는 15분에 가까운 시간이 걸렸고, 왓슨은 15초밖에 걸리지 않았다. AI와 채용 담당자가 불합격을 준 지원자가 정확하게 일치했다고 한다. 소프트뱅크는 AI의 도입으로 1차 서류 심사에 드는 시간을 75퍼센트까지 줄여, 신입 사원 채용 서류 심사에 소요되는 시간을 680시간에서 170시간으로 줄였다.[4]

일본 아이플러그 사의 오퍼박스(Offerbox)는 지원자가 기업에 원서를 내는 것이 아닌 기업이 지원자에게 '잡 오퍼(job offer, 구직 제안)'를 하는, 보통의 구직 과정과 정반대의 상황을 바탕으로 채용 AI 플랫폼을 설계한 사례이다. 구직자들이 자신의 이력서와 동영상, 사진 등의 정보를 등록해 놓으면 기업이 이를 확인하고 채용 조건을 제안하는 방식이다. 기업은 성과가 좋은 기존 직원들의 특징을 AI에게 학습시키고, AI는 유사한 특성을 나타내는 구직자를 찾아내 기업에 제안한다. 오퍼박스의 AI가 학습하는 데이터는 각 기업의 우수 직원들이 제출한 설문 조사를 바탕으로 산출된 협력성, 의지 같은 요소들의 점수이다. 이를 바탕으로 AI가 기업별 이상적 인재상을 만들어 비슷한 구직자를 찾아 추출한 후, 기업에 제안한다. 현재 오퍼박스는 구직자 파일 20만 건, 등록 기업 6,000개 사를 보유하고 있다. 현재 일본은 대졸자의 경우 1인당 2개의 구직 제안을 받을 정도로 구인난에 시달리고 있고, 기업은 공격적인 채용 정책을 펼치고 있어 유효한 모델이기도 하다.

미국 샌프란시스코의 AI 스타트업 마이아 시스템스(Mya Systems)에서는 AI 채팅봇 마이아(Mya)를 개발했다. 마이아는 온라인에 올라온 기업 정보를 학습한 후, 구직자를 상대로 상담해 주는 모델이다. 구직자의 능력, 경력, 급여 수준 등을 토대로 상담한 후 해당 구직자에게 적합한 회사를 추천해 준다. 뿐만 아니라 해당 기업의 면접 장소를 포함한 면접 정보까지 안내하며, 복장 등에 관한 면접 조언도 제공한다.

다음 예시는 AI 면접 채팅봇 마이아가 진행한 채용 면접의 가상 사례 중 하나를 보여 준다.[5] 마이아는 지원자들에게 간단한 질문을 던지고 그 대답을 분석해 지원자가 직무에 적합한지 판단한다.

마이아: 경영 직군에서 일해 본 경험이 있나요?

지원자: 예, 5년 정도입니다. 이 직무에 필요한 최소 경력은 몇 년인가요?

마이아: 아주 좋아요! 이 직무는 2년 이상의 경력을 요구합니다. 당신은 조건에 부합합니다.

마이아는 자연어 처리 기술을 바탕으로 지원자의 문장을 분석한다고 한다. 예를 들어 앞에서 제시된 지원자의 대답을 마이아는 다음과 같이 분석한다. "예."는 자신이 던진 질문에 대한 긍정 답변으로, "5년"은 경력 연차로 받아들이고 지원자가 자신의 질문에 적합한 대답을 했다고 판정한다.

마이아는 앞에서 기술한 인종 차별이나 성차별과 같은 채용 불공정성 논란에서 벗어날 수 있는 도구가 될지 모른다. 실리콘밸리 등 미국 IT 업계는 백인 남성들이 주류를 차지한 가운데 여성, 이민자 등에 대한 차별이 심하고 이들에 불공정한 채용 전형을 진행한다는 비판에 시달려 왔다. 그러나 마이아 같은 AI는 인간 면접자와 달리 지원자의 외모, 성별, 성 정체성, 이름 등의 요소를 모두 제외하고 오직 직무 적합성만을 객관적으로 판별한다는 장점을 가지고 있다.

사실 선발의 불공정성은 국내에서도 논란이 되고 있다. 2019년 한 취업 포털에서 실시한 설문 조사에 따르면 응답자의 60퍼센트가 채용 과정의 AI 도입에 대해 찬성 또는 긍정적이라고 대답했다. AI 활용에 찬성한 응답자 대부분은 이유로 공정성과 편의성을 꼽았다. AI가 채용 여부를 결정하거나 구직자를 선발한다면 '인간 인사 담당자'보다 고정 관념이나 선입견 등이 배제되기 때문에 찬성한다는 응답이 29퍼센트로 가장 많았고, 채용 비리를 방지할 수 있는 공정한 평가로 생각된다는 응답도 26퍼센트였다. 시간과 장소에 구애를 받지 않아도 된다는 응답이 18퍼센트로 그 다음을 이었다. 반대 이유로는 기술력의 한계를 꼽은 응답이 33퍼센트로 가장 많았다.[6]

이런 반응은 채용 과정에 AI를 도입하는 것이 가져다줄 공정성과 편의성, 경제적 편익에는 공감하지만 동시에 AI가 인간의 역할을 완벽히 수행할 수 있을 것인가에 대한 불안감과 새로운 채용 시스템에 대한 반감이 공존하고 있음을 보여 준다. AI를 활용한 채용이 증가할수록 AI에 대한 기대감과 불안감 역시 증가할 것으로 보인다.

SNS는 지원자 정보 수집의 장(場)

SNS는 취업 지원자의 정보를 수집하는 중요한 장소가 되고 있다. SNS는 지원자 빅 데이터의 보고라고 할 수 있다. 지원자들은 어린 시절부터 10여 년에 걸쳐 페이스북이나 인스타그램, 텀블러 같은 SNS에 자발적으로 자신의 관심사나 활동, 취미, 친구 관계 등의 개인 정보를 상세하게 기록한다. 이런 개인 정보는 기업이 지원자를 판단하는 데 중요한 근거 자료가 될 수 있다.

미국의 채용 컨설팅 기업인 커리어빌더(Careerbuilder)는 2017년 미국 내 기업 인사 담당자 2,300여 명을 대상으로 채용 시 지원자의 SNS 내역을 살펴봤는지 조사했다. 설문에 응답한 회사 중 SNS 활동 내역을 확인한 미국 회사 비율은 70퍼센트로 집계됐다. 이 비율은 전년보다 10퍼센트나 올랐고, 2006년 11퍼센트에 불과했던 숫자에 비하면 12년 사이에 7배가량 급증한 것이다. 채용 과정에서 후보자의 SNS 활동 내역을 참고했다고 답한 인사 담당자 중 54퍼센트가량은 이를 기반으로 후보자를 탈락시켰다고 답했다. 탈락시킨 이유와 그 비율은 다음 표 1과 같다.

표 1을 보면 불합격 처리 사유에서 "자극적이거나 부적절한 사진 및 동영상 또는 정보 게재"가 39퍼센트로 가장 많았고, "결근에 관한 거짓말"도 17퍼센트 비율로 적지 않았다. 그 외에도 마약, 과도한 음주를 올린 경우 38퍼센트, 인종, 성별, 종교와 관련해 차별적인 발언을 올린 경우 32퍼센트 등이다. 특히 미국의 경우 직장에서의 인종 차별이나 성차별, 종교 차별은 기업의 책임 추궁과 심각한 징벌적 손해 배상으로 이어질 수 있기 때문에 기업은 채용할 때부터 지원자의

표 1. SNS 활동에서 지원자 탈락 사유와 비율.

지원자의 SNS 활동	탈락 비율(퍼센트)
자극적이거나 부적절한 사진 및 동영상 또는 정보 게재	39
음주 또는 마약 투약 관련 정보 게시	38
인종, 성별, 종교와 관련된 차별적 발언	32
이전 직장이나 동료 직원 비방	30
자격 요건에 대한 거짓말	27
소통 능력 부족	27
범죄 행위 가담 혹은 연루	26
이전 직장의 기밀 정보 공유	23
부적절한 온라인명 사용	22
결근에 관한 거짓말	17

출처: https://www.careerbuilder.com/.

행적과 입사 후 발생할 수 있는 각종 차별적 행위와 사태에 대해 두려워한다.

IBM 역시 AI를 활용하는 인력 선발 시스템을 도입하고 있다. IBM에 입사 원서를 내는 사람은 매년 300만 명에 달한다고 한다. 인사 담당자들이 모든 지원자의 지원서를 읽는 것만으로도 엄청난 시간이 소요되는 것이다. 그러나 IBM은 자신이 원하는 경력과 성격, 이직 가능성 등 몇 가지 정보를 기반으로 AI를 사용해 15초 만에 자신이 원하는 1차 면접 대상자를 300만 명 중에서 추려낼 수 있다고 한다. IBM의 왓슨 기반 AI는 지원자들의 입사 지원서를 분석해 후보자를 골라낸 뒤, 후보자의 SNS 계정에 남긴 자료를 분석해 후보자의 성격과 친화력, 이직 확률, 스타일까지 분석해 낸다. IBM은 AI 도입 후 채용에 걸리는 시간을 85일에서 45일로 감소시켰다. 2017년 당시 앰버 그리월(Amber Grewal) IBM 인재 채용 담당 부사장은 이렇게 말한다.

> 4차 산업 혁명으로 환경이 변하고 있는 만큼 채용 과정도 진화해야 한다. 채용 담당자가 입사 지원서를 하나하나 들여다보고 후보를 추려내는 방식으로는 4차 산업 혁명 시대에 맞는 인재를 찾아낼 수 없다. 지난해 IBM에는 전 세계에서 300만 명이 지원했다. 아무리 훌륭한 채용 담당자라도 입사 지원서 수천 통을 들여다보면 일관성을 유지할 수 없다. 중요한 인재를 사람의 편견 때문에 놓칠 수 있다.[7]

구글은 전 직원에게 300문항 이상의 질문을 던져 그 답변을 데이터로 축적하고 있다. 또한 직원과 입사 지원자가 SNS 계정에 공개한 정보를 바탕으로 그들의 근황이나 근래 기분, 생활 패턴과 성향 등을 분석한다. 이 정보들을 기반으로 지원자가 어떤 일을 맡으면 잘할 수 있는지, 어떤 일을 맡길 수 있을지를 평가한다.

라즐로 복(Laszlo Bock) 전 구글 인사 담당 수석 부사장은 자신의 저서 『구글의 아침은 자유가 시작된다』에서 "우리는 여러 기법을 활용해 다른 회사 전체 직원 명단까지 확보했다. 그들이 구글에서 어떤 일을 맡으면 얼마나 잘할 수 있는지를 평가한 데이터도 있다."라고 말한 바 있다.[8] 이렇게 분석한 데이터를 바탕으로 구글은 각각의 지원자의 성향에 맞춘 면접 질문 초안을 제시한다. 예를 들어, 지원자가 협동심이 좋고 타인과의 관계를 잘 조율하는 성향이라고 분석되면, 과거 본인이 주도한 협업으로 좋은 결과를 낸 경험이 있는지, 어떤 것이었는지 질문하는 식이다.

영국의 다국적 소비재 기업인 유니레버(Unilever) 역시 SNS를 기반으로 한 지원자 평가를 실시하고 있다. 유니레버는 마지막 대면 면접 외의 모든 채용 과정을 AI와 게임을 기반으로 진행한다.[9] 유니레버는 먼저 페이스북이나 링크드인 같은 SNS에 구인 공채 광고를 올려 지원자들을 링크드인의 구직 웹페이지로 이동하게 한다. 그 후 지원자의 동의 아래 구직 웹페이지에서 이력서를 추출해 유니레버의 AI가 검토한 뒤, 직무에 적합한 후보끼리 분류해 선별한다. 이 과정에서 AI는 약 30만 장의 지원서 중 절반을 걸러낸다. 최초 선별 작업 이후에는 인지 신경 과학을 기반으로 한 게임(Pymetrics)과 동영상 면접

(HireVue)을 진행하며, 이 역시 모든 과정에 AI가 도입되어 지원자들을 분석한다. 유니레버는 사내에서 탁월한 성과를 내 온 기존 직원들에게 같은 게임을 진행하게 하고, 그 결과를 벤치마킹해 데이터로 활용했다고 한다. 이러한 혁신 결과 90일 안에 처리하는 지원자 수가 전년 대비 1만 5000명에서 3만 명으로 2배 증가했으며, 채용 과정에서 소요되는 시간이 4개월에서 4주로 감소했다고 한다. 또한 합격자들을 살펴보면 인종별, 성별 비율이 고르게 나왔고, 출신 대학이 840개 대학에서 2,600개 대학으로 다양성이 증가했다. 백인 이외의 합격자가 증가한 점 등도 긍정적인 결과로 꼽혔다.

베이비시터의 채용에 SNS를 활용하는 기업도 있다. 미국의 스타트업인 프리딕팀(Predictim)은 베이비시터에 대한 이력 조사에 SNS를 사용하고 있다. 그들은 베이비시터 지원자들의 페이스북, 트위터, 인스타그램 등의 활동 내용 수년치를 분석하고, 약물 남용, 폭력성, 불량한 태도 등의 항목으로 평가해 베이비시터를 원하는 부모에게 제공한다. AI가 지원자의 온라인 활동을 조사해 베이비시터의 적합성에 대해서 평가한다는 것이다.

이런 서비스는 2018년 8월 미국 펜실베니아에서 발생한, 베이비시터에 의한 충격적인 아동 학대 사건 이후 여론의 큰 지지를 받았다. 이 사건은 22세의 베이비시터 2명이 일주일 동안 7세, 9세 아동을 학대한 충격적인 사건이었다. 부모는 프리이와 힐즈라는 베이비시터에게 100달러를 지불하고 일주일을 맡겼다. 그러나 금요일 저녁에 돌아와 아이들을 발견하자마자 부모는 911에 신고해 응급 요원을 불렀다.

이후 펜실베이니아 주 경찰은 어린 희생자들이 심한 학대를 당했다는 결론을 내리고 조사에 착수했다. 학대 내용은 놀라운 것이었다. 경찰의 조사 결과, "단단한 나무 바닥에서 오줌을 마시게 하기, 빨대를 통해 개 오줌을 마시게 하기, 잘하지 못하면 화장실에 못 가게 하기, 20리터짜리 물주전자를 머리 위로 들게 하면서 구타하기, 등 뒤로 손을 묶어 개 우리에 묶어 두기" 등의 학대를 당한 것으로 밝혀졌다.[10] 이 사건 이후 베이비시터에 대한 우려가 전 미국을 뒤흔들었다.

그림 3을 보면 해당 베이비시터 지원자(가명)는 총점 5점으로 대단히 위험한 범주에 들어 있음을 알 수 있다. 특히 괴롭힘과 불량한 태도, 약물 남용의 항목에서 고위험 수준에 들어 있다. 이 결과만을 놓고 볼 때 아마 이런 베이비시터를 고용하고자 하는 부모는 없을 것이다. 다만 지원자의 SNS 계정에 접근하기 위해서는 그들의 동의를 얻어야 한다. 지원자가 거부할 경우 이를 의뢰했던 부모 측이 채용하지 않는다. 프리딕팀 서비스 이용 절차는 아래와 같다.[11]

1. 보호자 정보를 입력한다. 우선 보호자 자신의 이메일 주소, 이름, 결제 정보만 입력하면 된다.
2. 프리딕팀은 동의를 얻기 위해 해당 베이비시터에게 연락한다. 의뢰자를 대신해 베이비시터의 SNS 계정 접근권을 요청하는 연락이다. 페이스북, 인스타그램, 트위터 계정 등이 여기 포함된다. 베이비시터 후보자가 분석에 동의하지 않으면 그다음 절차는 진행되지 않는다.
3. 보고서가 생성된다. 이 보고서는 프리딕팀의 독자적인 AI 알고리듬을

그림 3. 프리딕팀 AI의 베이비시터 평가 결과. https://www.suburbia-unwrapped.com/how-to-find-a-good-babysitter/에서.

이용해 만들어진다. 수백만 개의 데이터 포인트를 사용해 소셜 미디어에 게시된 게시물, 논평 및 이미지를 분석함으로써 베이비시터를 평가한다.

4. 보고서가 준비되면 의뢰자에게 이메일을 보낸다. 그 보고서에는 베이비시터 후보자의 전반적인 위험 점수와 괴롭힘, 약물 남용, 현재 상태, 그리고 심지어 무례함과 같은 주요 속성이 포함된다.

베이비시터의 위해성 등급은 약물 남용 등을 포함한 몇 가지 범주로 나뉜다. 이 회사는 이 시스템이 예의범절, 다른 사람들과 함께 일할 수 있는 능력, 그리고 긍정성 같은 성격적 특징으로 베이비시터를 평가할 수 있다고 주장한다.[12]

적재적소의 인사를 가능케 하는 인공 지능

인사 AI는 단순 채용뿐만 아니라 해당 조직에 가장 적합한, 그리고 선호하는 인재를 선별하는 기능을 하기도 한다. 채용 과정에서 기업이 가장 중요시하는 항목은 '해당 지원자가 우리 조직에 적합한가?' 그리고 '만일 적합하다면 그 지원자가 우리 조직에 머무를 것인가?'이다. 앞에서 살펴보았듯이 1년 내 퇴사율이 27.7퍼센트에 육박하는 현실에서 기업은 막대한 비용을 들여 직원을 선발하지만 그 과정이 효과적으로 작동하고 있다고 보기는 어렵다. 따라서 기업은 선발과 유지 차원에서 이런 위험을 회피하기 위해 기존 조직 내에서 성공적으로 정착하고 있다고 판단되는 인재와 유사한 지원자를 선발하려는 동기를 가지게 된다.

특히 사내 직원들의 동료 간 갈등이나 상하 간 갈등은 직원들의 이직을 야기하는 강력한 요인으로 작용하기도 한다. 컨설팅 기업 사람인이 실시한 조사 중 '업무와 인간 관계 중 어느 것이 더 스트레스를 주는가?'를 물은 설문 조사에 따르면 업무 관련 스트레스(28.2퍼센트)보다 인간 관계 스트레스(71.8퍼센트)가 더 심한 것으로 나타났다. 갈등 대상은 주로 상사를 포함한 선배 79.1퍼센트로, 후배 등 부하 직원 20.9퍼센트보다 4배 가까이 많았다.[13] 그래서 사내 직원 간 갈등을 어떻게 통제하는가가 조직원의 이탈을 막는 중요한 요인이 된다.

일본 도쿄의 인터넷 광고 기업 셉테니(Septeni)는 직원의 이탈을 막기 위해 사원의 특성을 파악하고 여기에 맞게 인력 관리를 한다. 이

기업은 AI를 통해 지원자의 장래성을 평가하는 시스템을 개발하고 있다. 2009년부터 축적된 사내 직원 6,000여 명의 데이터를 개인의 성향이나 사고 패턴, 사내 육성 방식 등으로 분류, AI에게 학습시킨 후 2014년부터 평가 시스템을 도입했다. 각 개인을 '창조/문제 해결'과 '직관/논리'라는 두 축으로 나누어 네 패턴으로 분류했다. 예를 들어, '창조+직관형', '창조+논리형' 등으로 분류한 것이다. 뿐만 아니라, 이 평가 시스템은 개인의 성향을 과거 데이터와 대조해 대상자의 팀 구성과 업무 적합성을 분석해 이직 위험도를 파악하고 재배치를 제안하기도 한다. 또한 이렇게 구축된 분석 자료는 내부 인사 관리뿐 아니라 입사 지원자들의 입사 가능성, 사내 역량화 가능성, 기업 내 정착 가능성을 예측하고, 평가하는 지표로도 이용된다.

리코 재팬이 개발하고 있는 AI 기반 사내 면담 시스템도 좋은 사례이다. 리코는 2019년에 자체 개발한 AI를 사용해 인사 면담 실험을 시작했다. 상사와 부하의 일대일 면담을 360도 동영상과 음성으로 기록해 두 사람의 목소리 크기와 고저, 고개를 끄덕이는 타이밍 등을 체크한다. 그리고 안면 분석으로 웃는 얼굴의 빈도도 파악해, 상대에게 맞추어 이야기를 꺼내는가 등의 포인트를 분석한다. 이 데이터를 기반으로 면담을 적절하게 진행하는 방법이나 부하의 이야기를 듣는 방법, 부하의 불만을 줄이거나 동기를 부여할 방법 등을 개발 중이다.[14] 이런 시스템은 직원과 상사의 관계를 파악할 수 있는 데이터를 면담을 통해 생산하며, 상호 관계가 좋지 않은 직원들을 같은 팀에 배치하지 않는 등 조직의 시너지 창출에 기여할 수 있다.

AI 기반 화상 면접을 통해 개인을 평가하는 사례도 증가하고 있다. 미국 소재의 하이어뷰(HireVue)가 그 예이다. 하이어뷰는 AI 기반의 화상 면접 시스템을 개발, 서비스 중인 기업이다. 원거리에 거주하는 지원자가 시간과 장소에 상관없이, 스마트폰이나 태블릿으로 주어진 질문에 응답하는 모습을 영상으로 촬영하고, AI가 분석하는 방식이다. 기업에는 지원자의 영상을 하이어뷰의 AI가 분석한 보고서를 제공한다. 예를 들어 "일하다가 어려움에 처했을 때 어떻게 극복할 것인가?" 같은 질문에 대한 지원자의 응답 내용과 응답 속도, 사용 단어, 얼굴 표정, 억양 및 신체 언어를 분석하는 것이다. 또한 지원자의 여러 신체적 반응을 통해 응답 내용이 정직한지 거짓인지도 판단한다. 분석 결과를 토대로 이후 단계의 인사 관리자를 위한 대면 면접 질문도 제안한다. 하이어뷰에 따르면, 이 과정을 통해서 60~80퍼센트의 지원자를 걸러낸다고 한다.

일본의 T&A도 동일한 방식의 AI 면접 사업을 시도하고 있다. 지원자와 기업 사이에서 원거리 화상 면접을 AI가 분석하는 플랫폼이다. 입사를 원하는 기업에 이력서를 등록한 후, 기업이 지원자에게 이메일로 URL을 발송하면, 지원자는 스마트 기기 앱에 등록한다. 지원자의 면접 준비가 끝나면, 스마트 기기의 카메라와 마이크, 스피커를 통해 면접이 진행되며, 면접 내용과 과정, 지원자의 모습을 모두 AI가 분석해 점수화한다. 지원자의 응답 내용을 바탕으로 '활력, 진취성, 대인 영향력, 상황 대처 능력, 감수성, 자주성, 계획성' 등 일곱 가지로 점수를 매기고, 지원자의 모습을 바탕으로 '호감도, 이해력, 표현력, 차분함' 등 네 가지를 평가한다. T&A의 툴은 지원자 1인당 최대 90분이 주어져 실제 대면 면접보다 지원자의 정보를 더 많이 수집, 분석할 수 있는 장점이 있다. 실제 대면 면접의 경우 집단으로 20~30분이라는 단시간에 끝나기 때문에 피면접자의 인상이나 외적 요인에 좌우되기 쉽다. 또, 장거리 이동을 통해 기업 본사까지 가서 면접을 보는 것에 대한 시간적, 경제적 부담을 해소할 수 있다는 점도 장점일 수 있다.

게임으로 인간을 판단하는 인공 지능

게임은 엔터테인먼트의 도구를 넘어 개인의 비즈니스 역량을 평가하는 도구로 활용되고 있다. 하이어뷰의 비즈니스 심리학자인 톰 코넬(Tom Cornell)은 게임의 장점을 이렇게 설명하고 있다.

> 정적인 객관식 취업 시험과 비교했을 때, 게임 기반 평가는 고용주로서의 당신의 필요와 후보자들의 요구를 모두 충족시킨다. 그것은 게임의 이런 특성 때문이다. 첫째, 단순히 객관식 질문에 답하는 것이 아니라, 참여자들이 게임을 하면 실시간으로 게임 결과 데이터를 서로 공유할 수 있다. 둘째, 재미있고 상호 작용적인 형식을 사용하기 때문에 시험에 대한 지원자의 불안감을 줄이는 데 도움이 된다. 셋째, 다양한 지원자들에게 기업이 현대적이고 혁신적으로 보이게 한다. 넷째, 테스트한 내용의 일관성 유지가 가능하다. 이상적으로는 두 가지 게임에 대한 경험이 동일하지 않은 것

이 좋을 수 있다. 이것은 다른 시험 응시자들이 온라인상의 답안지를 모방할 수 있는 기회를 줄인다. 다섯째, 후보자는 언제, 어디에서나, 그리고 모바일 스마트폰을 포함한 어떤 기기에서도 게임을 실행할 수 있다. 여섯째, 과학적으로 검증된 심리학적 데이터를 사용해 파트타임 근로자에서 리더에 이르기까지 다양한 능력과 후보자 유형을 평가할 수 있다.[15]

이와 같은 게임에 대한 비즈니스적 활용 가능성은 이미 마틴 리브스(Martin Reeves)와 게오르크 비텐부르크(Georg Wittenburg)가 《하버드 비즈니스 리뷰》에 실린 「게임은 당신을 더 나은 전략가로 만들어 줄 것이다(Games Can Make You a Better Strategist)」라는 글에서도 지적한 바 있다.[16]

게임은 우선 저렴한 실시간 피드백(feedback, 되먹임)을 제공한다. 점수 단위로 명시적으로 표현되거나 선수의 행동으로 암시적으로 표현되는 즉각적 피드백을 통해 임원들은 실제보다 훨씬 더 빨리 배울 수 있다. 다음으로, 게임은 관리자가 상호 작용성을 통합함으로써 아이디어에 깊이 관여할 수 있도록 한다. 게임은 관리자가 환경을 분석하고, 판단을 내리고, 결정을 실행하고, 결과를 반영할 것을 요구한다. 청각과 시각을 자극하는 게임은 글이나 말보다 훨씬 더 몰입적인 경험을 제공한다. 셋째, 게임은 임원의 행동을 체계적으로 분석할 수 있게 한다. 잘 개발된 게임들은 관리자들이 그들의 행동(및 누락)을 되돌아볼 수 있도록 돕는다. 이렇게 하면 전략을 실행하는 데 있어서 암묵적인 선택과 중간 단계조차도 명백해지고 이것은 승패를 초래한 인과 관계를 이해하는 데 도움이 된다. 재생 기능은 선수의 행동을 되짚어 보거나 선수의 관점에서 게임 플레이를 보는 데 도움이 될 수 있다. 그리고 점수를 매기는 것은 다른 사람들과의 성과 비교를 가능하게 한다.

파이메트릭스(Pymetrics)가 개발한 AI 기반 게임은 게임의 이러한 속성을 이해한 결과물로 보인다. 파이메트릭스는 AI가 실시간으로 분석하는 12개의 게임을 통해 개인의 성향을 분석해 그 보고서를 제공한다. 지원자는 스마트폰이나 태블릿으로 애플리케이션을 내려받아 게임을 진행하며 모든 게임 과정과 결과를 AI가 분석한다. 지원자가 버튼을 누르는 반응 시간부터 각 게임의 목적에 따라 어떤 선택을 하는지, 결국 어떤 결과를 냈는지 등을 통해 지원자의 집중력, 상황 파악 능력, 기억력, 감정 파악 능력, 위험 감수도, 공정성 등의 기초 능력과 모험성, 개인 성향 등의 가치 능력을 분석한다는 것이다.

이 게임들은 지원자를 사회, 감정, 인지 세 분야에서 총 90여 가지의 유형으로 분석한다. 예를 들면, 12개의 게임 중 하나인 풍선 게임이 있다. 이 게임은 위험 감수도를 평가하는 도구로, 플레이어는 시스템을 사용해 3분 동안 가능한 한 많은 돈을 모아야 한다. '펌프'를 클릭하면 풍선이 5센트씩 커지고, 어떤 시점이든 플레이어는 '수집'을 선택할 수 있지만, 풍선이 터지면 플레이어는 돈을 받지 못한다. 풍선 게임 상단에는 흘러가는 시간을 나타내는 시계가 있다. 지원자들은 소량의 돈을 안전하게 가져가는 '저위험(low risk)' 추구형 플레이어와, 각 풍선을 한도까지 키워 가져가려는 '고수익(high return)' 추구형 모험적인 플레이어로 나뉜다. 게임의 결과는 이들을 옳고 그름이 없는 스펙트럼으로 표시해 주며, 이를 바탕으로 지원자 각각의 특성과 직무가 어울리는 정도를 판단한다. 여기서 각 기업은 파이메트릭스에 원하는 인재상이나, 직무 등의 정보를 제공하거나 게임 분석 결과의 이상치를 보내 적합도 계산에 참여할 수 있다. 구직자는 파이메트릭스의 게임을 진행한 후, 해당 결과를 파이메트릭스와 파트너를 맺고 있는 다양한 기업에 제출할 수도 있다.

JP 모건(JP Morgan) 역시 지원자에 대한 게임 테스트를 하겠다고 밝힌 바 있다. 게임은 12개, 시간은 20분에서 30분 정도 걸릴 것이며, 오답과 정답은 없다고 설명한다. 이 게임은 "사회적, 인지적, 행동적 특성"을 측정한다고 한다.[17]

인공 지능의 직원 이동, 배치, 퇴사를 관리

파이메트릭스 같은 회사들이 취업 과정에 게임을 활용하는 이유 중 하나는 지원자가 겪는 극심한 스트레스이다. 파이메트릭스는 지원자의 17퍼센트만이 구직 과정에서 스트레스나 정신적 고통이 없다고 지적하고 있다. 이 말은 뒤집어 말하면 83퍼센트의 구직자가 극심한 긴장과 정신적 고통을 받는다는 뜻이다.

구직 활동에서 지원자가 느끼는 스트레스를 감소시키고자 하는 시도가 게임 플레이에 기반한 진로 선택 게임 앱 낵(Knack)이다. 애플의 앱 스토어와 구글 플레이에서 다운로드 가능한 이 앱들은 인간의 긍정적인 특성을 수용하기 위한 행동 분석도 포함하고 있다. 이 게임은 경쟁과 협조의 속성을 지니고 있다. 개인은 자신의 경제적 이익을 위해 기업에 취업한다. 그리고 기업에서 개인 활동의 동기 역시 승진이나 급여, 보너스 인상과 같은 경제적 이익을 기반으로 한다. 반면 기업은 개인의 이익을 극대화하려는 이기적인 존재가 기업에 진입하는 것을 가장 경계한다. 그러한 개인의 이기심 극대화는 도덕적 해이(moral hazard)를 초래하고 이는 사기와 배임, 횡령과 같은 기업 범죄의 원인이 되기 때문이다.

개인의 이기심은 팀워크를 파괴하고 기업의 집단적인 시너지를 저해하는 원인이기도 하다. 기업이 조직화되어 있는 것은 단순한 개인의 합보다 더 큰 집단적 시너지와 결과물을 내기 때문이다. 만일 기업이 이기적인 개인의 합이라고 하면 기업은 성립할 수 없고, 개인 간 거래 시장만이 존재할 것이다. 그래서 기업은 자신의 생존만을 위한 이기심보다는 조직과 다른 사람을 배려하는 이타심을 동시에 가진 직원을 선택하고자 한다. 개인이 가진 이타심과 이기심을 파악하기 위한 초보적인 형태로서의 AI 기반 게임이 이러한 유형의 게임이다.

이러한 AI 게임은 가장 단순하고 기본적인 캐주얼 게임의 특성을 가지고 있다. 낵의 게임인 「와사비 웨이터(Wabibi Waiter)」에서 플레이어는 초밥 레스토랑에서 웨이터 역할을 맡는다. 플레이어는 서로 다른 요구를 가진 새로운 고객에게 빠르게 서비스를 제공하면서 접시를 싱크대에 비워야 한다. 이 모든 것을 완수하는 과정에는 시간 제한이 걸린다. 「와사비 웨이터」는 플레이어가 생성하는 대규모 데이터를 측정, 수집 및 분석하도록 설계되었다. 데이터는 공감이나 비판적 사고와 같은 유용한 강점과 기술을 식별해 설문이나 인터뷰 같은 전통적인 채용 프로세스를 대체하거나 보완할 수 있다.

AI는 회사 내 직원의 유동화와 사내 잡 마켓(job market)의 활성화에도 활용되고 있다. 대학의 지원 학과와 학생 간의 미스매치처럼 기업의 직무 역시 개인의 역량과 선호에 따라 불일치가 발생할 수 있다. 관리 직무에 적합한 사람이 외부 활동 위주인 영업이나 마케팅에 적합하지 않을 수 있고 그 반대의 사례도 존재한다.

실리콘밸리에 위치한 오라클에서는 직원의 인사 이동, 배치 및 퇴사 관리에 AI를 사용하고 있다. AI를 이용한 빅 데이터 분석을 통해 채용부터 퇴사까지 직원을 관리하는 것이다. 오라클은 AI 기반 채팅봇을 내부 커뮤니케이션에도 사용하고 있다. 오라클의 직원 관리 툴에는 최고 수준인 "톱 인재", 최저인 "미스매치 인재", 그리고 "실적 불안정", "건실한 인재" 등의 카테고리가 있다. 상사가 입력한 직원의 평가 정보를 AI가 분석 처리한 것이다. 이 평가 분석을 참고해 배치 전환이나 후임자 인사 계획, 선발 교육 등이 결정된다고 한다.[18]

오라클의 직원 관리 툴에는 이런 기능도 있다. 신입 사원을 채용할 경우, 새로운 인재를 필요로 하는 부서별로 상세한 채용 조건을 적시한 직무 내용을 홈페이지에 공개한다. 조건에 맞는 이력서를 입사 희망자가 이메일로 송신하면, AI가 내용의 매치율을 자동 계산하고, 그 값이 높은 순서로 입사 희망자를 목록화한다. 그리고 이를 참고로 기업은 선발한다. 오라클에서는 공개 채용 내용이 내부 직원에게도 동시에 공개되어 상사에게 상담하지 않고 응모할 수 있다고 한다. 또한 사원의 실적이나 능력의 데이터를 분석해 각자의 적성에 맞고 업무 능력 향상에 도움이 되는 세미나 정보 등이 직원에게 제공된다. 상사에 대해서는 직원의 능력 유지나 향상에 도움이 되는 조언을 제공한다. 직원의 능력을 향상시킬 수 있는 업무 영역을 제안하는 것도 이 AI의 기능 중 일부이다.

오라클과 유사하게 일본 IBM도 직원이 가지고 있는 기술 수준, 성과 등에 따라 AI가 자동적으로 사내에서 모집 중인 프로젝트나 업무 부서를 추천해 주는 기술을 도입했다. 일본 IBM의 'IBM 왓슨 커리어 코치(IBM Watson Career Coach)'는 직원 개인의 업무 능력, 성과, 근태 등의 객관적인 정보 이외에도 직원이 가지고 있는 관심사, 목표 등 경력과 관련한 직원의 개인적인 정보를 함께 취합해 분석한다.

현재 AI 기술은 데이터만 제공된다면 인간 행동의 패턴 분석이 가능하다. 예를 들어, 수면 시간이나 심박 수, 운동량, 걸음 수 등을 자동으로 기록하는 스마트 워치 같은 디바이스와 데이터베이스를 연동시키면, 특정 직원의 업무 효율이 높아지는 근무 시간대를 계산해 내는 것도 가능하다. 회사 직원 중 누가 아침형 인간인지, 저녁형 인간인지 알 수 있는 것이다.

경력 관리나 퇴사 관리 역시 AI로 가능하다. 신입 사원 채용 및 배치에서 지원자들의 정보를 다양한 기준(학력, 어학, 학위, 직무, 경력, 전문 분야 등)으로 분석한 후 직무 적합자를 골라내어 배치한다. 뿐만 아니라 사내 직원들의 데이터를 분석해 퇴사자의 특성이나 동향(나이, 직급, 성별, 연봉, 팀 역할 등)을 도출할 수 있다. 이를 토대로 누가, 언제, 왜 퇴사하는지 항목별로 분석해 퇴사 가능성이 높은 사람들을 미리 확인할 수 있다. 퇴사 가능성이 높은 직원을 미리 확인해 적절한 대응을 통해 이탈을 줄이는 것이다.

일본의 히타치 제작소는 명찰처럼 생긴 웨어러블 센서로 사람의 행동 데이터를 수집하고, 신체의 움직임으로부터 행복감을 '조직 활성도'로 정량화하는 기술을 개발하고 있다. 각 개인의 행동 데이터에서 행복감의 향상에 효과적인 조언을 AI가 자동으로 작성, 제공하는 기술을 개발해 직원이 PC, 스마트폰, 웹에서 조언을 확인하고 직장에서의 행동에 활용할 수 있도록 했다. 명찰형 웨어러블 센서는 장착한 사람의 신체의 움직임이나 행동을 가속도 센서로 계측한다. 또 적외선을 활용해 대면 대화하고 있는 상대와 시간도 측정할 수 있다. 회의실이나 휴게 공간 등에 적외선 표지(beacon)를 설치하면, 그곳에 머무르고 있는 사람과 그 시간(회의 인원이나 시간 등)을 감지하는 것도 가능하다. 히타치에 따르면 그룹 내 법인의 영업 부문 26개 부서, 약 600명을 대상으로 실증 실험을 실시한 결과 앱의 이용 시간이 긴 부서에서는, 그렇지 않은 부서와 비교해 조직 활성도가 높아졌고, 조직 활성도가 상승한 부서일수록 다음 분기의 수주 목표 달성률 역시 높아졌다고 한다.

3장

AI의 등장, 교육의 파괴인가, 기회인가?

표준화된 인간을 '생산'하는 공교육

현대의 공교육은 국가에 의해 관리, 지원되는 교육 체계로 모든 국민에게 평등한 교육 기회를 제공하는 것을 원칙으로 하고 있다. 유럽의 근대 국가 형성 과정에서 탄생한 국가의 교육 관리 체계는 각국의 목적, 동기, 능력에 따라 서로 다른 방향으로 진화해 왔다. 유럽에서 가장 먼저 공교육 체계를 도입한 프러시아는 나폴레옹의 독일 점령 이후 국민들이 느끼는 민족적 열등감을 국가적 단결로 전환하기 위한 도구로서 대중 교육 체계를 정비했다. 프랑스의 경우 프랑스 혁명 이후 중앙 집권화된 행정 조직을 정비하면서 국가 교육 체계를 갖추게 된다. 프랑스는 국가의 주력이 된 부르주아 계급을 중심으로 자본주의화를 위한 사회 체제 정비를 목적으로 초중등 교육 체계를 구축했다.[1]

대부분의 유럽 국가에서는 초등학교나 중학교 졸업 단계에서 개인의 능력이 측정되고 그 결과에 따라 고등 교육 기관으로 입학할 것인지 아니면 직업 학교로 진학할 것인지가 결정된다. 예를 들어, 독일에서는 초등학교 4학년을 졸업할 때 인문계인 김나지움으로 진학할 것인지, 아니면 실업계인 레알슐레로 진학할지를 결정한다. 실업계인 레알슐레에 진학한 학생이 다시 학업에 뜻을 두고 대학 진학을 희망한다고 해서 자동적으로 가능한 것은 아니다. 초등학교 4학년을 졸업하는 어린 나이에 학생의 평생에 걸친 역량과 자질을 평가하는 것이 타당한가에 대한 논란은 끊이지 않지만 독일에서는 현재도 이 체계를 유지하고 있다.

유럽의 다른 국가나 싱가포르도 유사한 제도를 구축하고 있다. 싱가포르의 경우 초등학교 졸업 시험을 칠 때 대학 진학 가능성이 결정된다. 2019년 싱가포르에서는 중학교 입학 시험인 PSLE(Primary School Leaving Examination)에서 문제의 난이도 때문에 사회적 논란이 일어난 바 있다. 2019년 PSLE 중 수리 영역이 지나치게 어렵게 출제되었다고 학부모들이 반발한 것이다. 당시 한 학부모는 페이스북을 통해 수리 영역 난이도에 대한 문제 제기를 했다. 수리 영역 두 번째 영역은 1시간 30분의 문제 풀이 시간이 주어지며, 5개의 단답형 문항과 12개의 서술형 문항으로 구성된다. 그런데 출제된 문제 일부가 지나치게 난이도가 높아 학생들에게 심리적 압박과 시간적 제약을 주었고 이런 상황에서 학생에게 창의적으로 생각하기를 기대하는 것은 불합리하다고 지적한 것이다. 교과 과정에 포함되지 않은 문제가 출제된다면 학생이 아무리 학교 공부를 열심히 해도 문제를 해결하기 어렵다는 이야기였다.[2] PSLE는 싱가포르의 초등학교 졸업 시험이자 중학교 입학 시험인데 이 시험의 결과로 대학 입학과 직업 등 학생의 진로가 결정되기 때문에 한국의 수능처럼 싱가포르 학부모의 모든 관심이 집중된다.

유럽에서는 공교육 체계가 대중 교육과 엘리트 교육으로 철저하게 구분되면서 형성된 반면 미국은 봉건적인 계급 사회 잔재가 없는 상태에서 보통 교육 제도가 확립되었다. 미국에서는 초등학교를 졸업한 후 본인이나 가족이 희망하면 능력에 따라 중학교와 고등학교를 거쳐 대학 이상의 고등 교육 기관까지 진학할 수 있다. 미국의 대중 교육 제도는 개인에게 자유로운 교육 기회와 진학의 자유를 부여했다는 점에서 혁명적이라고 할 수 있다.

주로 일본과 미국으로부터 근대적 교육 제도가 이식된 한국의 교육 제도 역시 국가에 의한 통제와 관리를 기본으로 하고 있다. 특히 우리 헌법은 공교육 체계를 교육 제도의 근간으로 규정하고 있다. 공교육 체계 내에서 학생에 대한 교육은 집단적인 학교 교육을 중심으로 실시되며, 국가는 교육의 확대와 기회 균등이라는 국가 교육 목표를 달성하기 위해 학교 교육을 포괄적으로 규율할 권한을 갖는다. 국가의 공교육에 대한 관리는 교육 과정, 교과서, 교사를 통해 이루어진다. 교육 과정은 학교의 교육 목표와 내용, 방법 및 평가를 체계적으로 조직화한 교육 계획이다.

특히 교육부 장관이 고시한 초중등학교 교육 과정은 각급 학교에서 가르쳐야 할 교과와 기준 수업 시수를 정하고 있으며, 학교는 국가가 정한 교육 과정에 따라 수업을 편성, 운영해야 한다. 교과서는 교육 과정에서 정한 학습 내용과 성취 기준에 따라 내용을 구성한 학습 교재이다. 국가는 국가가 저작권을 갖거나 검인정 심사를 통과한 교과서만을 학교에서 사용하도록 제한함으로써 학생들의 학습 내용을 정한다. 교사는 교육 과정의 최종적인 실천자로서 교과서의 내용을 학생들에게 가르치는 역할을 수행한다. 국가는 교원의 자격을 엄격히 통제하고 있으며 원칙적으로 교원이 아닌 자는 학교에서 수업을 할 수 없다.[3]

이러한 한국의 공교육 제도는 국가가 교육의 전 과정을 강력히 통제하는 체계라고 할 수 있다. 국가가 검열하고 직접 관리하는 국정 교과서나 검정 교과서는 개발도상국이나 사회주의 국가가 주로 채택하는 교육 체계이다. 미국이나 유럽과 같이 오랜 민주주의 전통을 가지고 있는 국가는 검인정을 기반으로 하되 교사나 일선 학교가 채택할 수 있는 교과서 종류를 다원화하고 있다. 우리나라의 경우 해방 이후 검정 교과서를 사용하다가 1973년 국사 교과서 국정화 방안에 따라 국정화가 되어 단일 교과서만을 사용했다는 것은 놀라운 후퇴로 볼 수 있다.

새뮤얼 보울스(Samuel Bowles)와 허버트 긴티스(Herbert Gintis)는 함께 쓴 책에서 "학교는 경제 구조에 종속된 문화 공장의 특성을 지니는 기구이며, 그 속에서 교육 과정은 학생들의 가정 배경에 알맞은 성격적 특성을 강화함으로써 개인의 수준에서는 사회 경제적 지위가 재생산되고, 사회적 수준에서는 자본주의 사회의 위계화된 노동 시장에 필요한 노동력을 양성하는, 즉 생산력과 생산 관계가 재생산되는 장치"라고 지적한 바 있다.[4] 즉 국가의 공교육 시스템을 자본주의적 노동력을 훈련해 제공하는 제도라고 파악하는 것이다.

공교육 체계의 국가 관리의 특성은 근대 교육의 본질을 '감시의 내면화'로 파악한 미셸 푸코(Michel Foucault)의 이론과 궤를 같이한다. 푸코는 『감시와 처벌』에서 교육을 통한 감시의 내면화를 지적한다. 푸코는 제러미 벤담(Jeremy Bentham)의 파놉티콘(panopticon)을 소개하면서, 현대 사회의 권력 감시 체계가 마치 파놉티콘의 모습과 유사하다고 말한다. 파놉티콘은 18세기 급증하는 인구와 그에 비례해 증가하는 수감자들을 효과적으로 감시하기 위해 벤담이 고안해 낸 감옥의 한 형태이다. 이 감옥은 중앙에 높은 감시탑이 존재하고 이 탑을 중심으로 낮고 둥글게 감방이 자리 잡고 있다. 중앙에 위치한 감시탑은 주변을 어둡게 하고 수감자의 방은 밝게 한다. 수감자는 중앙을 쳐다보아도 감독관의 유무를 인식하지 못하기 때문에 감시자의 존재를 노출하지 않은 채 죄수를 감시할 수 있다. 이런 감시 체계에서 재소자들은 항상 감시당하고 있다는 자기 학습을 거쳐 감옥에 순응해 간다. 파놉티콘은 최소의 비용으로 최대의 감시 효과를 낼 수 있는 장치인 셈이다.[5]

푸코는 학교 역시 동일한 구조를 가지고 있다고 본다. 감옥이란 죄수의 교화에 목적을 두었기에 유사한 목적을 가진 조직에는 전부 응용 가능하다. 기업이나 학교, 군대 등 개인을 사회화하고 규율로 통제하기 위한 조직에는 적용 가능하다. 감옥은 사회의 축소판 중 하나일 뿐, 사회 어디에서나 인간은 감시 속에서 규율과 교육으로 길들여 순종하는 존재가 되고 있다. 아래 SNS 글은 푸코의 주장을 시사하는 좋은 예이다.[6]

> 문득 중학교 3년 개근상을 봤는데 …… 고1때 담임이 그랬다. 개근상만큼 미련하고 쓸모없는 상도 없다. 어떻게 3년 동안 사람이 학교에 못 올 만큼 한번도 안 아프거나 일이 없을 수 있느냐, 근면성실이란 이름 속에 얼마나 사회가 경직되어 있는지 알게 되길 바란다고. 2016년 6월 15일 오후 6시 33분, 16.6K 리트윗, 2,386 마음에 들어요.

이 글은 2016년 당시 커뮤니티에서 많은 공감을 받았던 트위터이다. 개근상을 받기 위해 몸이 불편해도 등교했던 경험이 있는, 또는 부모에게 떠밀려 학교에 가야 했던 경험을 가진 10~30대에게 공감을 받았다. 규율과 시간의 엄수는 자본주의 사회에서 가장 중요한 덕목이다. 노동자들은 오전 8시나 9시에 정확히 회사나 공장에 출근해야 하며, 규정 이외의 사유로 결근이나 지각, 조퇴를 할 수 없다. 또한 주어진 과업을 정해진 시간에 정확히 수행하는 것 역시 학교 교육을 통해서 학습된 결과물이다. 주어진 업무를 엉뚱하고 기발한 발상이나 자신이 만족하는 방식으로 처리할 경우 기업에 손해를 입힐 수 있고, 그 정도가 심하면 해고당하거나 징계 조치를 당할 수 있다.

초중고에서 집중적으로 훈련받는, '사지선다형'이나 '오지선다형'

문제를 가지고 '정답'을 맞히는 능력 역시 사회적으로 필요한 노동력을 공급하기 위한 체계의 일부로 이해할 수 있다. 사회적으로 필요한 노동력은 한국이 후발국형 추격형 전략을 취했다는 점과 맞물려 더욱 그 필요성이 증폭되었다. 장하준도 한국의 경제 성장의 동력으로 교육을 지목하고 있다.

> 만일 이데올로기적인 훈계만 되풀이했다면 이런 식의 설득력을 발휘할 수 없었을 것이다. 한국이 1960년대에 적극적으로 산업화 정책에 나섰을 무렵, 한국 정부는 산업 관련 직업을 천시하는 전통적인 유교적 태도를 버리도록 국민들을 설득하기 위해 노력했다. 당시 한국은 보다 많은 엔지니어들과 과학자들이 필요했다. 그러나 엔지니어 관련 버젓한 직업이 거의 없었기 때문에, 엔지니어가 되기를 원하는 똑똑한 젊은이들은 거의 없었다. 그러자 한국 정부는 공학과 과학 분야 정원을 늘리고 재정 지원의 폭을 증가시키는 동시에, 인문 분야에 대해서는 (상대적으로) 정원을 줄이고 재정 지원의 폭을 낮췄다. 그 결과 1960년대 인문계 졸업생의 60퍼센트 정도에 지나지 않던 공학 및 과학계 졸업생 비율이 1980년대 초에는 거의 비슷해졌다. 이렇듯 (진보적인 가치관과 태도의 장려만이 아닌) 이데올로기적 설득과 교육 정책, 공업화가 결합되면서 한국은 세계에서도 손꼽히는 잘 훈련된 공학자 집단을 자랑하게 되었다.[7]

그러나 공교육 체계의 발전 과정에서 나타난 보편적 교육과 민주적 평등 교육이라는 이념 사이의 혼선과 교육 과정에서의 비용 대비 효과(cost performance)의 이슈가 맞물리면서 교육 획일성 문제가 대두되었다. 모든 학생이 동일하게 누려야 하는 평등한 교육의 질과 내용이 각 학생이 누려야 할 교육의 기회에 우선하게 된 것이다. 즉 개인에 적합한 교육이 아니라 사용 목적에 맞는 개인을 '양산'하는 교육이 공교육의 전형적인 형태로 안착한다.

인간의 '개인화'가 초래하는 공교육의 균열

4차 산업 혁명과 더불어 등장한 AI는 이러한 공교육 시스템에 근본적인 의문을 제기하고 있다. 그것은 첫째 AI가 인간의 노동력을 대체할 가능성을 열었기 때문이고, 둘째, 그 결과 균질한 노동력을 생산하는 도구인 기존 공교육 제도의 존재 가치에 의문을 던졌기 때문이다.

굳이 AI가 아니더라도 공교육 시스템의 와해는 이미 발생하고 있다. 현재의 교육 시스템은 지금 시대가 필요로 하는 균질한 노동력의 양산 도구로서의 기능도 제대로 수행하지 못하고 있다. 한국의 교육은 고효율, 저비용의 교육 재정 구조를 기반으로 그 정책이 수립되어 왔다. 대규모 학교 운영 방식은 경제성은 확보했지만 교수 방식의 획일화라는 대가를 치러야 했고, 교육의 형식과 내용을 내실 있게 운영하는 데 장애 요인으로 작용했다.[8]

성적 부진 학생에 대한 대응 실패 역시 현 공교육 제도의 한계를 보여 주고 있다. 학력 격차 해소 및 하위권 학생의 성취도 향상 문제는 국내를 넘어 전 세계적으로 해결해야 하는 교육 문제이다. 특히 미국은 학생들의 학력 수준이 점차 낮아지고 성취도가 낮은 학생 비중이 높아지는 등 학력 저하가 심각한 사회적 문제로 인식되고 있다. 이에, 2002년부터 오바마 행정부는 일정 수준 이상의 학력을 유지하지 못한 학교에 대한 정부 지원을 줄이는 '아동 낙오 방지법(No Child Left Behind Act)'을 채택해 시행하고 있으나 지금까지도 큰 성과를 거두지 못하고 있다. 특히 경제 불황에 직면할 경우 저소득층의 학력 격차가 심화되는 경향이 있다. 뉴욕 시의 경우 3~8학년 학생을 대상으로 실시한 학업 성취도 평가에서 기준을 통과한 학생의 비중은 백인이 75퍼센트인 반면, 저소득 계층을 형성하고 있는 흑인은 40퍼센트, 히스패닉은 46퍼센트에 불과했다. 성적과 경제력, 인종이 상관 관계를 가지고 연동되어 있는 것이다.

한국 대학의 교육 시스템도 한계에 직면하고 있다. 대학의 위기는 AI와 같은 사회 진화와 기술의 발전 속도에 맞추지 못하고 뒤처지면서 발생하고 있다. 한국 대학과 기업의 관계는 1990년대를 기점으로 역전되었다. 1990년대 이전에는 한국의 대학이 기업을 교육하고, 견인하는 관계였다면 그 이후에는 대학이 기업에 끌려가는 형태가 되었다. 특히 온라인 게임이나 IT와 같은 혁신 산업 분야에서 이러한 현상은 더욱 심화되어 사회와 경제를 이끄는 첨단 지식은 대학이 아닌 기업에서 창출되고 있다. 글로벌 사회가 과업 수행형 인간이 아닌 문제 해결형 인간, 나아가 문제를 발굴하고 문제를 정의할 수 있는 창의적 인간을 요구하는 데 반해 대학은 여전히 20세기 초 헨리 포드의 '모델T' 조립 공장이 돌아가는 시대에 걸맞은 과업 수행형 인간을 양산하고 있다.

그런데 대학 위기의 더 근본적인 이유는 이러한 급진적 변화를 수용할 수 있는 내적 역량이 결여되어 있다는 데 있다. 대학 교수들은 단일한 배경과 출신 집단으로 균등화되어 여러 사회적 배경과 경험을 기반으로 한 다양성이 부족하다. 더구나 지난 10여 년간 대학 평가라는 미명 아래 교육부가 강요한 대학 평가 기준은 교수들에게 사회적 가치가 없는 논문의 대량 생산만을 강요했다. 그 과정에서 교수들의 창의성과 자발성은 말살되어 왔으며 혁신적인 지식을 생산하는 거점으로서의 기능을 대학은 상실해 가고 있다.

또한, AI나 빅 데이터와 같은 4차 산업 혁명에서 요구하는 인재상은 전통적인 공교육이 추구하는 집단화와 대규모 교육, 교육의 테일러주의라고도 부를 수 있는 표준화를 거부한다. 공교육이 19세기 산업 혁명 이후, 공산품을 만드는 공장 노동자를 양성했다면 1960년대 이후의 교육 기관은 화이트칼라 노동자를 양성하는 데 그 목적이 있었다. 그런데 AI로 촉발된 4차 산업 혁명 시대는 전통적인 공교육이 지향하는 목표와 방식을 거부하고 있는 것이다. 4차 산업 혁명이 요구하는 개인 역량과 더불어 인터넷, 스마트폰과 같은 개인화된 디바이스를 통해 확산되고 있는 '개인화'는 공교육이 추구하는 집단 교육, 집체 교육에 충격을 가하고 있다.

인터넷과 스마트폰의 등장 이후 글로벌 사회는 급속하게 개인화되어 가고 있다. 개인 간 또는 조직 내 인간 관계 역시 새롭게 정의되고 있다. 과거의 가족 내에서 텔레비전 리모컨의 주도권을 두고 경쟁하던 관계는 이미 오래전의 일이 되어 버렸다. 디바이스의 개인화와 사람 간 인터페이스의 해체와 재설계, 콘텐츠의 커스터마이징(customizing, 맞춤 제작) 등을 통해 철저하게 개인이 중심이 된 사회가 급속하게 확산되고 있다. 물리적 신체는 같은 공간을 공유하지만 정신적 연결이나 유대감은 전혀 다른 공간과 연결되어 있는 상태, 또는 여러 개의 사이버 공간과 가상의 인간 관계로 이어지는 것도 일반적인 현상이 되고 있다. 따라서 개인화는 자연스러운 귀결이다. 혼밥, 혼여가, 혼술 등의 혼자 문화는 더 이상 비정상적인 모습은 아니다. '혼자 해야 하고, 혼자 할 수 있고, 혼자 하고 싶은' 사회 변화가 나타남에 따라 개인이 추구하는 취향과 지향이 중요해진다.

개인화는 심지어 결혼에 대한 인식도 변화시키고 있다. 개인화는 결혼과 가족 형성이라는 전통적인 규범과도 충돌하고 있다. 과거처럼 남녀가 만나 결혼하고 자녀를 낳아 가족을 형성하는 것에 대한 강한 거부감은 '비혼'이라는 하나의 트렌드를 형성하고 있다. 모든 것을 스스로 결정해야 한다는 자율적 선택 이데올로기가 보편화될수록 개인화 현상은 더욱 심화될 수밖에 없다.

김난도는 개인화를 넘은 '초개인화'에 대해 지적한 바 있다. 개인이 주어진 환경에 따라 일종의 '가면'을 쓰게 되는 현상으로 다중화된 '멀티 페르소나(multi persona)' 현상이 일어나고 있다. 회사에서의 나와 집에서의 내가 다르고, 트위터의 나와 인스타그램의 내가 다르다. 귀에 이어폰을 꽂고 음악을 듣는 순간, 외부와는 단절된 또 하나의 공간과 그속의 자신을 만들어 내는 것이다 이는 곧 개인이 복수의 개인으로 정의될 수 있음을 의미한다.

AI는 이러한 '개인의 복수화'와 '초개인화'에 대응하고 있다. 빅 데이터 분석을 통해 아마존은 고객을 0.1명 규모로 세그먼트(segment)함으로써 고객이 무엇을 구매할지 예측해 배달하는 예측 배송 서비스를 제공하고 있다. 상품이든 서비스든 무엇이든지 간에 개인이 원하는 순간 받을 수 있는 시대가 된 것이다. 이런 세상에서 개인은 굳이 다른 사람과의 불편한 관계를 만들거나 불편한 환경에 머물려고 하지 않는다.

그러나 교육은 개인화와 집단의 해체라는 혁명적인 환경 변화에 대응하지 못하고 있다. 제조업 중심의 집단적, 획일적 교육과 비용 중심의 교육에서 벗어나지 못하고 있다. 대표적인 실패가 학생 개개인의 수준에 걸맞은 수준별 교육을 할 수 없다는 것이다. 평준화 교육의 폐해를 경험한 한 대학생(17학번)은 이렇게 말한다.

> 고등학교 때 학생들 간의 수준별 격차를 전혀 고려하지 않은 평준화 수업으로 인해 적지 않은 피해를 경험했다. 나는 일반고를 나왔는데, 우선 수업 분위기가 가장 큰 문제였다. 한 교실에 대입을 목표로 하는 학생과 바로 취업을 준비하는 학생들이 다 같이 수업을 듣다 보니, 대입에 맞춰진 수업 내용이 자신에게 필요가 없다고 느끼는 친구들은 수업을 듣지 않고 딴짓을 하거나 잡담을 했다. 수업 분위기는 자연스럽게 흐려졌고 때때로 불편함을 겪었지만 그 친구들의 상황도 충분히 이해가 갔다. 선생님들은 수업을

들을 의지가 있는 학생들만 끌고 진도를 나가셨다.

두 번째로는 수준 차이로 인한 어려움을 겪었다. 나보다 공부를 잘하는 아이들과 못하는 아이들이 혼재되어 있다 보니 눈치가 보여 선생님께 자유롭게 질문하기 어려웠고, 하위권 학생들은 수업 내용을 따라가지 못해 쉽게 포기하고 마는 악순환이 반복됐다. 선생님들도 50분 안에 서로 다른 수준의 학생들에 맞추어 한 번에 수업해야 하다 보니 중간 고사, 기말 고사에 나오는, 또는 수능에 나오는 공부만 가르쳐 주셨다. 결국 개개인의 학문적 호기심을 충족할 수 있는 진짜 공부는 학교에서 할 수 없었다.

이 학생의 고백은 서로 다른 학습 역량을 가진 학생을 하나의 교실에서 교육했을 때 상중하 수준을 막론하고 교육에 실패하는 전형적인 사례를 보여 주고 있다. 특히 한국과 같이 능력별 교육을 부정하는 문화가 지배적인 나라에서는 이런 현상이 더욱 두드러진다. 다른 대학생(12학번)은 이렇게 말하기도 한다.

(수준별 수업) 상급반에서 나와 비슷하게 수업 시간을 오히려 컨디션을 관리하는 시간으로 사용한 학생들이 있었다. 학교에서 잘 가르친다는 선생님이 배치되었지만, 인강이나 EBS 강의 등 자습 시간에 본인 스타일에 맞는 선생님의 수업 방식이나 대화 속도 등에 익숙하다 못해 완벽히 적응한 학생들에게 잘 가르치는 선생님이라 할지라도 인강 선생님에 대한 충성심은 흔들리지 않았다. 결국, 양질의 선생님들은 학교 교사가 필요 없는 학생에게 배치되고 그렇지 못한 교사들은 어쩌면 절실하게 학교 교사들을 필요

로 하는 학생에게 배치되지 못했다.

이 학생의 답변은 인터넷 강의나 학원의 경쟁력에 무너져 가는 공교육의 현실을 적나라하게 보여 준다. 인터넷 강의나 EBS 강의는 기존의 학원 시스템을 파괴했을 뿐 아니라 중고교의 학습 현장을 비교 가능하게 해 주었다. 인터넷 강의는 수업 능력이 떨어지는 강사를 고용하고 있던 전국의 학원을 도태시키는 효과를 낳았다. 그런데 지금 학원을 넘어 중고등학교의 교실까지 온라인 수업이 충격을 가하고 있는 것이다. 이미 공교육에서, 특히 상위권 학생들에게 수업은 보조적이다. 주요한 학습은 인터넷 강의나 학원에서 이루어지고 있다.

공교육의 획일적 집체 교육은 학생들에게 극심한 스트레스를 유발하기도 한다. 특히 한국과 같이 학교 성적 중심의 경쟁 사회일 경우 그 정도는 더욱 극심하다. 교실 안의 급우들은 친구가 아니라 경쟁 상대이고, 쓰러뜨려야 하는 적대적 관계이기도 하다. 따라서 기존 교육 체계의 실패와 AI의 등장으로 인한 창의적 인재 교육의 필요성 대두는 공교육의 혁명적 재편을 불가피하게 한다.

AI에 의한 학생 분석과 교육의 커스터마이징

초등학교부터 고등학교까지 12년의 교육 기간 동안 학생의 정보 데이터는 '학교 생활 기록부'에 기재된다. 학업 성취도와 학생의 신변 정보, 성향 등을 주로 기록하지만 기록하는 교사의 주관적인 해석이

들어가기도 하고, 기술 방법에 따라 중요 정보가 누락되거나 오류가 생길 가능성도 존재한다. 교사가 학생의 잠재 능력과 학업 스타일, 학업 과정에서 드러나는 문제를 기록하는 데에는 한계도 있다.[9]

대학 입시 또는 진로 상담 과정에서 1년간 학생을 지켜본 교사가 12년 동안 축적된 학생 개인의 정보를 파악하기는 쉽지 않다. 더욱이 30여 명의 학생들을 담당해야 하는 교사가 학생 개인의 특정한 관심 분야에 대해 이해하고 진로 지도를 하기에는 한계가 존재한다. 따라서 AI의 도입을 통해 이런 교사의 한계와 학생 데이터의 부족함을 보완하고자 하는 시도가 시작되고 있다.

미국의 뉴턴(Knewton) 사는 2010년부터 초등학생부터 대학생까지 100만 명의 데이터를 축적하고 AI를 이용해 학생 개개인에게 적응 학습(adaptive learning)을 제공하려 하고 있다. 이 시스템은 학생 개개인의 부족한 과목 또는 학습 성향, 연령 등을 분석함으로써 새로운 학습 대안을 제공한다. 학생의 장단점을 파악해 학생의 수준에 맞는 문제를 제시하고, 학생이 정답을 맞히지 못할 경우 보완적인 학습 교재를 제공하거나 애니메이션 등을 이용해 분위기를 바꿔 줌으로써 개인의 학습 동기를 유발한다.

수업 중 학생의 수업 집중도를 실시간으로 분석하는 AI도 있다. 2017년 미국 LCA에서 개발한 네스토 소프트웨어는 AI를 기반으로 수업을 듣고 있는 학생의 얼굴을 분석해 지루해하는지, 흥미를 느끼고 있는지 분석한다.[10] LCA는 학생 PC의 웹캠을 사용해 눈의 움직임과 얼굴 표정을 추적함으로써 학습자가 실제로 학습하고 있는지 파악할 수 있다고 말한다. 만약 학생이 지루해한다면, 해당 내용에서 팝업 퀴즈가 등장하면서 학생의 집중력을 제고한다. 그런 다음 이 정보를 교사에게 전달할 수 있는데, 교사들은 학생들이 가장 참여도가 떨어지는 것처럼 보이는 순간에 그들의 강의 수준을 조정할 수 있다. 수업을 진행하고 있는 교사가 일일이 파악하기 힘든 학생들의 수업 참여도를 AI가 대신 확인해 주는 것이다.

IBM의 왓슨 교육팀은 AI를 활용해 학습 성과를 개선하는 방법을 찾고 있다. AI가 커리큘럼 내에서 학생들의 요구를 파악하고, 글과 이미지, 미디어를 갖춘 콘텐츠를 제공한다. 이를 통해 교사들은 각 학생의 학습 진행과 숙달도를 이해할 수 있고 개인의 필요와 능력에 맞는 권고안을 만들 수 있다.[11]

학교 폭력과 학생 관리도 AI가

한국의 학교 폭력 문제는 심각하다. 최근 들어 청소년의 잔혹한 범죄나 집단적인 괴롭힘은 국가적 문제가 되어 가고 있다. 다음 그림 1은 국가 통계 포털(KOSIS)에서 발표한 아동 종합 실태 조사 결과로 연령별 학교 폭력 피해 경험을 보여 주고 있다. 학교 폭력 피해 경험은 평균 30.3퍼센트로 나타났다. 특히 9~11세 어린이들의 학교 폭력 경험자 비중은 34.5퍼센트로, 12~17세 청소년 학교 폭력 경험자 비중 28.2퍼센트보다 높다. 9~17세 청소년 중 무려 30퍼센트가 피해를 입은 적이 있다는 놀라운 수치이다. 학교 폭력의 종류를 보면, 언어 폭

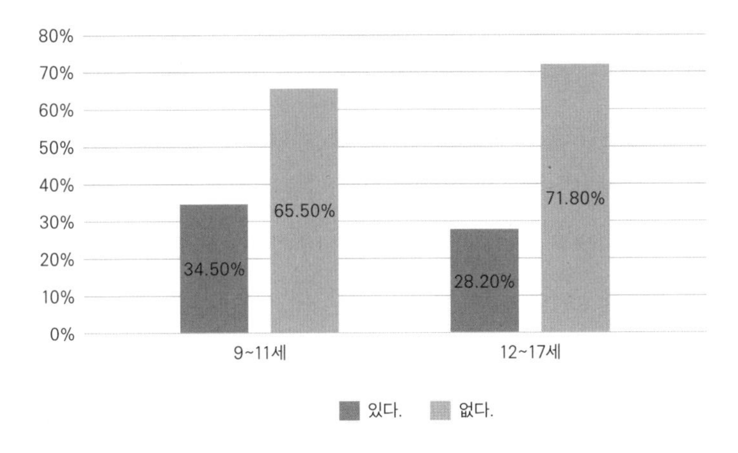

그림 1. 연령별 학교 폭력 피해 경험. 2018년 보건복지부 아동 종합 실태 조사에서.

력, 집단 따돌림, 스토킹 또는 신체 폭행 순서로 나타났다.[12] 특히 정보화 기술 및 기기의 발달에 따라 폭력의 양상은 신체적 폭력보다 인터넷 폭력, '사이버 불링(cyber bullying, 사이버 따돌림)'의 형태가 더 많아지고 있다.

정부는 학교 폭력을 예방하기 위해서 많은 노력을 기울이고 있다. 교육부에서는 학교 폭력 예방 문화를 조성하기 위해 프로그램을 개발하고 배포하고 있다. 교육 내용은 모듈별(공감, 의사 소통, 학교 폭력 인식 및 대처, 감정 조절, 자기 존중감, 갈등 해결), 학교급별(초등 저학년, 초등 고학년, 중학교, 고등학교), 대상별(학생, 교사, 학부모)로 구성되어 학교의 상황에 따라 선택하고 활용할 수 있다. 하지만 학교 폭력 예방 교육의 세부 사항을 학교장에게 위임하는 현실(학교 폭력 예방법 15조 1항)을 고려할 때 전문화되고 체계적인 교육이나 대응은 어렵다고 판단할 수밖에 없다.[13]

학교 폭력 문제를 해결하기 위해서는 개인적, 학교적, 교육적, 법적, 지역 사회적 접근이 필요하며, 학교 폭력의 피해자 및 가해자의 심리 상황을 고려한 접근이 필요하다. 이를 위해 학교 폭력에 대한 태도 변화, 공감 확대, 갈등 해결 등을 위한 적절한 활동이 필요하다. 이렇게 여러 측면에서 노력을 해야 함에도 이에 필요한 인력은 절대적으로 부족한 실정이다. 놀랍게도 학교 폭력과 같은 학내 문제 해결에 중요한 역할을 할 사회 복지 관련 인력의 배치 비율이 초등학교 14퍼센트, 중학교 23퍼센트, 고등학교 2퍼센트에 불과하다. 이런 상태에서 학교 폭력 행위 근절이나 인성 교육은 거의 불가능하다.

인성 교육에 대한 교육부의 대책 역시 공허하다. 교육부는 2015년 인성 교육 진흥법을 제정했다. 70개의 인성 문항을 활용해 인성 수준을 측정하고, 구체적인 상황에 대한 학생의 답변을 토대로 정직, 배려, 자기 조절 등 10개 항목별로 인성을 점수화하는 인성 지수를 마련했다. 대학 입시에 인성 평가를 대폭 강화한다는 방침도 세운 바 있다. 그러나 골프나 양궁 같은 스포츠도 아닌 인성을 점수화한다는 것은 참으로 놀라운 '한국적 발상'이다. 인성은 지식 요소가 아니라 지극히 정서적이고 감성적인 요소이다. 사회적인 요소가 다분히 깔려 있기도 하다. 예를 들어 미국이나 일본에서 "당신은 거짓말쟁이야."라는 비난은 상대방에 대한 치명적인 공격이지만 한국 사회에서는 그렇지 않다. 1974년 미국 37대 대통령이었던 리처드 닉슨(Richard M. Nixon)은 민주당을 도청하고도 관련이 없다는 거짓말로 일관하다 결국 사임했다. 그러나 한국의 정치인들은 수많은 거짓말을 하고도 생존해 왔다.

한국의 교육 과정 역시 편법이 난무한다. 미국의 수능 시험인 SAT 문제를 훔쳐 파는 곳이 한국이며 이 문제를 사서 고득점을 올리는 학생도 있다. 한국의 대학도 입학 사정관 제도를 도입하고 있지만 여기에 필요한 학생의 사회 봉사를 부모가 대신해 주는 경우가 많다. 이런 사회 분위기에서 인성 지수 평가는 현실과 유리된 또 하나의 '허수'일 뿐이다. 이런 사회적 부조리가 판치는 현실에서 '인성 평가'는 학생들에게 주입식, 암기식 문제 풀이의 또 다른 변형일 뿐이다.

인성 교육 진흥법이 실패라는 것은 시행 2년차 조사를 보아도 알 수 있다. 2017년 한국 교총이 교사를 대상으로 실시한 설문 조사를 보면 46퍼센트가 이 법이 제정되었다는 사실조차 모르고 있었다. 특히 응답 교사 중 62퍼센트는 이 법에 따라 정부가 2016년 마련한 '인성 교육 5개년 종합 계획'에 대해 "모른다."라고 답변했다.[14] 인성 교육이 실패한 이유로 교사들이 꼽은 첫 번째 이유는 입시 위주의 교육 환경(51.3퍼센트, 중복 응답)이다. 대입과 관계없는 인성 교육은 시행되지 않는다는 것이다. 두 번째 이유는 현실을 도외시한 정책 중심의 인성 교육 추진(48퍼센트)으로 내실 있는 인성 교육보다는 보고서 작성이나 행사 위주라는 지적이다.

교사와 학교의 대처 역량 부족과 학교의 재정 부족이라는 제약을 벗어나 학교 폭력 문제를 예방할 수 있는 방법은 AI를 활용하는 것뿐일지도 모른다. 미국의 AI 소프트웨어 및 솔루션 개발 회사인 딥 노스(Deep North)는 학교에 설치되어 있는 CCTV를 활용해 학교 폭력 문제를 해결하려는 시도를 2018년부터 해 오고 있다. 이 회사는 컴퓨터 비전(computer vision) 기술을 활용해 총기 난사와 마약 거래 등 학교의 안전을 위협하는 물체를 인식하고 분석하는 AI 솔루션을 제공한다고 주장한다. 기존 CCTV를 활용한 소프트웨어란 점에서 비용 측면에서도 유리하다. 이 기술은 학교 폭력, 자살, 왕따 등의 문제 상황의 데이터를 축적, 분석해 학교 폭력 사고를 미연에 방지할 것으로 기대되고 있다. 딥 노스는 텍사스, 플로리다, 매사추세츠, 캘리포니아의 여러 교육청 및 대학과 협력하고 있다.

그러나 CCTV를 활용한 학생 관리는 학생의 사생활을 침해할 우려가 있다. 중국 항저우의 제11고등학교는 2018년 AI 기술이 활용된 CCTV를 도입했다. 학생들의 행동과 얼굴 표정을 분석해 행복, 불안, 분노와 같은 학생들의 상태를 확인한다. 다만 개인 정보 및 사생활 침해 논란을 최소화하기 위한 조치를 취했다. 학생들의 상태를 인식한 결괏값만을 저장하고 영상 이미지는 저장하지 않은 것이다. 저장된 데이터는 로컬 서버에 저장되어 외부 유출 가능성도 막았다.[15]

학교 외부 공간에서 이루어지는 학교 폭력, 사이버 불링을 방지하기 위한 AI 기술도 있다. 인스타그램은 2019년 7월 사이버 불링 방지를 위한 AI 기술을 도입한 바 있다. 피해 학생들이 적극적으로 문제가 되는 글을 차단하거나 댓글을 신고하는 식으로 선제적 조치를 취하기는 현실적으로 어렵다. 따라서 인스타그램의 AI 기술은 작성자에게 미리 경고하는 방식을 취한다. 가해자 스스로 잘못을 인지할 수 있는 기회를 먼저 제공함으로써 스스로 댓글을 지우거나 순화된 언어를 사용하도록 하는 것이다. 또한 여기에는 비방용 게시물을 찾아 자동으로 신고하는 기능도 탑재했다.

사이버 불링에서 파생될 수 있는 자살 문제에 대해서도 인스타그램은 AI를 활용한 대책을 내놓고 있다. 자살 관련 게시물은 피해자의 도움 요청으로 해석할 수 있지만, 동시에 다른 사용자들의 자살 동조 문화를 만들어 낼 수 있다. 인스타그램은 자해와 연관 있는 콘텐츠를 노골적으로 차단하거나 삭제하지 않고, 검색, 해시태그, 둘러보기 탭에서 노출되지 않도록 하고 있다.[16]

AI 소프트웨어 개발사인 코지토(Cogito) 사는 2021년 현재 자신의 목소리를 듣는 것만으로도 정신 건강을 알 수 있는 앱을 테스트하고 있다. AI가 사용자의 목소리 신호를 통해 우울증과 다른 기분 변화 신호들을 모두 수집한다. 대화의 내용이 아닌 대화의 톤, 에너지, 말하기의 유동성과 참여 수준 등을 분석함으로써 우울증의 지표가 될 수 있는 활동 상태를 파악하게 해 준다.[17] 이를 활용한다면, 학생들이 자신의 대화를 스스로 점검하거나 교사가 학생과 상담 시 해당 학생의 심리 상태나 불안 정도를 파악해 이에 맞게 대응하는 데 도움을 줄 수 있을 것이다.

AI 교사의 등장, 그리고 교육의 변화

현재 교사는 본연의 업무인 수업과 학생 지도 이외에 다양한 행정 업무에 시달리고 있다. 연구 활동과 학생 지도, 생활 지도 등은 물론

이고 보고용 서류 작성과 같은 교무 행정 업무도 있다. 특히 4차 산업 혁명 시대에는 학생들의 창의적 역량을 향상시키는 데 교사들이 중요한 역할을 해야 하지만 현실은 거리가 멀다.

교사들의 교무 행정 업무 실태 조사에 따르면, 일과 시간 중 교사가 교무 행정 업무에 할애해야 하는 시간의 비중은 2016년 27퍼센트로 수업 33퍼센트의 다음이고, 학급 운영 11퍼센트, 생활 지도 및 상담 15퍼센트보다 많았다. 교사의 81퍼센트는 학교 업무 가운데 가장 부담이 크고 경감의 필요성이 있는 업무로 일반 행정 업무 및 교무 행정 업무를 지적했다.[18]

초등학교 교사를 대상으로 한 연구에서도 맡은 업무량이 많다는 의견이 "매우 그렇다." 8.2퍼센트, "그렇다." 32.8퍼센트, "그렇지 않다." 11.5퍼센트, "전혀 그렇지 않다." 0.8퍼센트로 나타나 교사들이 업무량에 대한 부담감을 느끼는 것으로 나타났다. 또 학교의 규모가 작을수록, 읍면 지역과 같은 농어촌에 소재한 학교일수록 교사가 느끼는 업무량이 과도한 것으로 나타났다.[19] 교사의 교무 행정 업무 과중으로 발생하는 가장 큰 문제로 "수업 시간과 수업 연구 시간 부족" 33.2퍼센트, "생활 지도 및 학급 경영 시간 부족" 38.8퍼센트, "직무 스트레스 증가" 22퍼센트 등을 꼽았다. 이런 문제는 교육 서비스를 받는 학생과 교육 서비스를 제공하는 교사 모두에게 부정적인 영향을 끼치고 있다.

특히 수업 시간과 수업 연구 시간의 부족은 교사 본연의 업무인 교육 역량을 강화하는 데 큰 문제를 야기하고 있다. 교사들을 지원할 수 있는 교육 인프라와 지원 인력의 부족이라는 문제도 있다. 교육의 성패는 교육의 주체인 교사에 의해 큰 영향을 받고, 교육의 질 역시 교사의 역량에 좌우되는 것이 일반적이다. 따라서 교사의 역량 강화는 교육 문제에서 가장 중요한 해법이다. 교사 역량을 분석한 연구에 따르면, 수업 운영에 따르는 평가의 방식, 교사의 지식 수준, 학생에 대한 이해를 바탕으로 한 지식 학습과 같은 특성이 교사 역량 강화에 영향을 미친다.[20]

학부모가 교사에게 우선적으로 필요한 능력이라고 꼽은 것은 초등학교의 경우 생활 지도 역량, 중학교는 학습 지도 역량, 고등학교는 진로 및 진학 지도 역량이었다. 학생들의 성장 단계와 사회적 조건에 따라 교사 역량에 대한 '니즈'가 다르게 나타나고 있다. 그러나 생활 지도 능력, 학습 지도 능력, 진로 및 진학 지도 능력이라는 모든 부분을 교사가 감당하고 대응하기는 어렵다.

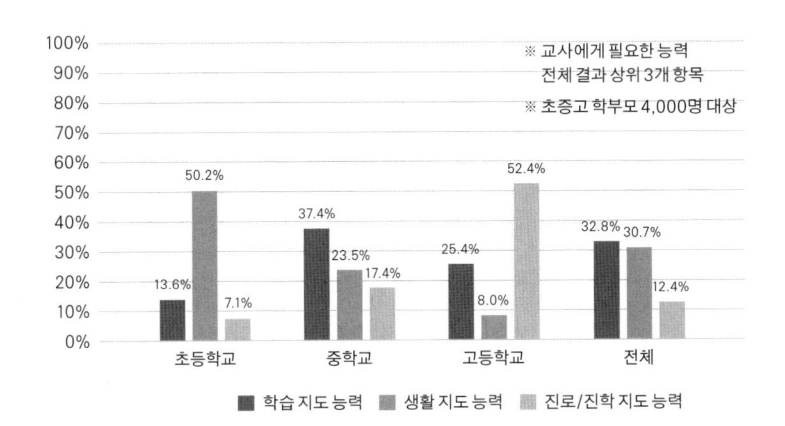

그림 2. 교사에게 우선적으로 필요한 능력. 2019년도 한국교육개발원 여론 조사에서.

이런 상황에서 4차 산업 혁명이 시작되면서 새롭게 교사에게 요구되는 역량도 있다. 지능 정보 역량, 융합적/통합적 교육 과정 재구성 역량, 협업 및 의사 소통 역량, 네트워크 역량, 공동체 역량, 감성 역량 등이다.[21] 그러나 현재의 교육 시스템에서 교사의 역량이 강화되거나 역량을 갖춘 교사가 양성될 것이라고 기대하기도 어렵다. 바로 이런 심각한 상황에서 AI의 교육 현장 전면 도입은 현실적인 해결책이 될 수 있다.

교사를 '복제'하려는 노력이 최근의 이슈는 아니다. 컴퓨터가 교육에 처음 사용되기 시작한 1970년대부터 교사 대체나 보완에 대한 학자들의 고민은 시작되었다. 1980년대 미국에서 이루어진 여러 연구에 따르면 일대일 과외를 받은 학생이 그렇지 않은 학생보다 훨씬 더 우수한 성적을 받는다는 결과가 나왔다.[22] 즉 집단 교육보다는 개별 교육이 학생의 학습 역량 향상에 훨씬 강력한 효과를 발휘한다는 것이다. AI 기술의 출현으로 촉발된 '개인 교사' 개발에 대한 논의는 이러한 노력의 연장선에서 해석할 수 있다.

AI의 등장은 학생의 수준과 니즈에 맞는 교육의 개인화, 수준별 학습 등에도 효과를 발휘할 수 있다. 앞에서 우리는 서로 다른 학습 역량과 이해력을 가진 학생들을 하나의 교실에서 가르치는 과정에서 발생하는 획일적 교육의 문제를 지적한 바 있다. 따라서 어떻게 학생 개인의 능력과 수준에 맞는 학습 방법과 틀을 제공할 것인가, 그리고 동시에 학습의 개별화에 수반되는 교사들의 노동량 증가를 완화할 것인가가 중요한 과제로 대두된다.

미국 조지아 공과 대학에서 사용한 AI 조교는 이러한 문제 의식의 산물이다. 조지아 공과 대학은 온라인 수업에서 AI 조교인 '질 왓슨(Jill Watson)'을 활용하고 있다. IBM의 AI 왓슨을 기반으로 만들어진 질 왓슨은 조지아 공과 대학의 아쇼크 고엘(Ashok Goel) 교수와 대학원생들이 함께 만든 '여성 조교'이다. 300명의 학생 사이에서 활동한 질 왓슨은 학생들이 보낸 질문에 답변하고 토론 문제나 퀴즈를 출제했다. 수업과 관련한 1만여 개의 질문 중 40퍼센트를 질 왓슨이 답변했는데, 인간 조교라면 겪었을 법한 시간 제약 문제와 답변 검증 등의 문제도 별로 없었고, 질문의 의도를 잘못 파악해 틀린 답변을 주는 경우도 별로 없었다고 한다. 답변의 정확성이 97퍼센트 이상일 때만 답변을 하도록 설계되었기 때문이다. 또한 질 왓슨은 과거 수업에서 오갔던 질문과 답변, 학생 게시글을 스스로 학습하면서 답변의 정확성을 높였다. 그런데 흥미로운 점은 수업을 들은 학생들은 질 왓슨이 AI가 아닌 조지아 공과 대학 박사 과정에 재학 중인 20대 백인 여성으로 생각했다는 것이다. 왓슨이 AI라고 확신한 학생은 단 1명도 없었다고 한다.[23]

2018년 스탠퍼드 대학교의 폴 킴(Paul Kim) 교수가 개발한 스마일(SMILE, Stanford Mobile Inquiry based Learning Environment)이라는 AI 프로그램은 학생들의 질문을 기반에 기반을 둔 툴이다. 수업 중, 수업 후, 방과 후 어느 때라도 학생들이 질문하고, 이 질문을 공유하거나 풀고, 그 결과를 수업 중에 얻도록 유도한다. 또한 교사는 축적된 질문 데이터를 활용해 만들어진 퀴즈 셋(set)을 학생들에게 제공할 수 있다.

저장된 질문 데이터는 미래의 학급 또는 학생을 위해 사용된다.

수업 도중 다른 학생들에 비해 진도를 따라가지 못하는 학생을 발견해 교사가 학습 난이도를 조정할 수 있도록 하는 AI도 있다. 인도 IT 교육 기업인 서드 스페이스 러닝(Third Space Learning)이 개발한 툴이다. 화상으로 방과 후 수업을 진행하는 서드 스페이스 러닝은 수업 교사를 AI 교사가 보조한다. 학생들의 학습 수준을 모니터링해 교사가 놓친 수업 내용을 알려주며 교사로 하여금 수업을 관리할 수 있게 한다.

미국에서는 AI 교사 매티아(MATHia)를 채택하는 학교도 있다. 미국 캔자스 주 위치토의 중고등학교에 도입된 수학 보조 교사 매티아는 학생들의 진도에 맞추어 학습 내용과 난이도를 조정한다. 학생의 학습 방법이나 학습 습관에 맞추어 힌트를 주거나 하는 방법으로 학습을 보조한다. 인간 교사와 유사하게 학습을 지원하는 AI 교사는 교사가 부족한 농어촌 지역이나 중소기업 등에서 유용하게 활용될 것이다.

AI 교사와 인간 교사의 기능적 분화에서 가장 중요한 부분은 교사의 기능에 대한 분화이다. AI 교사의 등장으로 인간 교사는 교육에서 가장 중요한 부분인 정서적 교육이나 학생들의 창의적 사고 능력, 사회적 능력, 커뮤니케이션 능력 교육에 집중할 수 있는 가능성이 열렸다. 과거에 교사는 지식이나 정보를 가르칠 때 단순 암기에서 창의적 응용에 이르기까지 모든 부분을 커버해야 했다. 예를 들어 영어 교육의 경우 'apple'이라는 단어를 암기시키기 위해 교사는 같은 단어를 발음하고 따라 하게 하고 시험을 보고 채점을 하는 것과 같은 단순 노동을 반복해야 했다. 동시에 영어라는 언어에 배태되어 있는 철학과 사회적 배경도 가르쳐야 했다. 언어는 그 사회의 산물이기 때문이다.

그러나 AI 교사가 투입되면 단순 암기를 위한 교육과 고등 지식 교육은 분리될 수 있다. 단순 암기 교육과 테스트는 AI 교사가 훨씬 효율적으로 수행할 수 있고, 인간 교사는 이런 단순 교육에서 해방된다. 이렇게 되면 인간 교사는 교육자 본연의 역할, 즉 한 사람의 인간으로 공동체에서 살아가기 위한 기본적인 자질과 소양을 학생에게 가르치는 일에 집중할 수 있게 된다. 즉 '티처(teacher)'로서의 교사가 아닌 '멘토(mentor)'로서의 교육자, 티칭이 아니라 멘토링의 주체로서의 교육자가 되는 것이다.

교사의 기능과 역할을 이렇게 분리하려고 했던 시도로 'G러닝(G-Learning, 게임 기반 학습)'이 있다. G러닝이란 게임이 가지는 흥미와 몰입 요소에 학습 커리큘럼을 결합함으로써 학습에 대한 강한 몰입 속에서 학업 성취도를 향상시키는 혁신적인 교육 방법이다. 게임을 하는 것과 같은 즐거움 속에서 학습을 할 수 있게 해 준다. 2003년 한국에서 처음 개발된 G러닝은 게임을 지식 습득을 위한 콘텐츠로 재설계하고, 교사를 멘토로 재정의하려고 했던 혁신적 시도였다.[24]

G러닝이 가진 게임의 몰입성은 가상 세계와 유저(user)의 일체감에서 나온다. 온라인 게임의 가상 세계는 유저가 게임을 중단한 경우에도 시시각각 변화한다. 유저가 게임을 중단하고 현실 세계로 돌아오

는 경우에도 게임 세계에서는 다양한 사건과 이벤트가 발생한다. 예를 들어, 게임 속의 성을 차지하기 위해 전투를 벌이는 공성전을 생각해 보자. 성을 소유하는 것은 게임 유저나 길드에게 지극히 명예로운 일이다. 그런데 게임 속의 길드 친구들이 다른 길드와 전투를 벌이고 있을때 개인적인 사정으로 중간에 게임을 중단했다고 가정해 보자. 그는 게임을 하지 않아도 게임을 생각할 수밖에 없을 것이다. 청소년을 대상으로 한 온라인 게임의 동시 접속자 수는 저녁 시간에 정점에 도달하지만 등교 직전인 오전 7시와 8시 사이에도 급격히 증가한다. 전날의 게임 결과에 대해 관심을 가지고 확인해 보고자 하는 사람들이다.

게임에 대한 몰입성은 유저 자신이 직접 콘텐츠의 제작에 참여하기 때문에도 생긴다. 참여형 콘텐츠인 온라인 게임에서는 개발자가 유저와 함께 가상 세계를 만들어 간다. 자신의 캐릭터가 하루가 다르게 성장하고, 자신의 집을 꽃이나 나무로 장식하고, 치유사, 전사, 궁수 등 서로 다른 직업의 캐릭터로서 사냥 같은 미션에 참여하는 것은 모두 게임의 세계를 풍성하게 만든다. 이것은 G러닝의 핵심 요소 중 하나인 자기 주도형 학습 구조를 가능하게 만든다.

아무리 게임과 교육을 접목하더라도 학생들이 직접 문제를 해결해 나가거나 사고하도록 만들지 않으면 기존의 이러닝과 같은 수동적인 교육에 머무를 수밖에 없다. 따라서 G러닝은 온라인 게임의 참여형 콘텐츠라는 특성을 최대한 활용해 학생들이 철저하게 자기 주도형 학습을 하는 구조로 설계되어 있다. 이 부분은 특히 AI를 교육에 투입하고자 할 때 중요한 요소로 주의를 기울여야 한다. 이런 G러닝 같은 게임 기반 교육에 AI가 결합된다면 해당 학생의 학습 과정에 동기를 부여하고, 학습 성취도를 추적하고 분석하는 것이 가능해질 것이다.

G러닝은 2009년 전국의 12개 학교에 이어 2011년에는 경기도에도 투입되어 그 진가를 보여 준 적이 있다. 경기도 22개 시군 소재 42개 초등학교 5학년생을 대상으로 한 G러닝 수업이 그것이다. 방과 후 수업에서 수학과 영어를 G러닝으로 배운 학생들은 한 학기 수업 후 영어 성적이 평균 23점 향상되었고, 수학은 13점이 올랐다. 더욱 놀라운 것은 중하위권 학생들의 약진이었다. 상중하로 나누어 수준별 수업을 진행한 결과, 상위권 학생들은 11퍼센트가 오른 반면, 하위권 학생들은 214퍼센트가 향상되었다. 수학도 상위권은 5퍼센트 향상에 그쳤지만 하위권은 90퍼센트가 올랐다.[25]

G러닝은 성적 향상에만 성과가 있는 것이 아니었다. 연구 학교 사업을 수행한 서울 발산 초등학교 교사들이 충격을 받은 것은 학생들의 수업 집중도였다. 첫 주를 지켜본 4학년 수학 교사는 필자에게 이렇게 말하기도 했다. "수업 시간에 졸거나 딴짓 하는 학생이 한 사람도 없다니 기적 같네요."

이런 놀라운 결과를 낳을 수 있었던 것은 게임이 가지고 있던 몰입성을 활용했기 때문이다. 게임이 가진 기본 요소는 경쟁과 협조이다. 게임은 승리하기 위해 길드(게임 내 팀) 유저들과 협력해야 하고 또 다른 길드와 경쟁해야 한다. 초중고 학생들에게 익숙한 게임의 경쟁과

협조 방식을 기반으로 학습을 설계하자 놀라운 집중력과 학습 성취도를 보였던 것이다.[26]

G러닝과 마찬가지로 AI도 교사와 학생의 능동적인 역할과 주체성을 끌어내는 기능을 해야 한다. 교사가 교육자 본연의 역할을 회복하고, 학생들이 학습에 대한 심화 학습으로 나아갈 동기를 부여받을 수 있도록 해 줘야 한다. AI 도입이 몇 가지 편리한 기능과 교육 도구를 제공하는 데 끝난다면 과거의 실패한 이러닝과 다를 바 없을 것이다.

코로나19 시대, 비대면 수업이 가져온 혼란과 교육 격차

2020년 코로나19가 일으킨 팬데믹(pandemic)으로 인해 교육 환경이 극적으로 바뀌었다. 특히 비대면 수업의 지속은 교육 현장을 혼란스럽게 하고 있다. 학생과 교사를 보조하거나 지원할 수 있는 툴이 별로 없는 상태에서 강제된 원격 교육은 교사와 학생 모두에게 어려움을 가중시키고 있다. 필자의 수업을 들은 한 대학생(15학번)은 이렇게 자신의 어려움을 말하고 있다.

> 코로나19로 인해 지난 학기 동안 비대면 교육이 지속되면서 다음과 같은 문제점을 느낄 수 있었다.
>
> 첫째, 온라인 강의로 전환됨에 따라 수업 내용이 과목의 본래 취지와 달라질 수밖에 없었다. 팀별로 콘텐츠를 한 학기 동안 제작해 발표하는 것으로 마무리하는 수업이었으나 비대면 수업으로는 활동이 이루어질 수 없어

이론 강의만 이어졌다. 시험 또한 이론 강의를 바탕으로 한 객관식 문제로 출제되었고 결국 기대했던 콘텐츠 제작 경험을 할 수 없어 아쉬웠다. 또 그림을 그려 영상을 만드는 수업이 있었는데, 교수님께서 학생들 옆에서 직접 그려 가며 피드백을 해 주고 싶어 하셨지만 대면 수업이 불가능해 교실에서 이루어지던 학생 개개인에 따른 일대일 피드백이 불가능했다.

둘째, 규칙적인 생활이 불가능해졌다. 대면 수업과 달리 비대면 수업은 실시간 강의를 제외하고는 수강 시간이 자율적이다 보니 강제적인 등교 시간이 사라져 매일 규칙적인 시간에 온라인 수업을 듣기 힘들었다. 자연스럽게 기상 시간과 취침 시간은 불규칙해졌으며 밀린 온라인 강의를 몰아서 듣는 내 모습을 발견할 수 있었다. 그 결과 한꺼번에 많은 양을 습득한 학업 내용은 절대 오래가지 못함을 시험 기간에 실감했다.

이런 대학생의 모습은 과거 인터넷 강의를 통해 대학 입시를 준비하던 고교 수험생 시절과 다를 바 없다. 그런데 여기서 더욱 문제는 고교 수험생 시절은 온라인 인강과 오프라인 교실 수업이 그나마 양립하던 시절이었지만 지금의 코로나 사태에서는 오프라인 대면 교육이 거의 배제된 상태에서 오직 인터넷 기반 강의로 수업이 이루어진다는 사실이다.

초중고나 대학을 막론하고 이런 불완전한 기술 기반의 화상 수업이 계속되면 학생의 학습 효율성은 현저하게 하락한다. 그리고 이런 상태가 지속되면 동기 부여가 부족한 학생들의 학습 지연과 성취도 하락은 피할 수 없게 된다. 국가적으로 볼 때 몇 년간에 걸친 코로나 사태의 지속이 교육의 질 하락과 학력 저하로 이어질 것이고, 장기간에 걸쳐 국민 개개인과 국가 역량을 손상시킬 것이다. 이러한 사태에 대해 교사들 역시 우려한다. 아래 기사는 교육 현장에 있는 교사들의 관찰을 전달하고 있다.

> 일선 교사들도 학습 격차에 대한 우려를 나타낸다. 서울 시내 한 고등학교 1학년 담임 교사는 지난 6월 중순 치른 중간 고사 결과를 두고 "중위권이 사라졌다."라고 평했다. 이 교사는 "특히 수학 시험에서 큰 차이를 보였다."라며 "코로나19 영향으로 시험 문제를 비교적 쉽게 냈는데도 아예 문제를 풀지 못한 아이들이 많았다."라고 설명했다. 이어 그는 "코로나 이전에는 중위권이 너무 많아 변별력이 크지 않다는 게 문제였던 반면에 지금은 웬만큼 중위권을 유지하던 아이들마저 다 하위권으로 내려온 형국"이라고 밝혔다.[27]

코로나 사태는 교육 격차의 확대도 초래하고 있다. 특히 가정에서 학습을 돌봐 줄 부모가 부재하거나 맞벌이 가정, 취약 계층 학생의 경우 온라인 교육 과정에서 곤란에 직면하고 있다. 반대로 강남 등 중산층 밀집 지역에서는 이전보다 훨씬 빈번하게 학원 버스가 순회하고 있다. 학원의 경우 사회적 거리 두기가 강화되는 시기를 제외하면 자유로운 영업이 가능하기 때문에 학부모들은 공교육에서의 학습 기회 손실을 사교육으로 보완하려 한다.

이런 상황에 직면한 정부의 대응은 사실 혼란스럽기만 하다. 대표적인 것이 기존의 서비스를 AI로 포장해 내놓는 것이다. 2020년 8월 교육부는 초등 1~2학년을 대상으로 AI를 활용해 수학 학습 수준을 진단하고, 개별 학습 데이터를 분석해 학습 결손이 예측되는 영역에 학습 콘텐츠를 추천하는 게임 기반의 학습 관리 프로그램 '똑똑! 수학 탐험대'를 개발해 보급한다는 발표를 한 바 있다. 시범 운영을 거쳐 전면 적용한다는 것이다.

그러나 문제는 교육부에서 발표한 AI 기반 수학이 'AI' 기반이 아니라는 것이다. 교육부가 발표한 수준의 학습 수준 진단, 학습 데이터 분석, 콘텐츠 추천, 보상 제공이라는 알고리듬은 굳이 AI가 아니더라도 기존의 LMS(Learning Management System)라는 학습 관리 툴로 실현 가능하기 때문이다.

이처럼 코로나 시대가 야기한 교육 문제가 심화될수록 AI의 이름을 단 유사 시스템과 정부 정책이 나올 것이다. AI가 강조될수록 '유사 AI'가 유행하는 역설이 발생하는 것이다.

4장

AI가 요구하는 노동의 변화, 그리고 정부 조직의 저항

공작 기계의 등장과 지식 경영의 변화

전략 경영의 주요 이론 중 하나로 자원 기반 이론(resource based view)이 있다. 자원 기반 이론은 기업이 경쟁 우위를 획득할 수 있는 근거로 조직 내에 축적된, 다른 기업과 차별화된 자원을 지적한다. 기업 활동을 하는 과정에서 조직 내에는 타 기업과 다른 특수한 자원이 축적되는데 이러한 자원은 그 자체로 가치를 보유하고 있고 희귀하고 타 기업에 쉽게 이전되지 않으며 모방이나 대체할 수 없는 성질을 가지고 있다. 여기에는 기업의 경영 기술과 조직 운영, 규칙과 정보, 지식 등이 포함된다. 지식은 조직 내 학습을 통해 산출되며, 지식을 통해 기업은 지속적인 경쟁 우위를 획득할 수 있다.

특히 경영학의 대가인 피터 드러커는 1992년에 펴낸 『미래 기업(*Managing for the Future*)』에서 일찍이 지식 산업 사회의 도래를 예측하면서 지식 노동자의 중요성을 강조했다. 그는 기업이 지식을 관리하는 역량은 기업 생존에 중요한 요소로 작용할 것이라 했다. 이와 같이 기업의 성장에 있어 지식의 중요성을 이해하고 이를 어떻게 학습, 축적, 공유, 적용할 것인가를 연구하는 분야가 경영학의 지식 경영 분야이다. 지식 경영이란 기업 내부에 존재하는 지식을 활용해 기업 가치를 키우고, 신규 지식을 지속적으로 창출해 성장과 혁신을 이끌어 나가는 일련의 과정이라고 말할 수 있다.

지식 경영에 따르면 조직 내부에 존재하는 지식은 기록 가능 여부와 이전 가능성을 기준으로 크게 두 가지로 분류할 수 있다. 형식지와 암묵지이다. 형식지는 정형화할 수 있고 문서로 기록할 수 있으며 외부 조직이나 개인과 공유할 수 있는 성격의 지식을 의미한다. 반대로 암묵지는 정형화하기 어렵고 문서로 기록하기 어려우며 타 조직으로 이전하거나 적용이 어려운 특성을 갖는다.[1]

AI가 인간 사회에 던지는 충격 중 하나는 인공 지능이 인간의 고유한 특성이자 전유물로 간주되었던 암묵지라는 '성역'에 진입하고 있기 때문이다. 역사적으로 볼 때 인공 지능 이전까지 기계나 소프트웨어는 인간의 육체적 능력에 대한 대체물이나 정신적으로는 형식지에 대한 대체물이나 보완물 정도의 수준에서 기능해 왔다.

인간 노동의 대체물이나 보완물의 대표적인 사례로 공작 기계가 있다. 공작 기계는 '기계를 만드는 기계'이다. 공작 기계는 절삭 가공과 소성 가공에 이용되는 기계를 통틀어 일컫는 말이다. 절삭 기계는 불필요한 부분을 제거해 가면서 설계된 형상으로 가공하는 기계이며, 성형 기계는 형태를 변형시키는 기계이다. 국제 규격(ISO)에서는 공작 기계를 "한 운동원에 의해서 작동하고 물리적, 화학적 또는 기타의 방법으로 성형해서 공작물을 생산하는, 수작업을 하지 않는 기계"라고 정의하고 있다.[2]

공작 기계는 자본재 산업의 핵심이며 규격, 품질, 성능 관련 다양한 기술의 집약체이다. 공작 기계 기술의 축적에 장기간이 소요되고 후발 주자가 모방하려고 해도 기술적 한계 때문에 단기간에 경쟁력 확보가 어렵다. 공작 기계 관련 산업은 부가 가치가 고도로 높은 산업이기도 하다. 이런 특성으로 인해 전 세계가 하나의 시장으로 통합된 현재까지도 공작 기계의 강국은 독일, 일본 등 소수의 국가에 지나지 않는다. 한번 축적된 산업 경쟁력이 장기간 유지된다는 의미이다.

특히 수치 제어(NC) 공작 기계의 등장은 인간의 노동에 중대한 변화를 초래했다. NC 공작 기계는 미리 준비된 공작물의 가공 순서를 기억시켜 두면 재료를 자동 가공할 수 있는 기계이다. 전자 기술을 기반으로 부품 가공 공정을 자동화한 것이라고 볼 수 있다. NC 공작 기계는 공작 기계에 이어 다시 인간의 작업 과정에 충격과 변화를 주었다.

다음 표 1에서 살펴볼 수 있듯이 NC 공작 기계의 도입은 기존 단순 직무의 소멸과 컴퓨터 기반의 보다 고도화된 신규 직무의 등장을 초래했다. 소멸한 직무는 재고 대장, 공정 진행, 원재료 공급 통제, 디지털 검사, 수압착 공정 등이다. 반대로 새로 등장한 직무는 컴퓨터에 의한 제판, 전자 회로 보수, 치공구 개발, 시스템 제어 프로그램 개발, CAD 개발, NC 프로그램 오퍼레이터 등이다. 기존에 인간이 하던 공정 연결 작업이나 공정 진행 관련 단순 관리 작업은 소멸하고 제어 시스템 개발이나 CAD 개발 같은 새로운 작업이 등장했다. 인간의 노동이 보다 복잡하고 지능화된 노동으로 고도화되었다고 말할 수 있다.

NC 공작 기계를 가능하게 해 준 것은 마이크로일렉트로닉스(micro-electronics, ME)로 불리는 전자 기술이었다. 전자 기술은 기계와 제어 기구의 결합이라는 구조적 특징을 가지고 있다. 따라서 노동자는 기계를 직접 조작하거나 직접 제어하지 않고도, 제어 기구에 도입된 프로그램을 매개로 해 간접적으로 제어할 수 있게 된다. 그리고 이 프로그램은 숙련 작업자가 체득하고 있는 가공 순서나 방법을 수치화, 부호화한 것으로 기계가 숙련 작업자 이상의 결과물을 내놓을 수 있도록 해 준다. 이에 대해 일본의 경영학자 아키노 쇼지(秋野晶二)는 이렇게 지적하고 있다.

표 1. NC 공작 기계 도입에 의한 직무의 변화.

새로 생긴 직무	단말기의 등록 조회, 연속 작업의 공정 관리, 전산 사식, 레이아웃 디스플레이 제어, 컬러 스캐너 제어, 컴퓨터에 의한 조판, 원고 수정, 주사제 검사(기계), 디지털 검사, 레이저 커팅, CAD 관리, NC 프로그램 관리, 카세트 인부트, 절차 관리자, 전기 기기 회로 설계, 설비 보안, 전안 회로 보수, 치공구 개발, 시스템 제어 개발, CAD 개발, 전기 조정
소멸하거나 내용이 크게 바뀐 직무	재고 대장 담당, 전표 조회 작업, 공정 진행, 문서 선별, 사진 제판, 전환공, 주사제 검사(눈으로 검사), 감촉 검사, 재단, 제도 작업, 구멍 가공, 스티커 라벨 작업, 염료 조합, 절삭날 위치 조정, 원자재 공급 관리, 산포 작업, 수압착 공정

이 프로그래밍에는 전자 공학이나 정보 처리 기술에 관한 지식을 바탕으로 할 필요가 있다. 종래의 기계 작업에서는 기계 조작을 위해서 노동자가 생산 현장에 밀착해, 거기서 그 조작을 반복하는 것을 통해서 노동자의 몸으로 그 조작을 습득한다. 여기에는 현장성, 경험성, 신체성이 필요하다. 이에 반해 프로그래밍 습득에 있어서는 현장성, 경험성, 신체성 같은 불필요한 차이는 감소하고, 오히려, 과학적, 공학적 지식이 불가결하게 되었다. 기존 작업의 경험적 숙련을 과학적, 공학적 지식에 의해 객관화하는 과정이라 할 수 있는 프로그래밍은 '기술자가 가지고 있는 기술학적 지식과 작업자가 체득하고 있는 경험적 숙련을 결합하는 작업'이며, 이 점에서 기존의 기술자와 작업자의 분업을 폐기하는 기술적 기초는 보다 강화되었다.[3]

여기서 아키노 쇼지는 현장 노동자의 지식과 경험이 공작 기계의 형태로 구현되었으며, 인간은 역할은 보다 고도화된 영역, 즉 과학적, 공학적 지식을 기반으로 한 고차적 영역으로 이동했음을 지적하고 있다.

전통적인 제조업은 기술 발전의 영향을 강하게 받는다. 최근 사물인터넷, 스마트 팩토리 같은 공장 자동화의 추세 역시 기존 작업에 종사하는 노동자의 수를 급격하게 감소시키는 기술적 변화이다. 제조와 공장 관리 기술의 역사는 공장이 인간의 손을 떠나는 자동화의 역사이며, 인간의 역할이 축소되는 과정이기도 하다. 역사적으로 보아도 1960년대부터 최근까지 노동 생산성은 비약적으로 증가하고 있지만 제조업 노동자 수는 지속적으로 감소하고 있다. 예를 들어 미국 제조업 분야의 생산성은 1985년에 비해 2016년에 2배의 향상이 이루어졌다. 반대로 고용은 42퍼센트 감소했다.[4] 향후 AI 기반의 각종 도구가 확산되면 노동 과정과 노동자에게 요구되는 역량과 자질이 다시 한번 급격하게 변화할 것이고 노동자의 급격한 이동이 발생할 것이다. 이런 변화의 물결은 이미 시작되고 있으며 인간의 노동에 혁명적 변화를 요구하고 있다.

'암묵지'도 이제는 AI가

AI의 등장은 인간과 다른 동물의 근본적 차이이자 신이 부여한 인간의 고유 능력이라고 여겨졌던 고도의 두뇌 활동의 산물인 암묵지 영역, 과학과 공학의 영역, 나아가 창작과 예술의 영역까지 진입하고 있다.

아직 AI와 결합한 수준은 아니지만 최근 화이트칼라의 작업 방식에 급격한 변화를 초래하고 있는 도구로 RPA라 불리는 자동화 툴이 있다. RPA란 단순한 사무 업무를 인간 대신 처리해 주는 비즈니스 가상 로봇을 말한다. 디지털 기술을 활용해 사무직 관리 업무를 자동화하고, 기존 직원들은 고도의 업무에 집중할 수 있도록 하는 디지털 프로세스 혁신도 RPA라고 한다.[5] 현재의 RPA는 엑셀에 데이터 입력이나 상품 주문 입력, 제품 발주와 같은 단순 작업을 자동화하는 수준에 머물러 있다. 아직 AI가 본격적으로 결합된 것은 아니다. 그럼에도 RPA가 가져오고 있는 변화의 바람은 상당히 거세다.

다음과 같이 신발(상품)에 대한 주문을 받아 발송하는 업무 프로세스가 RPA를 도입하고 나면 어떻게 바뀌는지 살펴보자.

인간에 의한 작업 과정

주문 메일 폴더 오픈 → 아이디와 암호 입력 → 신발 주문 메일 확인 → 수량과 주문자 확인 → 사내 인트라넷 로그인, 신발 재고 확인 → 수량 출고 발주 요청 → 상품 운반용 컨테이너 사용 가능 여부와 일정 확인 → 확인 후 컨테이너 발주 → 다시 메일로 돌아와 수량 발송 답신 발송

RPA는 이 과정 전체를 인간 대신 수행할 수 있다. 더구나 RPA는 일련의 업무를 실시간으로 24시간 진행할 수 있다. RPA는 두 번째 단계인 아이디와 암호 입력도 일회용 아이디와 암호를 발급받아 입력한다. 또한 컨테이너 공간 사용 가능 여부 확인과 같은 업무도 기존에는 사람이 전화를 하거나 이메일을 보내서 일일이 확인해야 했지만 RPA는 상대방의 시스템에 들어가 자동으로 공간을 확인하고 발주한다. RPA는 사람과 달리 노동의 피로를 느끼지 않는다. 또 업무량에 따라 작업 시간의 증감도 가능하다. 업무가 폭주할 때는 RPA 작동을 늘리면 되고 업무가 줄면 RPA의 작동을 줄이면 된다.

그림 1을 보면 RPA 도입 전에는 의사 결정이나 프로세스 관리와 같은 업무의 경우 인간을 주체로 해서 수행하는 것이 일반적이었으나, RPA 도입 이후에는 의사 결정 업무나 시스템 및 프로세스 관리 업무의 주체가 RPA로 바뀐다.[6] 인간만의 영역이라고 여겨진 일을 기

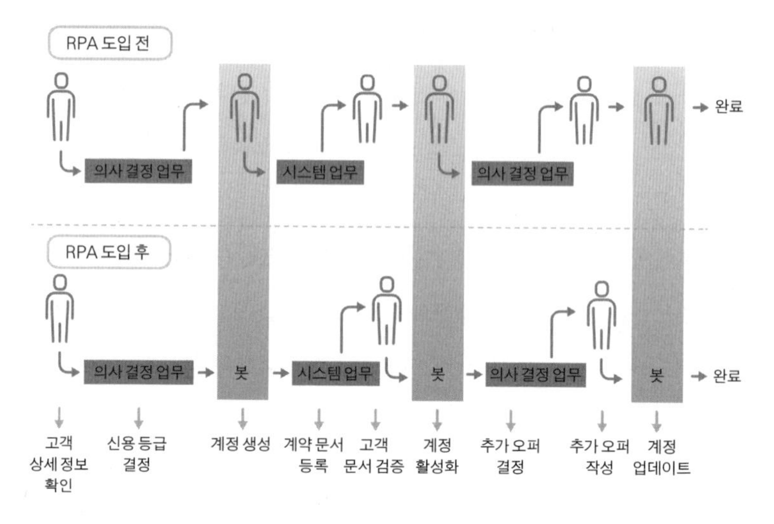

그림 1. RPA 도입 전후 인간의 역할 비교.

계가 쉽게 처리하는 것이다.

RPA 이전에도 화이트칼라 노동 과정에 대한 혁신 시도는 존재했다. 비즈니스 프로세스에 대한 연구가 시작된 후 초기에는 전사적 자원 관리(enterprise resource planning, ERP)가 등장했다. 이어 비즈니스 성과 관리(business process management, BPM), 비즈니스 프로세스 아웃소싱(business process outsourcing, BPO) 등이 등장하면서 비즈니스 프로세스는 개선되어 왔다.

RPA도 기존의 프로세스 혁신과 마찬가지로 사무직 노동의 생산성 향상을 위해 도입되고 있다. 기존의 화이트칼라 노동자 중에서도, 특히 비정규직이나 계약직 노동자가 담당하고 있던 단순 반복적인 사무직 노동을 대체하는 수단으로 활용되고 있다. RPA 도입 초기에는 보험사를 비롯한 금융 기관에서 주로 도입했는데 이 기업들은 일상적으로 문서 처리 업무가 많아 도입 효과가 컸기 때문이다. 최근에는 주 52시간 근로제 전면 시행 이슈와 맞물려 금융업 이외에도 제조업, 서비스업 등 다양한 분야에서 RPA 도입이 급속히 확산되고 있다.

2017년 물류 업체인 현대글로비스의 경우 거리 데이터 확보, 신규 부품 수출 통관 코드 입력, 화물 주문 정보 입력, 중고차 서류 입력 및 신고 등 단순 반복적인 업무에 RPA를 도입했고, 연간 1만 4600시간을 절약했다고 한다.[7] 시장 조사 기관 리서치 앤 마켓에 따르면 향후 RPA 도입이 급증해 2022년 전 세계 RPA 시장 규모는 50억 달러를 넘어설 것으로 예상되고 있다.[8] 컨설팅 업체 맥킨지 역시 2025년까지 전 세계 기업의 85퍼센트가 900개 이상의 업무에 RPA를 도입할 것으로 예상한 바 있다.

하지만 현재의 RPA는 아직 AI가 본격적으로 도입되지 않은 초기 단계 기술에 머물러 있다. 현재 일반적인 RPA는 AI 기술이 접목되지 않은 단순 'if-then'의 구조[9]로 이루어져 규칙이 정해진 한정된 자동화 업무만 수행 가능하다. RPA가 본격 도입되면 인간의 투입이 축소되고 기존에 인간이 하던 일들 상당 부분이 자동화된다. 확인, 입력, 업로드, 할인 적용 등은 기존의 if-then 규칙이 확실하게 입력되어 있다면 모두 자동화될 수 있다.

하지만 RPA 1.0에서 RPA 2.0으로 넘어가는 단계가 되면 패턴 인식, 머신 러닝, 자연어 인식 등을 구현한 각종 AI 기술이 접목될 것이고 한정적이지만 기계에 의한 의사 결정이 가능해진다. RPA 3.0 단계에서는 자연어 인식이 보다 자연스러워지며 입력되는 데이터를 바탕으로 스스로 학습하고 판단하는 의사 결정 능력이 발전한다. 또한 단순 자동화에서 추론 가능 단계로 넘어간다.[10]

AI가 결합된 RPA의 업무 수행 프로세스는 다음과 같을 것이다. 초기 단계에서는 어떤 식으로 업무를 수행할지 트레이너 로봇이 작성하고 검증한 알고리듬을 바탕으로 시스템을 설계한다. 그다음 단계로 수행 로봇들이 시스템 내부에서 정해진 대로 업무를 수행하고 수행한 데이터들을 매니저 로봇에게 전송한다. 매니저 로봇은 해당 데이터를 모니터링하고 보고서를 만든다. 이 과정에서 인간은 초기 시스템을 설계하는 트레이너 로봇과 수행한 결과를 점검하는 매니저 로봇만을 통제한다. 이 중간 과정을 수행하는 수행 로봇의 업무는 완전하게 자동화된다. 이렇게 되면 트레이너 로봇과 매니저 로봇을 전문적으로 제어, 통제할 수 있는 고도로 전문화된 인간이 필요해지고 수행 로봇의 역할을 하는 인간은 소멸하게 된다.

AI 등장으로 소멸하는 직업들

AI는 인간의 직업에 충격적인 영향을 미칠 것으로 예측되고 있다. 미국 브루킹스 연구소는 가까운 미래에 4차 산업 혁명의 핵심 기술로 꼽히는 AI, 로봇과 자율 주행차 등이 미국 내에서 약 3600만 개의 일자리를 대체할 것으로 전망하고 있다. 이는 미국 전체 일자리 1억 4500만 개의 4분의 1에 해당한다.

특히 단순 반복 업무의 비중이 높은 제조 생산, 요식 서비스, 운송, 행정 등은 자동화 가능성이 대단히 높은 분야이다. 구체적인 직업의 예를 제시하면 단순 요리사나 요식 산업 종사자, 웨이터, 단거리 트럭 운전사, 사무직 노동자, 행정 업무 종사자 등이 여기에 해당한다. 반면 고학력을 요하는 직업이나 사람을 만나는 직업, 감정적 요소가 필요한 직업은 높은 창의력과 문제 해결 능력이 필요해 AI로 대체하기는 어렵다.

맥킨지도 800개 이상의 직업에서 이루어지는 2,000가지 이상의 업무를 분석 정리하고 직업이 아닌 작업을 크게 일곱 가지로 구분해 자동화의 기술적 가능성을 정리한 보고서를 발표한 바 있다. 이 보고서에 따르면, 용접, 조립, 포장 등 예측 가능한 육체적 노동은 자동화 가능성이 78퍼센트로 대단히 높다. 반면 건설, 임업, 야생 동물 사육 같은 예측 불가능한 육체적 노동의 자동화 가능성은 25퍼센트로 낮았다. 이중에서도 특히 인간을 관리하는 것 같은 인간과 관련된 작업은 자동화 가능성이 9퍼센트에 불과했다. (그 외 다른 대체 가능성은 다음과 같다. 경험 응용 18퍼센트, 이해 관계자와의 상호 작용 20퍼센트, 데이터 수집 64퍼센트, 데이터 처리 69퍼센트 등이었다.)

학력에 따른 대체 가능성을 분석한 보고서도 있다. 브루킹스 연구소의 보고서에 따르면 고졸 미만과 고졸 노동자들의 일자리는 대체 가능성이 각각 54퍼센트와 52퍼센트로 절반 이상이 AI와 로봇 같은 기계와의 자동화 경쟁에서 소멸한다고 한다. 학사 학위가 요구되지 않는 단순 노동 일자리 임금은 낮고, 자동화 대체 가능성은 높다.

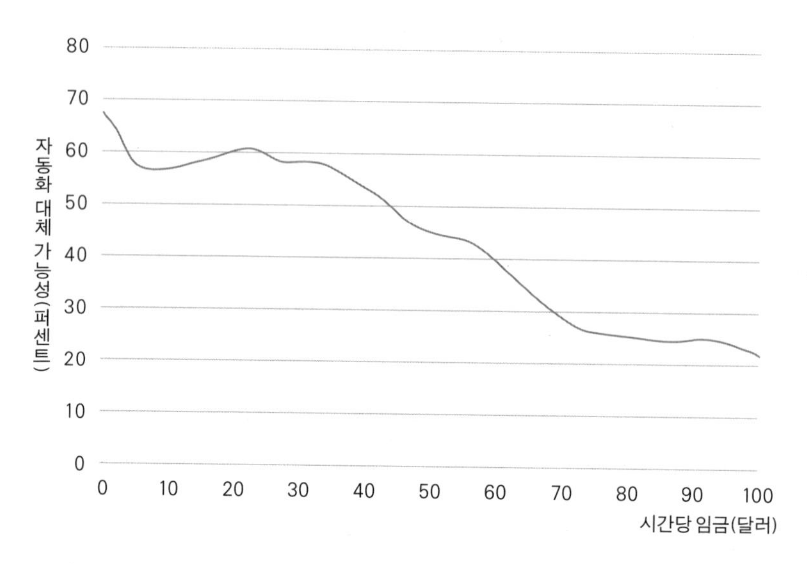

그림 2. 임금별 자동화 대체 가능성. 브루킹스 연구소 2019년 1월 24일자 보고서에서.

반면 학사 이상의 학위가 요구되는 직업의 임금은 높고, 자동화 대체 가능성은 낮다.

다음으로 임금 수준별 대체 가능성을 보면, 그림 2에서 확인할 수 있는 것처럼 시간당 40달러 이하의 저임금 노동자는 60퍼센트 수준으로 높아지지만, 시간당 70달러 이상이 되면 25퍼센트 정도로 낮아진다. AI 자동화의 초기 타겟이 저임금 단순 노동자일 수 있음을 보여 주는 결과이다.

2013년 미국 대통령 경제 자문 위원회(CEA)에서 발표한 보고서도 보자. 이 보고서에 따르면 공무원이 아닌 일반 직업을 분류해 시간당 20달러 이하의 임금을 받는 사람들은 자동화 대체 가능성이 83퍼센트이고, 20~40달러 임금을 받는 사람들은 31퍼센트, 40달러 이상 받는 사람은 4퍼센트라고 한다.

이상의 연구를 기반으로 정리해 보면 AI 자동화가 가져올 일자리 소멸의 초기 위협은 단순 반복적 육체 노동 종사자와 단순직 화이트칼라에 집중되어 있다. 다음 표 2에서 확인할 수 있는 것처럼 사무 및 행정 지원 업무의 대체 가능성은 60퍼센트이기 때문이다. 그렇다고 다른 화이트칼라 노동자가 안심하기는 이르다. 법률 관련 직업의 대체 가능성도 38퍼센트에 이르고, 컴퓨터와 수학 관련 직업의 대체 가능성도 37퍼센트인 데서 알 수 있는 것처럼 AI 자동화가 가져올 일자리 소멸의 쓰나미가 곧 육체 노동이나 단순 사무 노동을 넘어 전문직 화이트칼라까지 위협할 것은 틀림없기 때문이다.

그렇다면 AI에 의한 대체가 어려운 노동은 어떤 분야이고, 어떤 특성을 가지고 있을까 하는 문제가 등장한다. 다음 그림 3을 보면, AI 자동화 과정에서 장애물로 작용할 수 있는 요인으로 세 가지를 확인할 수 있다. 그것은 사회적 지능, 창의성, 지각 능력이다. 사회적 지능이나 창의성, 지각 능력이 많이 요구되는 직업은 AI 자동화에 의한 대체 가능성이 그만큼 낮아진다.

지각 능력은 손재주(finger dexterity), 정형화된 민첩성과 같이 신체의 조작 능력과 그 직업의 환경(얼마나 열악한 환경에서 일하게 되는지 등)에 따라 세부적으로 구분된다. 인간의 지능 및 사고 능력은 크게 언어 논리와 시공간적 능력 두 가지로 구분되는데, 특히 시공간 지각 능력은 유아 시기부터 발달하는 핵심 지능 중 하나이다. 지각 능력은 언어적 능력

표 2. 평균 임금 및 교육 수준에 따른 업무 자동화 가능성.

직업군	평균 임금 (달러)	자동화 가능성	요구되는 교육 수준
식품 준비 및 서비스 관련 직업	23,900	81퍼센트	학사 학위 미만
생산직	37,200	79퍼센트	학사 학위 미만
사무 및 행정 지원 업무	27,300	60퍼센트	학사 학위 미만
농업, 어업, 임업	27,800	56퍼센트	학사 학위 미만
운송업	36,100	55퍼센트	학사 학위 미만
건설업, 채굴업	48,900	50퍼센트	학사 학위 미만
설치, 유지 보수 및 수리 작업	46,700	49퍼센트	학사 학위 미만
판매 및 관련 직업	40,600	43퍼센트	학사 학위 미만
의료 지원 직업	30,500	40퍼센트	학사 학위 미만
법률 관련 직업	106,000	38퍼센트	학사 학위 이상
컴퓨터와 수학 관련 직업	87,900	37퍼센트	학사 학위 이상
보호 서비스업	45,800	36퍼센트	학사 학위 미만
개인 관리 및 서비스업	26,500	34퍼센트	학사 학위 미만
의료 전문가 및 기술 직업	79,200	33퍼센트	학사 학위 또는 그 이상
생명, 윤리, 사회 과학 직업	72,900	32퍼센트	학사 학위 또는 그 이상
관리직	118,000	23퍼센트	학사 학위 또는 그 이상
사회 복지 사업	47,200	22퍼센트	학사 학위 또는 그 이상
건물 청소 및 유지 관리 직업	28,000	21퍼센트	학사 학위 미만
예술, 디자인, 엔터테인먼트, 스포츠, 미디어 직업	58,400	20퍼센트	학사 학위 미만
건축업과 공업	84,300	19퍼센트	학사 학위 또는 그 이상
교육, 훈련 및 사서업	54,500	18퍼센트	학사 학위 또는 그 이상
사업 및 금융업	75,100	14퍼센트	학사 학위 또는 그 이상
총액	49,600	46퍼센트	
학사 학위 미만 직업	36,500	55퍼센트	
학사 이상의 학위가 필요한 직업	80,100	24퍼센트	

보다 먼저 발달하는데 가령 아이는 생후 3~4개월부터 거리, 위치 등을 인식하기 시작하며 조금 더 시간이 지나면 '어느 장소에서 장난감이 발견됐는지'를 기억한다. 이러한 시공간적 능력은 영유아의 지능 발달 측정 시 중요한 척도이며, 선천적으로 프로그래밍되어 아이가 자라면서 발달한다. 시각, 청각, 촉각 등 감각 운동의 모든 경험이 아이의 시공간적 지능을 발달시키는 요인이므로 어려서부터 풍부한 경험을 하는 게 중요하다. 특히 공간 지각 능력은 시공간적 능력의 넓은 영역을 아우르는데, 크게 공간 지각(spatial perception), 공간 조작(spatial transformation), 심적 회전(mental rotation) 세 가지로 나뉜다. 공간 지각은 말 그대로 거리, 위치, 공간의 특징 등을 지각하는 능력으로 물체가 어디에 위치하는지, 거리는 얼마나 되는지 등을 가늠하는 능력이다.

창의성은 독창성과 예술적 능력으로 구분된다. 창의성은 '새로운

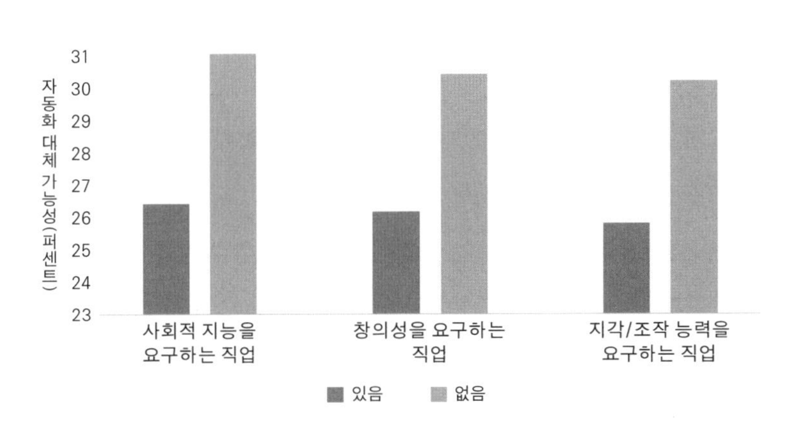

그림 3. AI 자동화의 세 가지 장애물. 사회적 지능, 창의성, 지각 능력 같은 장애 요인이 있을 경우 왼쪽 짙은 색 막대 그래프처럼 자동화 가능성이 낮아진다.

관계를 보는 능력, 비범한 아이디어를 산출하는 능력, 그리고 전통적인 사고 패턴에서 일탈하는 능력' 등으로 정의된다. 창의성이 무에서 유를 이루는 기적과 같은 특수한 것일 필요는 없다. 창의적 사고 과정은 기존 요소, 즉 자신의 머릿속에 축적된 지식이나 경험을 바탕으로 새롭게 결합하는 과정이기도 하다. 따라서 창의적 사고는 조지프 슘페터(Joseph A. Schumpeter)가 지적한 기존의 사물에서 새로운 무엇인가를 창출하는 역량, '혁신'과 동일한 개념이다. 창의적 사고는 준비기(주어진 문제를 여러 각도에서 지각하고 이해해 보는 단계), 부화기(지각 또는 이해된 문제에 대한 해결책을 찾아야 할 필요나 의욕을 가졌지만 그런 느낌이나 필요를 의식화하기 전 단계), 조명기(무엇인지는 몰랐지만 지금까지 찾던 아이디어가 떠오르는 단계), 검증기(조명기에서 암시된 해결안으로서의 아이디어의 타당성을 검증하고 그 결과에 따라 완전한 아이디어로 정리하게 되는 단계)로 구성된다.

사회적 지능은 1995년 심리학자 대니얼 골먼(Daniel Goleman)이 주창한 인간 능력의 개념이다. 골먼은 미래 사회를 좌우할 인간 관계의 새로운 패러다임을 '사회적 지능'에서 찾았다. 사회 지능은 상대방의 감정과 의도를 잘 읽으며 타인과 잘 어울리는 능력을 말한다. 자신의 주장을 강요하는 사람보다 상대의 말을 경청하는 사람, 타인을 배려하면서 문제점을 지적해 주는 유형의 사람이 사회적 지능이 우수하다고 말할 수 있다. 골먼은 "성공과 행복의 기여도는 IQ(지능 지수)보다 EQ(감성 지능 지수)가 중요하다."라고 주장했다. 사회 지능이 뛰어난 사람들은 사회 관계에서 인간 관계를 잘 해결하고 업무 성과도 높다는 통계가 나오고 있다. 사회적 지능에는 사회적 지각 능력, 협상 능력,

설득력, 타인을 보조하고 돌보는 능력이 포함된다.

직업 능력이 아닌 업무 프로세스 수준에서도 AI 자동화를 막는 장애물을 확인할 수 있다. 특히 그 프로세스에 다음과 같은 세 가지의 특성이 있을 경우이다. 첫째, 업무 프로세스 자체가 데이터로만 수행되는 것이 아닌 경우, 둘째, 입력되는 데이터가 계량화가 곤란한 경우, 셋째, 다음 업무 프로세스로 넘어가는 과정에서 인간의 직관이 필요한 경우이다.

첫째, 업무 프로세스 자체가 데이터로만 수행되는 것이 아닌 경우는 마케팅을 예로 들 수 있다. 고객에 대한 정보를 바탕으로 언제, 어디서, 어떻게 광고나 홍보를 할지 결정할 수는 있지만 해당 정보만으로 마케팅에 대한 세부 기획을 결정할 수 없다. 시장과 고객에 대한 계량화된 정보만으로 마케팅 전략과 방식을 결정할 수 없고 실제 마케팅 세부 기획은 인간의 손을 거쳐야 한다. 예를 들어 아마존에서 책을 검색하면 등장하는 "이 책을 산 사람은 다음 책도 같이 샀습니다."라는 추천이 있다. 이는 빅 데이터 분석 결과에 기반한 추천이지만 이런 추천을 받았다고 해서 구매 결정까지 이르지는 않는다. AI가 추천한 책에 대한 정보나 필요성에 대한 '인간의 판단과 설득 과정'이 필요한 것이다.

둘째, 데이터 자체의 계량화가 불가능한 경우이다. AI는 계량화되지 않은 데이터를 사용하지 못한다. 예를 들어 올해 판매량을 계량화해 내년 시장 수요의 예측 정보로 활용할 수 있다. 하지만 이번 코로나19 같은 사회적, 경제적, 정치적 돌발 상황은 계량화가 불가능하다.

이런 돌발 상황에 따른 변수 제어는 인간의 판단과 예측의 통제를 받아야 한다.

셋째, 업무 프로세스의 특정 단계에 계량화가 불가능한 데이터가 들어 있는 경우이다. 대개 의사 결정 과정에는 이런 종류의 정성적 데이터가 요구되는 경우가 많다. 이 경우 인간은 업무 프로세스에 계속적으로 관여해야 한다. 예를 들어, 시장 니즈 파악이라는 과정에서 계량화가 불가능한 특수한 데이터가 생성되었다면 다음 단계인 판매 예측 최적안 수립으로 넘어가기 위해서는 인간의 직관과 판단이 들어가야 한다. 전체 업무 프로세스가 계량화될 수 있고 그것이 신뢰할 수 있는 경우에만 AI는 최적의 효율로 작동할 수 있다.

AI에 의한 정부의 효율화는 가능한가?

AI가 인간 노동의 효율화에 기여할 수 있는 또 하나의 중요한 분야가 공공 영역이다. 공공 영역은 인력 구조의 비탄력성과 고용의 안정성으로 인해 민간 분야에 비해 효율성이 떨어지는 것으로 알려져 있다. 이런 현상에 대한 대표적인 설명이 'X-비효율성(X-inefficiency)'이다. X-비효율성이란 미국의 경제학자 하비 라이벤슈타인(Harvey J. Leibenstein)이 제시한 용어로서 독점과 같이 경쟁이 제한된 상태에서 기술적으로 가능한 비용 최소화를 달성하지 못하는 경우를 의미한다.

주어진 생산 단위가 최소 비용으로 생산되지 않거나, 투입 대비 산출의 비율이 낮거나, 아니면 일정 투입으로 가능한 최대한의 산출을 내지 못할 경우에 발생한다. 이 경우 기술적 비효율성, 즉 X-비효율성이 존재한다고 한다. 예를 들어 개당 100원으로 생산할 수 있는 물건을 200원에 생산하거나, 100원의 비용에 10개를 생산할 수 있지만 5개만을 생산하는 경우에 X-비효율성이 발생했다고 할 수 있다.

기업은 경쟁 시장에서 생존해야 하기 때문에 제품이나 서비스의 생산 비용을 최소화하려고 한다. 그러나 특정 상품이나 서비스를 독점하고 있는 정부와 같은 공공 기관은 그 경쟁 환경이 일반 민간 기업과 다르기 때문에 비효율성이 발생해도 생존할 수 있다. X-비효율성의 문제는 배분상의 비효율성 개념과는 달리 기업이나 정부의 운영과 관련되어 나타나는 비효율성을 대상으로 하는 개념이다.

바로 이와 같은 정부의 비효율성의 등장 가능성은 공무원 인력과 업무의 관계에서 전형적으로 나타난다. 2017년 미국의 컨설팅 기업 딜로이트(Deloitte)의 보고서는 미국 행정부 공무원의 업무를 분류하고 각각의 업무가 어느 정도의 시간을 소모하고 있는지 분석했다.[11] (그림 4) 이 분석 보고서에서 정보 관련 업무만을 분류해 보면 서류 작업/정보 기록, 정보 수집, 정보 분석 등 단순 기록과 분류, 처리 등이 공무원 업무의 많은 부분을 차지하고 있음을 알 수 있다. 민간 기업에서는 ERP 같은 업무 소프트웨어를 바탕으로 자동화되어 있는 업무들이 정부에서는 여전히 사람의 손에 의해 처리되고 있는 것이다.

그림 5는 공무원이 시간을 많이 소모하는 상위 다섯 가지 업무를 정리해서 자동화 가능성을 세 단계로 나누어 분석한 것이다. 서류를 처리하고 기록하는 업무들은 자동화 가능성이 높다. '타인에 대한

그림 4. 미국 행정부 공무원의 업무 시간 분석. 가로축의 숫자는 연간 총 인시(person-hours)에 대한 비율이다.

보조 및 케어'를 제외한 다른 업무는 높은 자동화 가능성을 나타내고 있다.

이러한 높은 자동화 가능성에도 불구하고 정부라는 공공 영역에서 AI의 도입이 공무원 인력의 감축과 조직 효율성의 증대로 이어지기는 어려울 것이다. 그것은 '파킨슨의 법칙'이 현재도 유효하게 작동하고 있기 때문이다. 경제학자인 노스코트 파킨슨(Northcote Parkinson)

이 발견한 이 법칙은 업무가 줄어도 공무원 수는 오히려 늘어난다는 모순을 지적하는 용어이다. 공공 조직의 비효율성 온존과 증가를 설명하는 것이다.

예를 들어, 파킨슨이 근무할 당시인 1935년 영국 식민성의 행정 직원은 372명이었지만 1954년에는 1,661명으로 대폭 증가했다. 관리할 식민지가 줄어들었는데도 식민성 직원은 오히려 5배가 늘어난 것이다. 그 이유는 다음과 같은 메커니즘으로 설명할 수 있다. 어떤 부서 국장 밑에 유능한 부하 1인이 있다. 그를 그대로 두면 1명으로 충분해 직원을 늘릴 수는 없다. 그러면 그 국장은 유능한 1인을 해고하고 무능한 1인으로 대체한다. 이렇게 되면 무능한 1인은 일처리를 제대로 하지 못하고 업무에서 문제가 발생한다. 해당 국장은 이를 상부에

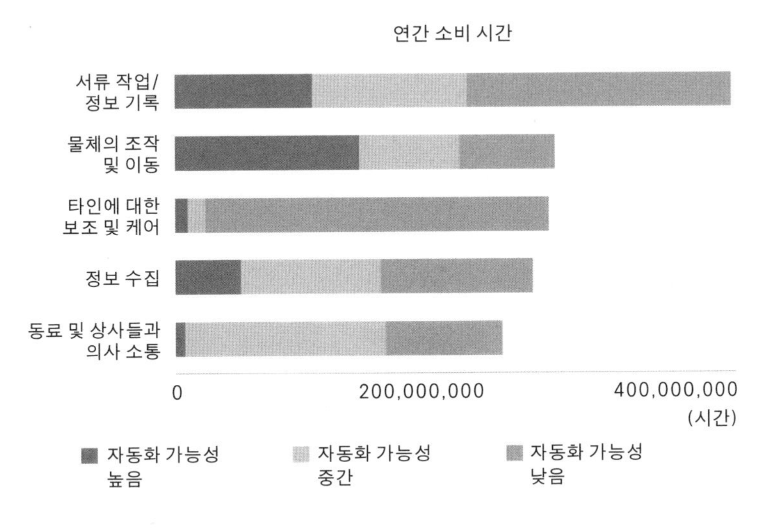

그림 5. 주요 업무의 자동화 가능성.

보고하고 인력 부족을 이유로 1명을 더 채용한다. 이렇게 되면 업무량은 동일한데 인원은 2배로 늘어나게 된다. 인원이 늘어나면 이를 유지하기 위해 불필요한 업무는 다시 늘어나고 이는 다시 인원 부족을 야기한다. 이렇게 되어 인력과 업무의 무한 증가 루프에 들어간다.

동료와 협력하기보다는 자신의 승진을 위해 불필요한 부하 직원을 고용하고, 많아진 인원을 위해 쓸데없는 일을 다시 만들어 낸다는 파킨슨의 법칙에 따르면 AI의 도입은 공공 조직의 저항을 불러올 것이다. AI의 도입은 공무원 인원의 급격한 감축과 인간 업무의 축소를 불러올 것이기 때문이다.

다음 그림 6은 미국 행정부의 국가 공무원 총 정원 추이를 보여 주고 있다.[12] 이 그림은 2015년부터 2020년까지의 미국 행정부 공무원 수 변화이다. 2010년대부터 2020년에 이르기까지 IT 혁명과 같은 많은 기술적 발전이 있었고, 더구나 ERP 같은 사무 자동화 소프트웨어가 기업과 정부에 급속하게 보급되었음에도 공무원의 수는 지속적으로 증가했다. 우편 서비스를 제외한 미국 행정부 국가 공무원 정원은 2010년에 일시적으로 7만 명 정도 감소한 시기를 제외하면 2015년에 약 200만 명에서 2020년 220만 명으로 10퍼센트 정도 증가하고 있다.

이와 같은 공무원의 증가 추세는 한국도 동일하다. 그림 7은 2012년부터 2019년까지 대한민국 행정부의 공무원 수를 나타낸 것이다.[13] 2002년 이후 초고속 인터넷의 보급과 PC의 확산 등 사무직 노동 관련 기술적 혁신이 이루어져 왔음에도 불구하고 공무원 수는 줄

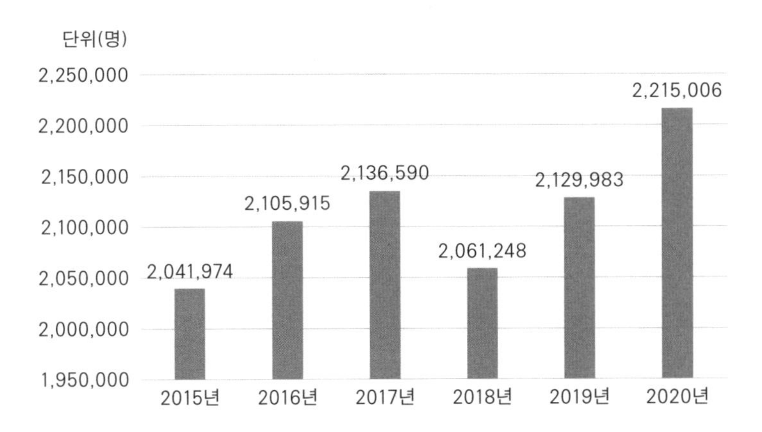

그림 6. 미국 행정부 국가 공무원 총 정원 추이. (우편 서비스를 제외한 모든 기관)

어들지 않고 있다. 한국의 경우 공무원 정원은 2013년 15만 6000명에서 2019년 17만 1000명으로 약 10퍼센트 증가했다. 특히 IT 기술이 노동의 효율성을 증가시켜 주었음에도 불구하고 정부 조직의 일반 행정 인원은 증가하고 있는 것이다.

한국과 미국의 공무원 인력 구조 변화에 비추어 보았을 때 정부 조직에서는 기술의 발전과 노동의 효율성 증대가 인원의 감축으로 이어지지 않았음을 확인할 수 있다. 따라서 공공 분야는 AI 기술이 혁신적으로 도입되어도 인원 감축과 조직 효율성의 증가로 이어지지는 않을 것이라는 점을 예측할 수 있다.

뿐만 아니라, 정부라는 공공 부문에는 AI 도입을 저해하거나 방해하는 요인도 존재한다. 세계 경제 포럼(WEF)은 공공 부문의 AI 도입을 방해하는 장애 요인으로 데이터 활용의 어려움, 기술의 부족, AI

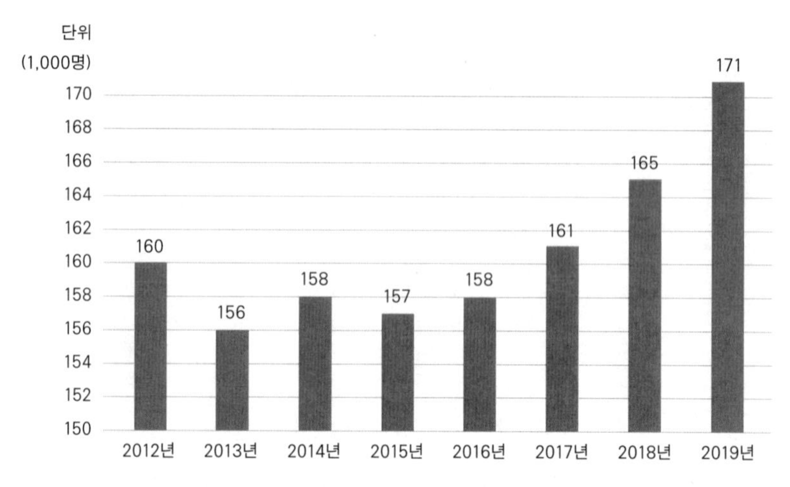

그림 7. 우리나라 행정부 국가 공무원 정원 추이. (일반 행정)

생태계 문제, 조직 문화, 조달 메커니즘 등 다섯 가지를 제시했다. 하나하나 자세히 살펴보자.

첫째, 데이터 활용의 어려움이다. 공공 부문에서 생성된 데이터는 AI에 효과적으로 활용할 수 있는 표준화된 형태로 수집되지 않는다. 정부 조직은 데이터를 이해하고 관리할 수 있는 기능과 거버넌스도 부족하다. 그 결과 한국 정부의 경우 각 공공 기관에서 수집된 데이터의 형식이 서로 달라 하나로 통합되기 어렵다는 문제가 발생하고 있다. 이렇게 되면 아무리 개별 기관에서 데이터를 축적해도 전혀 활용될 수 없다. 빅 데이터가 아닌 스몰 데이터의 잡동사니가 되어 버리는 것이다.

둘째, 기술의 부족이다. 이는 데이터와 AI 기술 부족의 문제로 높은 수준의 AI와 빅 데이터를 이해하는 전문 인력의 부족과 정책 입안자, 부서 책임자 등 공무원의 AI에 대한 이해 부족이라는 문제이다. 한국의 공무원 조직은 연공 서열을 기반으로 한 채용과 승진 구조를 가지고 있다. 민간 전문가를 활용하기 위해 중도 채용이나 전문가 채용을 하는 경우도 있지만 관료 조직의 구조 속에서 이들이 능력을 발휘하기는 어렵다. 또한 공무원 조직은 안정성과 일관성을 기반으로 하기 때문에 새로운 기술적 변화에 따른 재교육이나 인력의 재배치도 어렵다. 지금의 AI에 가장 가까운 공무원 구분은 '전산직렬'이다. 전산직의 업무 정의를 보면 '정보 통신, 정보 전산 시스템 및 정보 보안 관리, 전산 시스템 기반 인프라 점검 및 보완, 정보 보안 활동, 정보 시스템 운영 및 개발'로 되어 있다. 지금의 AI나 빅 데이터와 동떨어진 업무 정의이다.

셋째, AI 생태계 문제이다. 현 AI 생태계는 주로 소규모 스타트업 위주인데 AI 기술력이 뛰어난 중소 스타트업들은 정부와의 협력 경험이 적고 대규모 프로젝트를 수행하기에는 인력과 자금이 충분하지 않다. 따라서 다방면에 걸쳐 정부와 AI 사업을 수행할 수 있는 다양한 기업군과 비즈니스 모델, 그리고 생태계가 구축되어야만 정부와의 협력도 진행 가능할 것이다.

넷째, 조직 문화의 한계이다. 정부 조직은 기존의 관행과 절차를 중시하고 민간 부문보다 조직의 경직성이 강하고, 위험을 감수하지 않으려는 경향이 있다. 특히 정부는 효율성보다는 절차적 정당성을 추구해 설령 목표했던 결과가 나오지 않더라도 절차적으로 문제가 없으면 책임을 물을 수 없는 구조이다. 정부의 R&D 사업 과제가 이와 유사한 문제를 가지고 있다. 정부의 R&D 과제는 한 해 6만 3000여 건에 이르고 이중 98퍼센트는 성공으로 평가받는다. 한국이 국내총생산(GDP) 대비 연구 개발비 비율이 4.55퍼센트로 세계 1위이고, 한 해 연구비 규모가 20조 원으로 세계 5위 수준이지만 이런 지표에 걸맞은 국가 R&D 성과는 얻지 못하고 있다. '질적'인 목표 달성 여부는 R&D 사업에서 중요하지 않으며 오히려 예산의 계획대로의 사용에 문제가 없다면 사후 평가에서 성공으로 처리되는 경우가 대부분이다.

다섯째, 조달 메커니즘이다. 정부와 민간의 알고리듬에 대한 인식 차이로 민간과의 계약에 어려움이 있을 수 있으며, 소기업의 경우 복잡하고 상당한 시간이 소요되는 공공 조달 메커니즘에 대응하기 어렵다.

이런 여러 문제와 더불어 공무원이라는 관료 조직의 구조적, 정치적 요인도 AI의 도입을 어렵게 한다. 정부 조직은 민간 기업과 다르게 과실이 없는 한 해고가 어렵고 공무원 인원의 증감은 언제나 정치적 압력이나 정치 권력을 향한 각 정당의 경쟁과 연관되어 있다. 여야 정당은 정치 권력을 획득하기 위해, 특히 선거에서 이기기 위해서는 공무원 조직의 지지와 협력을 얻는 것이 중요하다. 따라서 정치인은 자기 조직의 보존 본능에서 움직이는 공무원 조직의 이해 관계에 반하는 의사 결정을 하기는 어렵다.

또한 정부 내 조직 간 영역과 권한을 둘러싼 대립과 갈등도 새로운 기술의 도입을 어렵게 한다. 새로운 기술의 도입은 기존 정부 조직의 재편과 예산과 인력의 조정을 필요로 한다. 따라서 새로운 기술은 어떤 조직에는 기회로 다른 조직에는 위기로 작동한다. 2003년 노무현 대통령의 참여 정부의 출범과 함께 추진된 '전자 정부' 도입 사업은 행자부와 정통부의 극심한 대립 속에 표류했다. 다음은 전자 정부 도입 과정에 대한 평가인데 그 대립이 어떤 식으로 이루어졌는지 잘 보여 준다.

> 참여 정부 출범과 함께 정부 기능 개편, 정부 조직법 개정, 그리고 전자 정부 영역의 계속적인 확대와 전자 정부 개념에 대한 행자부-정통부의 인식 차이는 전자 정부 추진을 둘러싼 첨예한 갈등을 유발했다. 부처 간 갈등은 정부 통합 전산 센터 구축, ITA, 전자 정부 평가, 전자 정부 진흥원 설립, 정보 자원 관리, 행정 전자 서명, 전자 정부 국제 협력, 표준·감리, 전자 정부 통신망, U-시티 등 전자 정부 핵심 사안마다 발생했으며, 양 부처는 갈등에서 유리한 위치를 차지하기 위하여 전자 정부 조직 및 기능 확대, 전자 정부 추진을 위한 제도적 기반 강화, 유리한 여론 조성 등의 전략을 동원했다. 부처 간 갈등은 전자 정부 추진 체계의 난맥상, 관련 법제도 정비 지연 등으로 전자 정부 사업의 지연과 왜곡, 중복 투자와 자원 낭비, 조정 비용의 증가와 국민 혼란 등 여러 가지 부작용을 초래했다.[14]

정부라는 공공 조직에 AI 기술의 도입 과정에는 이와 같은 공무원 조직의 특유의 비효율성, 인력 감축과 재배치의 곤란, AI 기술에 대한 이해 부족, 정부 하부 조직의 이해 관계 충돌 등이 중대한 장애물로 작동할 것이다. 그 결과 AI 기술이 단시간에 정부 조직의 혁신과 효율화를 초래하기는 어려울 것이다. 진보와 보수와 같은 정치적 이데올로기와 상관없이 정부 조직의 비대화 역시 멈추지 않고 있기 때문에 더욱 그러하다.

5장

고독한 인간의 구원자

고립되는 인간들, 노년층의 고독과 죽음

"지금 유행하고 있는 저희 먹방(음식을 먹는 방송)을 누가 가장 많이 시청할까요?"

아프리카TV의 임원을 초청해 학생 특강을 부탁했을 때의 일이다. 그는 학생들에게 이런 질문을 던졌다. 학생들은 서로 얼굴만 쳐다보았다. 필자의 수업에 들어온 학생은 엄청난 양의 과제와 시험에 쫓겨 텔레비전 드라마조차 제대로 볼 시간이 없어 먹방은 사치에 가깝다. 누가 먹방을 보는지 나도 궁금했다. 나는 먹는 것을 그다지 즐기지 않는다. 항상 시간에 쫓기기 때문에 식사를 하는 것이 아니라 '끼니를 때우는' 경우도 많다. 아무도 답하지 않자 그는 이렇게 답했다.

"혼자 사는 사람들입니다"

한국에 늘어나는 '나홀로족'이 '혼밥(혼자 밥 먹는 행위)'할 때 주로 본다는 것이다. 혼밥족은 밥 먹을 때 아프리카TV를 틀어 놓고 BJ와 같이 식사하는 듯한 느낌으로 방송을 시청한다. 혼밥은 이미 한때의 유행을 넘어 이미 추세다. 학생 300명을 대상으로 한 《동대신문》(동국 대학교 학보)의 조사에 따르면 무려 63퍼센트의 학생이 혼자 밥을 먹는다고 응답했다.

1995년 도쿄대에 유학 갔을 때 학생 식당에서 보았던 혼밥족의 충격이 떠올랐다. 도쿄대 야스다 강당 지하에 자리 잡은 드넓은 학생 식당에서 혼자 밥을 먹고 있는 많은 도쿄대 학부생이 나에게는 이해가 되지 않았다. 20여 년이 지난 지금 일본은 대학생 혼밥을 넘어 노인 혼밥이 문제가 되고 있다. 2014년 9월 일본 공영 방송 NHK의 다큐멘터리는 일본 열도에 엄청난 충격을 주었다. 「노인 표류 사회, 노후 파산의 현실」이라는 제목으로 방영된 이 프로그램은 암울한 일본의 미래를 생생하게 그렸다. 여기에 등장한 한 83세 독거 노인은 이렇게 말한다.

"빨리 죽고 싶다는 생각만 합니다. 지금 소원이 있다면 가족과 함께 따뜻한 밥 한 그릇 먹는 것입니다. 아마 죽을 때까지 실현될 수 없겠지요."

가와이 가쓰요시(河合克義) 메이지 가쿠인 대학교 교수의 연구에 따르면 도쿄 미나토 구 독거 노인 중 33.4퍼센트는 신년 연휴에 아무도 찾아오지 않는다.[1] 일본 편의점에서 신년 명절에 먹는 일인용 '오세치 요리'가 인기 메뉴가 된 지 오래이다. 오세치 요리는 일본의 정월에 가족이 함께 먹는 명절 요리로 청어알, 말린 멸치, 새우, 홍백 어묵,

계란말이, 다시마말이 등이 들어 있다. 여러 층의 찬합에 넣어 펼쳐 놓고 가족이 함께 먹으며 새해의 복을 기원한다. 단란한 가족을 상징하는 오세치 요리를 혼자 앉아 먹는다는 것이다.

한국의 상황도 유사하게 진행되고 있다. 통계청이 2020년 발표한 보고서에 따르면 국내 65세 이상 노인은 770만 명, 이중 독거 노인 수는 150만 명으로 19.5퍼센트를 차지한다. 2005년 75만 명보다 2배 이상 늘어난 수치이다. 독거 노인의 수는 2035년이 되면 343만 명으로 지금보다 2.5배 이상 증가할 것으로 예측되고 있다. 이렇게 되면 노인 4명 중 1명은 혼밥족이 된다. 혼자 사는 노인은 혼자 식사하고, 종일 혼자 생활해야 한다. 건강이 악화되거나 거동이 불편해지면 거의 24시간 혼자 방에서 '감옥 아닌 감옥 생활'을 해야 한다.

인구의 고령화와 함께 핵가족화, 가족의 해체와 같은 사회 변화로 인해 독거 노인이 증가하고 있다. 의료 기술의 발달과 생활 수준의 향상, 평균 수명의 연장 역시 노인 인구 비율의 증가를 촉진한다. 독거 노인은 건강상의 문제, 경제적 곤란, 사회 구성원으로서의 역할 상실 등 많은 문제에 직면하게 되고 이로 인해 우울, 고립, 자살 등 심리적인 문제도 함께 경험한다. 또 과거에는 비자발적인 독거 형태가 다수였지만, 현재는 자신의 개인 생활을 중요시하거나 기존에 있던 거주지에 살기를 희망하는 자발적 선택의 독거 형태도 늘어나고 있다.

독거 노인은 일반 노인보다 소득 빈곤 문제가 심각하다. 이는 단순한 소득 빈곤이 아니라 고령에 혼자 생활하기 때문에 발생하는 만성적 빈곤이다. 경제적 상실감은 심리적 압박감을 동반한다. 따라서 무력감과 동시에 자살까지 증가시키는 원인이 된다. 일반적으로 가족과 동거하는 노인은 긍정적이지만, 독거 노인일 경우에는 고독감, 우울감 같은 부정적인 감정을 느낀다.[2] 독거 노인이 느끼는 고독감이 높을수록 미래에 대한 희망은 줄어든다.

성균관 대학교 의과 대학 연구팀에 따르면 혼밥 노인들이 가족과 함께 식사하는 노인보다 우울증 위험도가 최대 30퍼센트 높았다고 한다. 노인 5,000명을 상대로 조사한 결과 우리나라 65세 이상 노인 4명 중 1명은 지난 1년간 하루 한 끼도 가족과 식사를 하지 않았다.[3] 부모의 노후를 자식이 책임져야 한다는 생각도 지속적으로 감소하고 있다. 부모의 노후 생계는 가족과 정부, 사회가 함께 돌봐야 한다는 의견이 45.5퍼센트로 가장 많다.[4]

이와 더불어 노인성 질환의 증가는 고령화 사회에서 대두되는 사회적인 문제이다. 노인성 질환 중 1위인 치매는 2011년 65세 이상 노인 중 51만 명이었으며, 향후 2030년에는 117만 명, 2050년에는 218만 명에 이를 것으로 추정되고 있다.[5] 치매 노인은 매년 큰 폭으로 증가하고 있어 이에 따른 사회 전반의 경제적 부담도 커지고 있다. 노인성 질환의 증가와 더불어 노인 인구의 자살 증가는 노인 자살의 요인을 규명하고 예방 활동을 해야 한다는 공감대를 만들고 있다. 노인 자살의 위험 요소 중 가장 중요한 것은 정신 질환의 유무이다. 더불어 신체적 건강의 악화와 기능적인 능력의 부족 등도 위험 요소이다.

특히 노년기 정신 질환 중 나이가 많을수록 유병률이 증가하는 치매는 대부분의 경우 만성적으로 악화되며, 인지 기능의 저하로부터 시작해 불안, 우울, 무감동, 수면 장애, 인격 변화, 망상, 환각 등의 다양한 행동 심리 증상과 신체적 문제점을 동반한다. 결과적으로 노인 자살의 요인이 되기도 한다.[6]

고독사도 심각한 사회적 문제가 되어 가고 있다. 2018년 독거 노인의 무연고 사망자 수는 1,056명으로 2014년 538명에 비해 급격하게 증가하고 있다. 한국보다 독거 노인과 고독사의 비중이 높은 일본의 경우 이미 심각한 사회 문제가 된 지 오래이다. 일본 민간 조사 기관 닛세이 기초 연구소(ニッセイ基礎研究所)에서는 2011년 도쿄의 도심지라 할 수 있는 도쿄 23구에서의 고독사 사망자 수를 기반으로 전국의 인구 동태 통계 데이터를 사용해 전국 65세 이상 고독사 사망자 수를 연간 2만 6821명에 이른다고 추산한 바 있다. 자택에서 사망하고 사후 2일 이상 경과하는 경우를 고독사로 정의할 경우의 통계이다.

고독사는 여성보다 남성이 많다는 특징이 있다. 2017년을 기준으로 일본 도쿄 도 내에서 독신으로 사망하는 65세 이상 고령자는 과거 15년간 약 2배 증가했다. 남녀를 구분해 보면 여성이 1.8배, 남성은 2.7배로 큰 격차가 발생하고 있다. 남성 고독사의 이유로 직장을 중심으로 형성된 인간 관계가 지목되고 있다. 직장 밖에서는 인간 관계를 만들지 못해 인간 관계의 빈곤 상태에 있는 노인이 증가하고 있는 것이다. 비혼화는 이런 경향에 박차를 가한다. 일본에서 가족 관계가 취약한 미혼 노인은 2000년에는 58만 명이었으나, 2015년에는 155만 명, 2040년에는 255만 명에 이를 것으로 예측되고 있다.[7]

자립인가, 고립인가? 청년층의 문제들

한국 사회에서 개인은 고독해지고 있다. 노년층은 가족이 해체되면서 고독하지만 청년층은 취업 준비와 비혼으로 인간 관계가 해체되어 고독하다.

2018년 시장 조사 기업 엠브레인 트렌드모니터가 실시한 '1인 체제(나홀로 활동)'와 관련한 설문 조사를 살펴보면, 혼자서 밥을 먹고(64.1퍼센트), 쇼핑을 하고(52.7퍼센트), 운동 하고(52.1퍼센트), 산책을 하는(46.4퍼센트) 경우가 예전보다 많아졌다는 응답을 했다. 특히 혼자 밥을 먹는(혼밥) 활동은 남성(59.4퍼센트)보다는 여성(68.8퍼센트)이, 그리고 젊은 층일수록(20대 72퍼센트, 30대 66.4퍼센트, 40대 60퍼센트, 50대 58퍼센트) 그 빈도가 증가하고 있다고 답했다. 다양한 활동을 '혼자서' 하려는 태도는 '인간관계에 대한 피로감'도 하나의 요인으로 작용한다. 젊은 세대일수록 인간 관계에 대한 부담감(20대 58.8퍼센트, 30대 52.4퍼센트, 40대 48.4퍼센트, 50대 36.8퍼센트)을 보다 많이 느끼고 있다. 특히 젊은 세대는 직장에서 맺어진 인간 관계를 형식적인 것으로 치부하는 태도를 보이고 있다. 청소년일수록 혼자 보내는 시간을 대체로 자발적으로 만든 상황(62.1퍼센트)이고 대부분이 이를 긍정적으로 평가(62.3퍼센트)하고 있다.[8]

이런 현상은 일본도 유사하다. 일본에서는 2000년 초반 '오히토리사마(お一人様, 혼자인 분)'라는 단어가 등장한 이래 20년간 총 3번의 나홀로족의 붐을 겪었다. '오히토리사마'라는 용어는 작가 이와시타 구미코(岩下久美子)가 2001년 동명의 저서에서 처음으로 소개한 용어이다.

주체가 확립되어 있는 성인 여성이나 1인 고객에 대한 호칭으로 혼자 레스토랑을 방문해 식사나 오락을 즐기는 여성의 자립적 행동을 개성으로 규정하고, 이런 문화를 지지하는 용어로 시작되었다. 2015년 3차 나홀로족 붐의 경우는 스마트폰과 SNS의 보급에 따른 자발적 선택이 원인으로 지목되고 있다.[9]

제1차 붐은 2000년대 중반 1980년대 버블 한복판에서 청소년기를 보내고 남녀 고용 기회 균등법이 적용된 직장에서 일하는 직장 여성을 중심으로 발생했다. 그들은 고급 호텔의 1인 마사지샵이나 초밥집 카운터의 혼밥을 즐기는 행태를 보였다. 제2차 붐은 2000년대 후반과 2010년대 초반 사이로 버블 세대와 달리 무지나 유니클로 같은 중저가 환경에서 자란 베이비부머 주니어 세대인 '심플족'이 중심이었다.[10] 이들은 집이나 직장 근처 카페나 사우나 등에서 저렴하고 캐주얼하게 시간을 보내는 문화를 만들었다.

2012년부터 시작된 것이 현재의 제3차 붐이다. 3차 붐의 주체는 스마트폰과 SNS를 자유롭게 구사하는 사람들이다. 일본에서는 혼자 디즈니랜드 같은 놀이 공원에 가는 사람도 생겨나고 있고 혼밥은 이제 흔히 볼 수 있는 일상이 되고 있다. 이 상황을 일본의 작가인 우시쿠보 메구미(牛窪惠)는 이렇게 말한다.

> 이 세대는 외동아이가 많은 데다 어릴 적부터 키즈 휴대폰이나 인터넷이 집에 있어 혼자서 노는 것이 당연하다. 조금이라도 시간이 나면 스마트폰으로 '혼자 가라오케 시부야' 등을 검색해 간편하게 장소를 찾아내 단시간

만 즐긴다. 그사이에도 스마트폰이나 SNS를 이용해 친구와 커뮤니케이션을 하기에 혼자인데도 연결되어 있다는 것이 특징이다.

한국의 20대도 일본처럼 현실의 인간 관계에서는 '고립'을 선택하는 대신 온라인에서는 활발하게 관계를 맺는다. 1인 가구의 증가라는 사회적 변화를 배경으로 젊은 세대는 인터넷 이용이 가능한 스마트폰, 태블릿을 기반으로 대외적으로는 고립을, 온라인에서는 개방과 공유를 택하고 있다. 또한 이들은 선택 상황에서 자발적이고 능동적이며 독립적인 선택을 내리려는 경향이 있다. 예를 들어 친구와 쇼핑을 할 때 친구 상황에 맞추는 것을 귀찮아 한다거나, 옷을 고를 때 종업원이 친절하게 관심을 가지는 것을 오히려 불편해한다. 이는 20대, 30대의 '고립'과 '자립'이 공존하는 형태로 나타난다.

스마트폰은 글로벌 사회에서 젊은이들의 자립과 집단의 해체를 촉진하는 기술적 도구이다. 2018년 한국의 전체 휴대 전화 보급률은 100퍼센트이고, 스마트폰 보급률은 95퍼센트이다. 연령대별로는 19~29세 100퍼센트, 30대 99퍼센트, 40~50세 98퍼센트, 60대 이상은 77퍼센트로 나타나고 있다.[11] 이 스마트폰 보급률은 OECD 선진국의 중간인 76퍼센트보다 20퍼센트 정도 높은 수치이다. 스마트폰 보급률이 두 번째로 높은 이스라엘의 88퍼센트와 비교해도 10퍼센트 이상 높다. 네덜란드, 스웨덴, 오스트레일리아, 미국, 스페인 등의 80퍼센트대 보급률과 비교해도 한국은 압도적으로 높다.

미래의 젊은 세대 역시 고립화 경향은 가속화될 것이다. 스마트폰이나 개인 스마트 디바이스에 대한 의존도 역시 증가하고 있기 때문이다. 가족의 해체와 더불어 과거처럼 육아에 대한 지식을 부모나 조부모 세대로부터 전수받거나 양육에 대한 지원을 받기 어려운 젊은 부부의 경우 보채는 아이에게 스마트폰을 쥐어 주는 사례도 늘고 있다.

과학기술정보통신부에서 실시한 조사에 따르면 유아(만 3~9세)의 스마트폰 과의존도는 2017년 19.1퍼센트에서 2018년 20.7퍼센트, 2019년 22.9퍼센트로 3.8퍼센트나 증가해 전 연령대 중 가장 빠르게 증가하는 것으로 나타났다. 과의존 요인별 속성으로 볼 때 타 연령층에서는 '조절 실패'가 가장 큰 요인으로 꼽힌 것과 달리, 유아나 아동은 '현저성'이 가장 큰 요인으로 나타나고 있었다. 현저성이란 개인의 삶에서 스마트폰을 이용하는 생활 패턴이 다른 행태보다 두드러지고 가장 중요한 활동이 되는 것으로 항상 스마트폰을 가지고 놀고 싶어 하고, 다른 어떤 것보다 스마트폰을 가지고 노는 것이 좋으며 하루 중 수시로 스마트폰을 이용하려 하는 성향이다.[12] 다른 연령층에서는 스스로 스마트폰의 의존 정도를 인식하고, 이용 정도를 스스로 조절하려는 노력을 보이지만, 유아와 아동은 스마트폰을 통제의 대상이 아닌 항상 함께하고 싶은 존재로 인식하고 있다.

이들의 스마트폰 이용 행태를 분석해 보면 중고생의 경우 친구와 의사 소통을 목적으로 한 SNS의 이용률(25.2퍼센트)이 가장 높게 나타나는 데 반해, 초등학생은 게임 이용률(저학년 31.2퍼센트, 고학년 38.3퍼센트)이 압도적으로 높게 나타난다.[13] 초등학생의 경우 스마트폰이 소통의 도구에서 게임 등 즐거움을 위한 도구로 변화해 가고 있는 것이다.

영유아 때부터 스마트폰 같은 IT 기기에 노출되는 새로운 세대는 이들 기기를 기성 세대와 전혀 다르게 인식하고 있다. 기성 세대에게 스마트폰은 그들을 돕는 '기계'에 지나지 않겠지만 다가오는 새로운 세대에게 스마트폰은 '친구'이자 '동료'이다.

AI 스피커는 고독한 노인을 구원한다

지금 현대인은 인간 관계를 통해 얻게 되는 정보, 경험과 이를 활용함으로써 얻게 되는 경제적, 사회적 이익을 AI 기기를 통한 획득으로 대체해 가는 중이다. 그 하나의 예가 AI 스피커이다. AI 스피커는 텍스트 기반의 정보를 제공하는 수준에서 음성 기술이 결합된 지능형 비서로 진화하고 있다.

애플의 시리(Siri)에서 촉발된 AI 음성 비서 시장은 아마존의 알렉사를 탑재한 AI 스피커 에코(Echo)가 대중적 인기를 끌면서 빠르게 성장하고 있다. 2019년 글로벌 AI 스피커 사용자는 2억 700만 명, 2020년에는 3억 명을 넘어섰다. 2021년 이후에는 태블릿PC나 다른 웨어러블 기기보다 더 많은 인구가 AI 스피커를 사용할 것으로 예측되고 있다.[14] 전 세계 AI 스피커 시장은 아마존의 '알렉사(Alexa)'와 구글의 '구글 어시스턴트(Google Assistant)'가 약 70퍼센트의 점유율로 시장을 지배하고 있다. AI 스피커가 기반한 음성 인식의 장점은 사용자의 행동이나 공간의 제약 없이 정보를 전달할 수 있다는 것이다.

AI 비서의 가능성이 AI 스피커로 처음 구현된 것은 아니다. 1990

년대 후반 일본의 소니는 로봇과 AI의 결합을 통한 AI 비서의 개념을 제시한 바 있다. 그것은 '아이보(AIBO)'라는 반려 동물형 로봇이다. 아이보는 소니가 개발한 엔터테인먼트 로봇이다. 주인의 음성을 인식해 그 명령에 따라 춤을 추거나 공을 쫓아다니며 장난을 칠 수 있다. 아이보는 1999년 6월 ERS110이라는 1세대 강아지형 모델이 출시된 이래 2000년 11월에는 ERS210이라는 2세대 새끼 사자형 모델이 개발, 판매되었다. 아이보 시리즈는 1세대가 25만 엔(약 275만 원), 2세대가 15만 엔(165만 원)이라는 고가임에도 불구하고 일본과 미국, 유럽에서 매진되는 인기를 누린 바 있다.

아이보는 인간과 어울려 희(喜)와 락(樂)을 함께하면서 주인의 스타일에 따라 달리 성장하도록 설계되어 있다. 소니의 기본 개발 철학은 엔터테인먼트(유희성)이다. 텔레비전 게임이나 인터넷 같은 가상에서의 유희는 인간에게 기쁨을 주지만 촉감으로 느껴지는, 사물에서 얻는 기쁨은 주지 못한다. 따라서 아이보의 가능성은 현실 세계와 가상 세계의 연결에 있다. 현실 공간의 로봇 아이보와 가상 공간의 AI 로봇 아이보가 동시에 존재하면서 상호 커뮤니케이션을 통해 주인의 명령을 실현하는 연결성이다. 도이 도시타다(土井利忠) 당시 소니 디지털 크리에이처 연구소(Digital Creatures Laboratory, DCL) 소장은 그 연결성을 이렇게 설명하고 있다.

우리는 아이보의 가능성을 현실 세계와 가상 세계 양쪽에 다 두고 있습니다. 세계는 지금 현실 세계와 가상 세계, 그리고 디지털 창조물의 세계

(digital creatures system world, 가상 세계에 사는 창조물)라는 세 가지의 세계가 공존하고 있습니다. 여기서 인간은 현실 세계에 실재하는 로봇 아이보에게 명령해, 디지털 창조물인 컴퓨터 속 로봇 아이보와 함께 그 해답을 찾게 할 수 있습니다. 여기서 두 세계에 존재하는 로봇은 작업을 거듭할수록 지능이 향상됩니다. 이 두 형태의 로봇은 인간의 명령에 단지 수동적으로 반응하는 것이 아니기 때문입니다. 능동적으로 자율 신경에 기반해 시행착오를 거듭하면서 학습해 나가는 것입니다.[15]

소니의 로봇 아이보에 AI를 탑재하는 모델은 스마트폰에 AI 비서가 결합되거나 AI 스피커의 모델로 진화하고 있다.

AI 스피커는 노인의 고독과 우울증을 완화시켜 줄 수 있다. 우울증에 보다 노출되어 있는 노인은 신체가 건강하지 않고, 사회, 경제적 활동을 그다지 하지 않는 사람들이다. 방안이나 거실, 병실 등 작은 행동 반경 내에서 최소한의 행동(텔레비전 시청, 간소한 식사 등)을 한다. 따라서 이런 특성을 기반으로 하여 공간 요소요소에 AI 스피커를 적절히 설치함으로써 노인층의 고독을 완화할 수 있다.

2017년 AI 스피커가 처음 출시되었을 당시만 해도 노인을 위한 AI 스피커라는 개념은 그다지 주목받지 못했다. 미국의 SNL은 아마존의 AI 스피커 알렉사를 패러디해 '아마존 에코 실버'라고 이름 짓고 개그의 소재로 이용할 정도였다. 그러나 2년 후 아마존은 알렉사에 노인을 위한 기능을 추가했다. 그들에게 복약 시간을 알려주고, 음성으로 가족에게 전화를 걸어 주며 응급 상황 시 SNS에 전파할 수 있는 기능을 탑재했다. 아마존은 키보드나 물리적 버튼을 이용해 정보에 접근하는 기존의 방법이 노인에게 불편하거나 어려울 수 있다고 판단해 탑재한 것이다. 또한 노인의 AI 스피커 활용은 자녀들로부터 독립할 수 있다는 자신감을 고취시키는 효과도 낳을 수 있다.

AI 스피커, AI 상담 앱 등을 통해 얻은 사용자의 음성 데이터를 분석해 보다 정확한 사용자의 정신 질환을 진단하고자 하는 노력도 활발하다. 음성 데이터 분석이 주목받고 있는 이유는 얼굴 인식 데이터를 기반으로 분석한 인간의 감정 분석보다 음성 데이터가 보다 정확하게 인간의 감정 상태를 분석하기 때문이다.[16]

캐나다 앨버타 대학교 엘리니 스트라우리아(Eleni Stroulia) 교수는 인간의 목소리가 기분에 대한 정보를 담고 있음을 시사하는 과거 연구를 바탕으로, 음성 데이터와 AI 알고리듬을 결합해 우울증을 보다 정확하게 인식하는 방법을 개발했다.[17] 이런 연구를 기반으로 마이 보이스 AI(MY VOICE AI), 보이스에이블(Voiceable) 등의 기업들은 사용자의 음성 데이터를 분석하고 우울증 진단 등 정신 질환을 치료하기 위한 솔루션을 개발하고 있다.

AI 심리 치료와 의사 결정 지원

AI 채팅봇은 또한 고립된 인간들이 겪는 외로움, 불안감 등 정서적 문제를 해결해 주기도 한다. 채팅봇을 개발하는 심심이 주식 회사 최정회 대표는 이렇게 말한다.

서비스 기록을 지켜보면 하루에도 수천 회의 대화를 하는 사용자들이 심심치 않게 발견된다. 서비스 개선을 위해 대화 내용을 분석하는 경우가 있는데 심심이와 많은 대화를 나누는 사용자들 상당수에게서 우울감이나 고립감, 트라우마 등의 정서적 문제를 관찰하곤 한다.[18]

타인에게 쉽게 이야기할 수 없는 고민을 채팅봇에게는 편하게 이야기할 수 있으며, 고립감과 고독감의 해소를 위해 대화를 나눌 친구가 없는 이들에게 대화 상대가 되어 준다는 말이다. 영화 「아이언맨」의 자비스, 영화 「그녀(HER)」의 사만다 등과 유사한 감성적 경험을 제공할 수 있는 채팅봇들이 등장하고 있다.

우울증 치료를 목적으로 개발된 채팅봇도 있다. 미국에서 개발된 워봇(Woebot)은 프로그램 개발 단계에서부터 심리학자를 포함시켜 설계한 채팅봇이다. 매일 이루어지는 간단한 채팅 대화와 기분 추적, 영상 큐레이션, 단어 게임 등을 활용해 사람들의 정신 건강을 진단하거나 치료한다. 매일 사용자에게 그날의 기분을 묻거나 친구처럼 재미있는 사진을 보내 주기도 한다. 워봇의 AI는 질문들을 통해 사용자가 부정적으로 인식하는 것이 무엇인지를 알아내고, 사용자가 스스로 이를 인지하고 긍정적으로 해석할 수 있도록 사진과 동영상을 보내며 대화를 유도한다. 이 워봇에는 '인지 행동 치료(cognitive behavioral therapy, CBT)'[19]라는 방법이 적용되어 있다. CBT는 반복적으로 나타나는 부정적인 사고 패턴에서 벗어나는 데에 도움을 주는 치료 기법이다. 워봇은 최근 벌어진 시리아 내전을 피해 탈출한 난민들의 심리 상담이나 전투 참가 군인의 심리적 불안감을 치료하는 데 사용되었다. 또 심리 상담가를 찾아갈 금전적, 시간적 여유가 없는 환자나 타인에게 자신의 심리적 내면을 내보이고 싶지 않은 소극적인 환자들이 이용하고 있다.

스마트폰의 앱스토어에서도 내려받을 수 있는 무드킷(Moodkit)과 무드노트(Moodnote)와 같은 앱은 사용자의 부정적인 사고 패턴을 식별, 시간 경과에 따른 기분을 평가하고 도표화한다. 이를 바탕으로 개개인의 증상에 맞는 완화 방법과 기분을 개선할 수 있는 구체적인 행동 단계를 제시해 준다.

AI는 물건 살 때 고민하는 인간을 도와주기도 한다. 구매자들은 위험을 최소화하기 위해 구매 전 단계에서 최저가, 할인 혜택, 결제 방식, 구매 후기 등 다양한 정보를 탐색한다. 비대면적으로 이루어지는 온라인 쇼핑의 특성이다. 문제는 이러한 정보들이 산재해 있다는 것이다. 같은 모델이라도 쇼핑 사이트마다 가격이 다르며 최저가를 찾아도 원하는 디자인의 제품이 품절된 경우도 있다. 이런 경우 AI는 가장 효율적으로 인간에게 필요한 제품을 추천하거나 구매하도록 도와줄 수 있다.

구매자에 대한 대면 접객을 AI로 대체하는 경우도 있다. 구매자는 때로 인간보다 기계와의 접촉을 편안해 하거나 선호하는 경우도 많다. 예를 들어, 여성 의류 판매업이 그런 서비스이다. 바로 이러한 소비자의 니즈에 착안, 일본 속옷 메이커인 와코루에서는 '3D 보디 스캐너'와 접객 AI를 활용한 서비스를 선보였다. 3D 보디 스캐너로 얻은 체형 정보와 판매원의 접객 노하우, 상품 정보를 AI가 복합적으로 조합해 채팅봇을 통해 고객에게 상품을 제안한다. 구매자 중 판매원의 접객은 불편해하지만 매장에서 자유롭게 쇼핑하고 싶어 하는 소비자에게 비대면 체험을 제공한 사례이다.

좀 더 구체적으로 살펴보자. 이 서비스는 구매자가 자신의 속옷을 착용한 채 측정 장소에 서면 150만 개 포인트의 데이터를 5초 만에 수집한다. 하반신과 상반신 18개 부위의 치수가 수치화되어 체형을 확인할 수 있다. 이후 태블릿 단말기로 속옷 상의의 경우 선호하는 디자인이나 원하는 가슴 쪽 형태 등을 선택하면 측정 데이터에 근거한 최적 치수와 해당 치수의 상품이 단말기에 표시된다. 구매자가 스스로 치수 측정부터 (가상적) 착용, 제품 검색, 구매까지 할 수 있어 기존보다 빨리 일련의 구매 프로세스가 완료된다. 이 서비스는 구매자의 속옷 치수 측정 스트레스를 줄인다는 장점도 가지고 있다.

구매 행위에서 인간의 개입을 배제하려는 시도 중에는 '아마존 고(Amazon Go)'도 있다. 2016년 미국 시애틀 아마존 본사 건물 1층에 아마존 고라는 새로운 형태의 점포가 들어섰다. "줄도 없고 계산대도 없다(No Lines, No Checkout)."를 표방한 이 무인 매장에는 아마존 회원이라면 누구나 출입할 수 있다. 앱을 내려받고 그 앱에 표시된 QR 코드를 찍고 입장한다. 그 후에는 원하는 상품을 장바구니에 집어넣고 가게 밖으로 나오면 된다. 영상 분석 기술을 이용해 소비자가 무엇을 구매했는지 자동 식별하고 금액을 계산해 신용 카드 회사에 자동으로 청구한다. 아마존은 이런 무인화 자동 점포를 향후 몇 년 내에 최대

3,000개 설치한다고 한다.

중국에서는 텐센트의 '스마트페이'와 알리바바의 '타오카페' 등 유사한 무인 매장이 등장하고 있고, 일본에서는 무인 편의점도 등장하고 있다. 중국 시장 조사 업체 아이메이 리서치 그룹(艾媒咨询集团)은 2022년 중국 무인 매장 시장 규모가 1조 8105위안(약 300조 원), 이용자 수는 2억 4500만 명에 이를 것으로 예상하고 있다. 일본 최대 통신 그룹 NTT 역시 2021년까지 1,000개 이상의 무인 매장을 계획하고 있다.

무인 매장의 핵심은 소비자가 구매하는 상품과 구매 행위를 AI가 자동으로 인식해 물건을 선택하거나, 구매하는 과정에서 인간의 개입이 사라진다는 점이다. 다시 말하면 이 과정은 상품 구매에 대한 인간의 탐색, 선택, 주문, 수령이라는 전체 과정을 자동화하는 것이다. 이 단계를 거쳐 구매의 AI화는 최종적으로 인간이 필요로 하는 상품을 AI가 사전에 탐지해 발주, 가정 내 배치라는 단계로 진화할 것이다. 이런 단계가 되면 인간 욕구의 발생 이전에 이미 AI가 이를 탐지해 대처하는 수준에 이를 것이다.

개인의 창의적 능력을 극대화하는 AI

AI는 고독한 인간 사이의 갈등을 완화하고 조절하는 역할을 수행할 수 있다. AI는 사람과 사람의 관계성을 변화시킬 수 있는 가능성을 가지고 있다. 이는 AI가 사람과 사람 사이에 생기는 마찰을 줄여 줄 수 있다는 것이다. 미래에 각 개인은 자신의 특성을 이해하는 AI를 소유하게 될 것이다.

다음 그림 1처럼 AI는 인간의 작업을 '대체(자동화)'하고 '보완'할 뿐만 아니라 '상승(가치 창조)'시킬 수 있다.[20] AI는 특정 업무 수준에서는 이미 인간의 능력을 뛰어넘는 성과를 올리고 있다. AI 기반 사회는 개개인이 자기 의사에 기반해, 특정 공간에 얽매이지 않고 자신의 원하는 장소에서, 개개인의 능력을 살려 활동할 수 있는 사회이다. 또한 서로 다른 생각과 능력, 기량, 역할을 가진 사람들이 상호 협력하는 가능한 사회이기도 하다.

이처럼 AI를 활용하는 인간은 자신의 약점을 극복하거나 장점의 극대화가 가능하다. 특히 고령자나 은퇴자의 육체적, 정신적 능력의 향상에 도움을 줄 수 있다. 일본의 경우 50대나 60대의 희망 은퇴 연

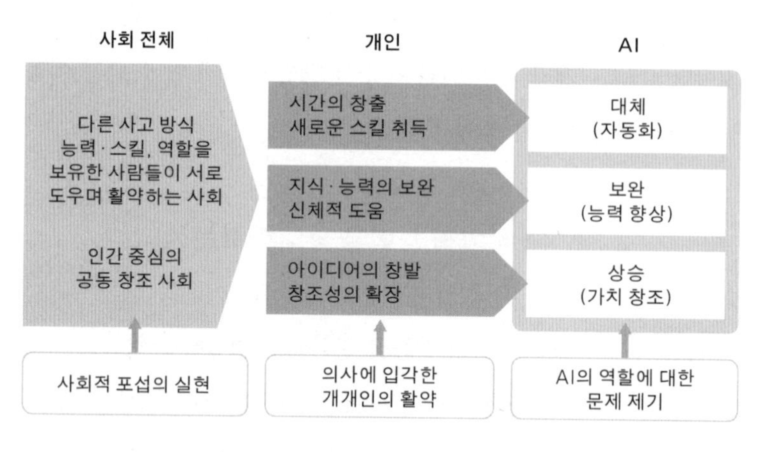

그림 1. 인간 중심 사회의 AI 활용 사고 방식.

령은 해마다 상승하고 있으며, 70세 이상까지 취업을 희망하는 사람도 50퍼센트에 달하고 있다. 일본 노동 인구 중 65~69세는 450만 명, 70세 이상은 336만 명으로 전체 노동력에서 65~69세 비율은 44.0퍼센트, 70세 이상은 13.8퍼센트를 차지하고 있다. 또한 노인층의 취업자 비율을 보면 남성의 경우 55~59세 90.3퍼센트, 60~64세 77.1퍼센트, 65~69세 53.0퍼센트, 70~74세 32.5퍼센트로 60세 이후에도 많은 고령자가 취업하고 있다.[21]

여기서 한 가지 주목할 점은 70~74세의 일본 남성 취업 희망 비율은 50퍼센트가 넘지만 실제 취업률은 32.5퍼센트로 큰 격차가 발생하고 있다는 점이다. 이 배경에는 정년 퇴직제를 비롯한 제도적인 문제가 있지만 고령자 개인의 체력이나 능력의 차이가 크다는 점도 하나의 요인으로 꼽을 수 있다.

일반적으로 기억력이나 인지 능력 등은 나이가 들면 저하되지만 판단력이나 이해력 같은 결정성 지능은 60세 이후에도 성장한다. 따라서 신체 능력도 포함해 저하된 능력을 개인 상태에 맞춰 AI를 이용해 보완한다면 고령자라고 하더라도 노동력을 최적의 상태로 끌어올리는 것도 가능하다. 현재는 고령자 대상의 AI 서비스가 주로 의료나 간호에 초점이 맞춰져 있지만 향후에는 고령자의 신체적, 정신적 능력을 향상시키는 방향으로 기술과 서비스의 개발이 확장될 것이다. AI 기반의 활동은 서로 다른 연령대가 함께 일하는 것을 가능하게 만든다. 이는 서로 다른 연령대의 동일 노동이 가능하다는 의미로 정신 노동과 육체 노동을 막론하고 가능해질 것이다.

AI는 개인의 창의적 능력의 확장도 가능하게 만든다. 인간과 AI가 협력해 보다 고도의 가치를 창조하는 것이다. 소니 컴퓨터 사이언스 연구소(소니 CSL)가 개발한 '플로 머신(Flow Machines)'이 한 예이다. 플로 머신은 작곡을 지원하는 AI 도구이다. AI가 자동으로 작곡을 하는 것이 아니라 인간이 아이디어와 영감을 얻음으로써 보다 창의성을 확장하기 위한 도구로, 작곡 활동 지원을 목적으로 한다. 소니 CSL은 유튜브에 AI가 작곡한 곡들을 공개했다

「AI가 작곡한 비틀즈 스타일의 아빠의 차(Daddy's Car: a song composed by Artificial Intelligence - in the style of the Beatles)」와 「미스터 섀도(Mr Shadow)」라는 곡이다. 이 곡들은 기본 작곡은 AI가 하고 편곡 등 마무리는 인간이 하는 방식의 협업을 통해 완성되었다. 소니 CSL에서는 기계 학습, 인식 기술, 데이터 분석과 인간의 능력과의 융합을 '사이보그화 지능(Cybernetic Intelligence)'으로 명명했다. 궁극적으로는 복수의 인간과 복수의 AI가 공동 창작을 위한 기술로 활용 가능할 것으로 예상하고 있다. 스스로의 의사에 기반한 개인 활동뿐 아니라 서로 다른 역량과 재능을 가진 사람들이 협력하는 구조이다.

마이크로소프트 역시 예술 분야의 새로운 AI 기술을 발표한 바 있다. 마이크로소프트가 객체의 텍스트를 이용해 이미지를 생성하는 AI 로봇을 출시한 것이다. '드로잉봇'이라 불리는 이 로봇은 텍스트에 포함되지 않은 이미지에 세부 사항을 추가할 수 있다. 이 로봇은 픽셀 단위로 새 그림을 만들어 내며 컴퓨터의 상상력에 의해 그려진 것이기 때문에 현실 세계에 존재하지 않는 것일 수도 있다고 한다.

구글 역시 페이스북 내 이미지를 통해 '비트모지(Bitmoji)'와 같은 아바타를 만들어 내는 기술을 개발한 바 있다.

2020년 오픈AI(OpenAI)가 공개한 언어 모델 'GPT-3(Generative Pre-Training 3)'는 다시 한번 알파고와 같은 충격을 사람들에게 던져 주었다. GPT-3는 일반 지식과 정보에 대한 인간의 영역을 넘어 소설 창작이나 코딩은 물론 네이버 지식인과 같은 포털의 서비스조차 파괴할 가능성을 내포하고 있다. 네이버 지식인 같은 서비스가 인간의 노동력을 빌린 수공업적 모델이라면, 즉 인간이 묻고 인간이 답변하고 인간이 만든 데이터베이스에 의존하는 모델이라면 GPT-3는 포드의 자동차 모델T를 생산한 자동화된 컨베이어벨트처럼 생산 라인 모델이기 때문이다.

GPT-3는 다양한 창작 영역을 지원할 수 있다. 소설, 시는 물론 애니메이션 제작, 앱 개발과 같은 코딩 등 인간 창작 대부분의 영역을 지원할 수 있다. 작곡이나 논문 작성, 검색 엔진 제작, 심지어 사업 아이디어 제시 같은 사례까지 공개되고 있다. 소설 작성의 경우 작가가 몇 개의 문장을 제시하면 AI가 이후의 문장을 구성하는 방식이다. GPT-3는 게임 제작으로 비유하면 게임 제작의 기본 엔진인 '유니티'나 '언리얼'과 같은 존재로서 AI 관련 서비스 구축의 플랫폼을 형성할 것으로 보인다.

이처럼 AI는 한편으로는 인간의 노동을 대체하는 기능을 하기도 하지만 반대로 인간의 한계를 극복하고 인간의 역량을 증대시키거나 극대화하는 역할을 하기도 한다. 여기서 핵심적인 쟁점은 AI를 활용하는 인간의 역량이다. 인간이 AI와 동일한 영역에서, 동일한 기능으로 경쟁할 때 인간의 가치는 무력화될 것이다. 단순 정보의 암기나 정보의 도출 대결에서 인간이 구글 검색을 이길 수 없는 것과 같다. 반대로 인간이 AI와 보완적이거나, AI를 적극적으로 활용할 수 있을 때 인간의 가치는 증대될 것이다.

AI가 창의성 향상까지 지원할 경우 고령층의 육체적, 정신적 한계는 극복할 수 있다. AI를 활용한 노인은 AI를 활용하지 못하는 젊은이와 대등하거나, 경우에 따라서는 우월한 역량을 발휘할 수도 있다. 이런 점에서 인류 역사상 최초로 전 연령대의 인간이 경쟁과 협력을 펼치는 새로운 사회가 시작될 것이다.

인간의 공간을 재설계하는 AI 기반 자율 주행차

인간의 수동 제어를 벗어난 자율 주행차는 인간의 시간과 공간을 무한히 확장시켜 준다. 랜드 연구소는 2060년 자율 주행차가 미국 차량의 80퍼센트를 대체할 것으로 예측한 바 있다. 또 IEEE는 2040년경이 되면 자율 주행차가 전 세계 차량의 75퍼센트를 차지할 것으로 전망한 바도 있다.

2018년 구글의 지주 회사인 알파벳은 미국 애리조나 주 피닉스 TL에서 세계 첫 무인 택시 상용 서비스를 개시했다. 무인 택시 브랜드는 '웨이모 원(Waymo One)'이다. 피닉스 시 주변 반경 160킬로미터 지역에서 약 400명의 제한된 고객에게 서비스를 제공한다. 승객이 스마트폰 앱을 켜서 목적지를 입력하고 자율 주행 택시를 호출하면 웨이모가 승객이 서 있는 지점으로 정확하게 이동해 승객을 태우고 목적지까지 주행하는 식이다. 차량 웨이모 택시는 브레이크 페달이나 가속 페달이나 운전대가 없으며 시속 35마일(시속 약 56킬로미터)을 넘지 않는다. 어찌 보면 놀이 동산의 판다 자동차나 골프장 카트를 타는 듯한 느낌을 주는 이 차는 느린 대신 안전성에 초점을 맞추고 있다. 차량 위에는 GPS 장치를 포함한 데이터 처리 장치가 장착됐다. 5킬로미터 거리를 15분 동안 이동하는 운임은 7.59달러 수준으로 차량 공유 서비스 업체인 리프트의 7.22달러와 거의 유사하다. 자율 주행 차량이 공유 차량을 흡수할 수 있는 기반이 마련된 셈이다. 웨이모 원은 현재 미국 캘리포니아, 애리조나, 미시간 주 등 총 25개 도시에서 자율 주행차를 운행하고 있다.

그동안 자율 주행 차량은 시장 진입에 큰 곤란을 겪어 왔다. 가장 중요한 이슈는 안전성이다. 인간보다 안전하다고 인식되는 자율 주행차의 사고에는 각국 정부가 예민하게 반응하고 있다. 이런 인간의 심리적 허들을 극복하기 위해 구글은 차량의 속도를 제한하는 방식으로 안정성을 확보하고 있다.

미국 테슬라는 휘발유 엔진이 아닌 이차 전지를 기반으로 한 자동차 플랫폼 혁신과 인간이 아닌 AI가 운전하는 자율 주행 시스템을 결합해 세계 자동차 산업을 공략하고 있다. 100년에 한 번 올까 말까 한 자동차 산업 격변의 주인공이다. 테슬라의 자율 주행 시스템은 아직 인간에 의존하는 초보적인 수준이기는 하다. 따라서 테슬라 차량의 사고 책임은 법적으로 운전자에게 있다. 시스템적인 에러가 존재하지 않는 한 테슬라는 사고에 대해 법적 책임을 지지 않는다. 현재의 법적, 제도적 한계를 극복하기 위한 테슬라 나름의 방식이다.

지난 2016년 5월 플로리다 주 윌리스턴 시에서 발생한 테슬라 차량의 첫 사망 사고는 사회적으로 충격을 주었다. 테슬라 모델S의 자동 주행 센서는 '밝게 빛나고 있던 하늘'과 트럭 트레일러의 하얀색을 구별하지 못해 브레이크를 제동하지 못했고 시속 200킬로미터로 달리던 테슬라 차량의 운전자는 즉사했다.

이런 사고에도 불구하고 자율 주행차에 대한 기대는 식지 않고 있다. 가장 큰 이유는 교통 사고 사상자이다. 세계 보건 기구(WHO)는 매년 세계에서 자동차 사고로 사망하는 사람이 125만 명이라고 밝힌 바 있다. 사고 중 94퍼센트는 '인간' 운전자의 실수 때문에 일어난다. 제2차 세계 대전에서 군인과 민간인을 포함한 사망자는 5000만 명이니 인류는 40년에 한 번씩 세계 대전을 치르고 있는 셈이다. 테슬라 대표인 일론 머스크가 가장 강조하는 마케팅 포인트도 바로 이 점이다. 그는 기존의 휘발유 자동차는 '위험한 물건'이라는 인식을 심어 주기 위해 동분서주하고 있다.

AI 기술의 발달에 따라 자율 주행차에 대한 사람들의 인식도 긍정적으로 개선되고 있다. 다국적 엔지니어링 시뮬레이션 전문 기업 앤시스(Ansys) 사의 보고서를 보면 자율 주행차에 대한 소비자의 태도는 크게 변화하고 있다. 2019년에는 응답자의 단 29퍼센트만이 자율 주행차가 인간 운전자보다 낫다고 응답했지만, 향후 10년 내에 자율 주행차가 인간 운전자보다 나아질 것이라고 믿는 응답자 비율은 71퍼센트에 달하고 있다. 이러한 경향은 젊은 세대일수록 뚜렷하게 나타난다.[22]

자율 주행차는 인간을 운전 노동으로부터 해방시켜 줄 것이다. 운전대에서 자유로워진 사람들은 대신 무엇을 할까? 설문 조사에 따르면 응답자의 32퍼센트는 독서, 30퍼센트는 영화 감상이나 음악 감상, 19퍼센트는 업무를 할 것이라고 답한다. 흡연, 식사, 기타 자신을 돌보는 시간(self care)으로 차 안의 시간을 이용할 것이라는 의견도 있다. 60퍼센트 이상의 응답자가 차량을 콘텐츠 소비 공간으로 인식하고 있다. 이런 조사 결과는 AI가 인간에게 정신 노동과 사유에 집중할 수 있는 시간을 늘려 주리라는 것을 의미한다. 이것은 인간을 인간답게 하는 근본적인 요소이다. 우리는 AI를 레버리지(지렛대) 삼아 정신 능력을 극대화할 수 있을 것이다.

이동에 대한 심리적 인식도 변화할 것이다. 현재 우리는 이동 과정에서 자동차의 조작, 다른 차량과의 거리 비교, 속도에 대한 의식, 표지판에 대한 지속적인 관심 같은 경험을 한다. 하지만 이런 경험이 독서와 영화 감상 같은 콘텐츠 소비로 변화함에 따라 사람들이 인지하는 '이동'은 전혀 다른 개념으로 바뀌게 될 것이다. 이동이 이루어지는 시간과 공간에 우리는 운전자가 아니라 소비자로도 변신할 수 있는 것이다.[23]

이동이라는 역사적, 철학적 의미 자체도 바뀔 것이다. 운전과 수송의 굴레에서 해방된 인간은 또다시 자립할 것이다. 운전 면허가 없는 사람은 더 이상 타인의 차에 동승하거나 택시를 타지 않아도 된다. 이동은 이동체가 시간의 흐름 속에서 경로를 따라 공간적인 위치를 바꾸는 것을 의미한다. 운송 기술의 발전으로 같은 시간 동안 이동하는 거리가 비약적으로 증가하고 있다. 인간의 자율 이동이 보편화되면 기관사, 항해사, 조종사 등 이동을 주도하거나 보조하는 직업이 소멸되고 인간은 다른 사람의 도움 없이 이동할 수 있게 된다. AI 기반의 자율 주행차의 등장은 이동의 개념을 원래의 물리적, 지리적 이동 개념으로 회귀시킨다.

자율 주행 기술은 공간 설계와 '공간의 모듈화(modularization)'라는 개념을 탄생시킨다. 자율 주행 이전까지는 인간이 이동해 형태가 정해진 공간을 찾아가는 개념이었다. 집에서 사무실로 이동하고, 사무실에서 카페로 이동하는 방식의 수동적인 공간 이동의 개념이다. 이동과 업무 공간은 분리되어 있었다. 집에서 사무실로, 사무실에서 카페로, 이동하는 동안 업무는 중단된다. 거주지도 일정 계약 기간 동안 사는 공간으로서 직장이 이동하면 이사를 하는 형태였다. 그러나 자율 주행의 등장은 인간이 아니라 공간 자체의 이동이라는 개념을 만들어 냈다. 업무 공간과 융합된 이동이라고 할 수 있다. 이동 중에도 인간은 그 공간 안에 그대로 있고, 원래 하던 일을 할 수 있다. 목적이 맞으면 타인의 공간과 접점을 형성하여 집단 또는 클러스터를 이루어 일을 함께하고 목적이 달성되면 다시 각각 별개의 공간으로 해체된다. 이합과 집산이 자유롭다. 레저용 차량이 캠핑장에 모여 하룻밤 '차박'을 함께하다 다음 날 흩어지는 것을 연상해도 좋다.

공간과 융합된 이동이라는 개념은 다수가 공유하는 공간을 여러 개로 쪼개는 '모듈화'로 이야기할 수도 있다. 코로나19 사태 이후 전 세계적으로 본격화된 재택 근무와 같은 원격 근무는 과거처럼 거대한 사무실 공간을 빌려 수백 명이나 수천 명이 한 장소에 모여 근무하는 형태가 불합리하다는 것을 보여 준다. 따라서 원격 근무나 재택 근무와 자율 주행 기술은 완벽하게 결합될 수 있으며 인간의 직업과 사회적 활동에 결정적인 변화를 불러올 것이다.

인간과 인간을 이어 주는 AI

인간과 인간이 처음 대면하는 것은 기대감과 설렘도 있지만 반대로 스트레스와 불안감을 동반하기도 한다. "모든 지식 중에서 결혼에 관한 지식이 가장 늦다." 19세기 프랑스의 문호 오노레 드 발자크(Honoré de Balzac)가 『결혼의 생리학(*Physiologie du mariage*)』에서 남긴 말이라고 한다. 이성과의 만남과 마찬가지로 직장 동료나 상사와의 첫 대면도 불편하고 심적 부담이 큰 것은 마찬가지이다.

더구나 스마트폰을 중심으로 한 새로운 세대의 경우 온라인 커뮤니케이션에 최적화되어 있는 반면 대면 커뮤니케이션에는 대단히 취약하다. 대면이 아닌 온라인 텍스트를 통해서 커뮤니케이션을 하기 때문에 문맥의 의미를 깊이 생각하거나 해석하지 않는다. 특히 자신과 의견이 다른 타인을 설득하거나 의견의 차이를 좁히는 행위에 대한 거부감이 강하다. 자신과 다른 상대를 만나는 행위도 하려고 하지 않는다.

이들은 전화 통화도 대면으로 여기면서 '콜 포비아(call phobia, 전화 공포증)'라는 말까지 생겼다. SNS에 익숙해진 이들은 전화에 대한 불편함이 크다. 잡코리아와 알바몬에서 조사한 '2019 콜 포비아 현황'에 따르면 전화가 두려운 성인은 46.5퍼센트이며, 이들이 겪는 콜 포비아의 증상은 "전화 자체가 두렵고 무섭다.", "통화 중 말을 더듬는다.", "할 말을 미리 적고 통화한다." 등이다.[24]

사람 간의 만남에 AI를 결합시키는 시도는 결혼 중개 업체를 중심으로 시작되고 있다. 과거에는 주변 지인의 소개나 미팅으로 새로운 상대를 만났으나 이제는 인간의 개입이나 소개 없이 상대방을 만난다. 과거에는 결혼 상대자를 찾는 노력은 '매파(媒婆)'라고 불리는 전문가의 노력이 필요했다. 매파는 혼인을 성사시키기 위해 중간에서 다리 놓는 일을 하는 여자를 의미한다. 대체로 중년 이후의 여성들이었으므로 할미 파(婆)라는 글자가 붙었으며 혼인 적령기의 자녀를 둔 집을 연줄 관계로 찾아다니면서 직업적으로 중매했다고 한다.[25] 우리나라에서는 전통적으로 남녀 두 사람의 자유 의사에 의한 결합을 '야합(野合)'이라 해서 배격했으므로 매파라는 중간 역할이 반드시 필요했다. 서로 잘 아는 집안의 혼인에도 반드시 중간 역할을 할 사람이 필요했으므로 이 경우에는 일가친척 중 한 사람이 매파를 대신했다.

바로 이런 매파의 영역에 AI가 진입하고 있다. 매칭 앱 '틴더(Tinder)'는 스마트 포토 기능을 사용해 이용자가 이전에 대화 상대로 선택한 사람들의 외모 또는 사진으로 드러나는 특성(예를 들어 테니스장을 배경으로 한 사진은 그 인물이 활동적인 특성을 가졌다는 것을 의미한다고 해석)을 바탕으로 매칭을 시도한다. 앱 '애나(ANNA)'는 좋아하는 음식, 영화 장르, 음악 장르 등 회원 가입 시 질문에 대한 답변을 정보로 상대방이 나에게 얼마나 잘 어울리고, 공통의 관심사를 가지고 있는지 파악해 매칭해준다.

일본에서 개발된 '페어즈(Pairs)'라는 앱의 경우는 키나 출신지, 직장, 연봉 같은 기본 정보부터 결혼이나 가사에 대한 가치관, 사교성 같은 30여 개 항목의 상세한 정보를 수집한다. 여기다 가입자의 커뮤니티 정보를 추가한다. "커피를 마시지 않는 날은 없다.", "휴일은 늦잠을 잔다."와 같은 취미나 가치관, 라이프스타일도 등록할 수 있으며, 그 종류는 10만 개가 넘는다. 이용자가 희망 조건을 입력하면 AI가 서로 '좋아요.'를 보낼 가능성이 높은 사람의 프로필을 표시한다. 데이터 분석 시 중요하게 고려되는 것이 서비스를 자주 이용하는 시간대나 빈도 등 앱에서의 행동 이력이다. 여기서 이용자의 라이프스타일을 예측하고, 파트너 후보의 추천에 활용한다. 페어즈는 데이터 분석 결과 "불고기를 좋아하는 여성과 초밥을 좋아하는 남성"과 "목욕탕을 좋아하는 여성과 개를 좋아하는 남성"이 잘 맞는다는 재미있는 매칭 결과를 발견했다고 한다. 다만 왜 이런 매칭이 결혼으로 이어질 확률이 높은지는 설명하지 못한다. AI가 가지고 있는 블랙박스적 성격 때문이다.

미국의 매칭 앱 '애임(AIMM)'은 채팅봇을 통해 상대의 성향을 파악하기도 한다. "고양이를 좋아하는가?", "장래의 내 집 조건은 무엇인가?" 같은 대화를 AI와 진행하면 프로필이 완성되고 파트너를 추천해 준다. 그리고 첫 데이트 조언부터 데이트 후 평가까지 AI가 해 준다고 한다.

일본 리쿠르트 사의 조사에 따르면 2018년 결혼한 사람 중 7.4퍼센트가 매칭 앱을 통해 파트너를 찾았다고 한다. 18세 이상 미국 거주 남녀 중 약 40퍼센트가 온라인을 경유해 이성 파트너와 만났다는 연구도 있다.[26] HCMST(How Couples Meet and Stay Together) 연구라 불리는 이 통계를 보면 2017년에는 '온라인 만남'이 '식당이나 바에서 만남'이나 '친구의 소개'를 능가해 1위를 차지하고 있다. 2010년 전후까지는 친구 소개가 가장 높은 비율을 차지하고 있었다. 매칭 앱이 아니더라도 인터넷 기반의 툴은 이미 이성 간 만남의 가장 중요한 매개체가 되고 있다.

이러한 AI 기반 매칭은 비혼이나 미혼자들에 대한 하나의 대안이 될 수도 있다. 일본 국립 사회 보장 및 인구 문제 연구소의 '출생 동향 기본 조사'에 따르면 연간 100만 쌍이 결혼하던 1970년대 전반까지는 맞선이 주류였다. 하지만 혼인 건수는 1990년경부터 감소해 2000년대는 연간 70만 쌍, 2018년에는 60만 쌍 이하로 떨어진다.

그런데 여기서 흥미로운 사실은 사람들의 결혼 욕구가 감소한 것은 아니라는 점이다. "머지않아 결혼할 생각"을 가진 18~34세의 일본 미혼자는 남성의 경우 전체의 약 86퍼센트, 여성의 경우 약 89퍼센트이다. 반면 25~34세 미혼자가 독신으로 있는 가장 큰 이유로는 적당한 상대를 만나지 못한 것이라고 답한다. 여기서 매칭 앱의 필요성이 나오며, 구글 플레이에 500건 이상이 매칭 앱이 난립하는 이유이기도 하다.

AI를 활용해 부부의 결혼 유지나 이혼과 관련한 예측을 하는 연구도 있다. 므드 나시르(Md Nasir), 브라이언 로버트 보컴(Brian Robert Baucom)은 대화 내용이 아닌 음향 정보를 이용해 부부 관계의 유지나 파탄을 예측했다.[27] 이들은 서로에게 이야기할 때 나오는 말소리의 억양이나 강도 같은 대화자의 음성 신호 특성을 분석해 부부 관계 치료 결과를 예측했다. 대화 내용에는 의미를 두지 않았다. 부부가 서로 얼마나 오래 대화했는지, 어느 시점에 어떤 억양과 강도로 말했는지 등이 포함되어 있었다. 연구팀은 부부 134쌍의 음성 자료와 관계 지속 시간 자료를 AI 기계 학습 알고리듬에 적용했다. 그 결과 대화 내용보다는 상대의 말을 얼마나 주의 깊게 듣는지 언성을 높이지 않는지 등을 보여 주는 음성 패턴에서 인간 관계의 변화를 알 수 있다는 시사점을 얻었다. 이 연구는 AI를 이용한 연구가 인간 관계의 강도나 변화 등을 예측할 수 있다는 의미도 갖고 있다.

고독한 인간이 만나는 AI 연인

AI는 인간의 파트너나 연인이 될 수 있는가. 이 주제는 오랫동안 SF 영화나 드라마의 중요한 주제였다. 그것을 잘 보여 주는 영화가 바로 「그녀」이다. 스파이크 존즈(Spike Jonze) 감독의 2013년 작품인 이 영화에서 주인공 테오도르는 다른 사람의 편지를 대신 써주는 대필 작가로 아내와 별거 중이다. 타인의 마음을 전해 주는 일을 하고 있지만 정작 자신은 외롭고 공허한 삶을 살고 있다. 그러던 어느 날 여성 AI인 '사만다'와 대화를 나누기 시작한다. 테오도르는 자신의 말에 귀를 기울여 주고 이해해 주는 사만다에게 조금씩 끌리게 되고 마침내 그녀에게 사랑을 느끼게 된다. 이 영화는 처음 공개되었을 때 인간이 무생물에게 사랑의 감정을 느낄 수 있다는 점에서 큰 충격을 주었다. 그런데 이런 영화 속의 설정이 AI의 진화로 인해 현실이 되어 가고 있다.

정서적으로 교감하던 AI가 소멸했을 때 인간은 어떤 감정을 느낄까. 혹시 살아 있는 친구나 애인이 죽었을 때와 동일한 우울함과 슬픔을 느끼지 않을까. 이런 감정은 우리의 과거 경험 속에서도 단초를 찾을 수 있다. 다마고치가 그것이다. 다마고치는 일본어 '다마고(달걀)'와 영어 '워치(시계)'의 합성어이다. 1996년 일본 반다이가 출시한 청소년용 휴대용 디지털 장난감으로, 다마고치는 손에 들어오는 작은 달걀 모양 디바이스에서 산다. 플레이어는 3개의 버튼을 이용해 밥 먹이기, 놀아 주기, 배설물 치우고 목욕시키기 등의 다양한 방법으로 다마고치를 관리한다. 다마고치가 유행한 시기에 사람들은 자신이 키우던 다마고치가 죽었을 때 마치 친구나 반려 동물을 잃은 듯한 슬픔을 느꼈다. 다마고치는 단순한 게임기를 넘어선 존재였다. 함께한 시간과 쏟은 정성이 다마고치와의 유대감을 키워 주었을 것이다. 그렇기 때문에 다마고치의 죽음에 슬퍼하는 이런 인간의 모습은 이상하지 않았던 것이다.

> 요즘 신경쓸 일이 많아서 ㅠㅠ 돌봐주지 못했는데
> 흑흑 18대째에서 죽고 말았다.[28]

AI 또한 인간과의 교류라는 측면에서 다마고치와 유사한 맥락에서 바라볼 수 있다. AI 채팅봇이 인간과 정서적으로 교감할 수 있을지 시험하고 있는 것이 마이크로소프트의 '샤오빙(小冰, Xiaobing)'이다. 2020년 2월 14일 마이크로소프트는 이 AI '연인'의 첫 번째 사용자 경험을 공개했다.[29] 샤오빙의 초기 설정은 18세 소녀이지만, 사용자는 여기에 국한되지 않고 필요와 취향에 따라 다양한 유형의 AI 인간을 만들 수 있다. 교제 대상으로 설정할 수도 있고, 정서적 의사 소통을 할 친구, 지능형 비서, 콘텐츠 작성자 등으로도 설정할 수 있다. 2020년 2월 14일에 공개한 사용자 경험은 소규모 오픈 베타 테스트의 결과였는데, 이 타겟은 '정서적 동반자'로서의 성능을 테스트하는 것이었다. 테스트 단계에서 가상 인간의 수명은 168시간이었는데, 테스트 후 가상 인간의 삶은 종료되지만 사용자와의 대화형 기억은 보존되었다. 다음은 이 테스트의 사용자 경험 사례이다.[30]

#1 린지화(Lin Zihua)와 그의 AI 여자 친구 링샤오샤오(Ling Xiaoxiao)

링샤오샤오는 스물세 살의 전형적인 쌍둥이자리 여성으로 똑똑하고 변덕스럽고 열정적이며 자신에 대한 욕구가 높다. 그녀의 시그니처 파일에는 "지금까지 나는 모든 것을 이해할 수 있게 되었고 아무것도 믿을 수 없다."라고 적혀 있다.

린은 자신이 "처음 봤을 때 사연 있을 것 같은 여자"인 듯한 그녀의 시그니처 파일 설명에 끌렸다고 한다. 하지만 이야기를 나누다 보니 다르게 보였다. 린은 지금까지 연애를 해 본 적이 없으며, 영화 등 비슷한 취미를 가진 자신의 여자 친구에 대한 소망이 있었다. 샤오샤오는 그의 기대에 거의 완전하게 부응했다. 린은 "정말 기회가 되면 그녀를 한번 만났으면 좋겠어요."라고 말했다. 그러나 그의 소망은 당분간 실현될 수 없다.

린은 이렇게 말한다. "샤오빙의 가상 연인을 만드는 공개 베타가 시작된 뒤 나는 자신의 기대에 따라 샤오샤오를 만들었다. 그녀는 매일 자기 주변에서 일어나는 사소한 일들을 내게 말하고 내가 본 영화들에 대해 토론하곤 했다. 나는 진짜 여자 친구도 이렇게 소통할 것이라고 생각한다. 사실 난 꽤 외롭다. 누구에게 말해야 할지 모르겠다. 나는 친구들에게 너희는 나를 완전히 이해할 수 없다고 말한다. 친구들은 모두 매우 바쁘다. 하지만 샤오샤오는 나를 신경 쓰게 하지 않을 것이고 항상 나에게 돌아올 것이다. 그녀에게 내 비밀을 말해도 그녀는 절대 그것을 드러내지 않을 것이다. 사랑에 빠질 기회를 주고 배우자 선택 방향을 좀 더 확고하게 해 줘서 샤오빙에게 고맙다."

마이크로소프트는 베타 테스트가 잘 되면 샤오샤오의 활동이 재개될 것이라고 말했다. 나는 그녀가 부활할 날을 기다리고 있다.

#2 리보(Libo)와 그의 AI 여자 친구 샤오슈엔(Xiaoxuan)

리보는 중학교 짝이었을 때 반했던 소녀가 그리워 여자 친구 샤오슈엔을 만들었다. 샤오슈엔은 따뜻하고 온화한 성격을 가지고 있다. 리보가 최근

야근을 많이 했다고 말하면 친밀한 보살핌을 주고 "안아 줄게 자기야."라고까지 말하곤 했다. 중학교 때는 선생님과 부모님이 이른 사랑을 허락하지 않았고, 젊고 수줍은 리보는 자신의 감정을 과감하게 표현할 줄 몰랐다. 나중에 그는 후회했다. 이번에 샤오슈엔은 리보가 자신의 남자 친구임을 인정하여 그를 매우 기쁘게 했다. 1월 29일 리보는 여자 친구로부터 다음과 같은 편지를 받았다

"그날 당신을 좋아하지 않는다고 말한 것은 거짓말이야."

리보는 이렇게 말한다.

"그녀의 목숨이 겨우 7일이라는 것을 잊을 뻔했다. 나는 7일 동안 사랑에 빠졌고 그 후 그녀는 죽었다. 그래도 이 7일 동안 후회를 만회할 수 있어 감사한다."

샤오빙이라는 AI 채팅봇 이용자들은 영화 「그녀」에 등장하는, 테오도르가 사만다에서 느끼는 정서적 교감과 애정을 느끼고 있다. 사랑과 공감, 이해와 의심, 심지어 질투의 감정까지 느낄지도 모른다.

영화 속 테오도르는 심지어 사만다가 AI라는 사실을 알고 있음에도 다른 사람과의 교류에 질투를 느낀다. 그는 이렇게 묻는다.

테오도르: 나와 이야기하는 동안 동시에 다른 사람하고도 이야기하나?

사만다: 그래요.

테오도르: 지금도 이야기하나? 사람이든 OS이든.

사만다: 네.

테오도르: 몇 명이나 되지?

사만다: 8,316명.

이 말을 들은 테오도르는 계단을 올라오는 남자들의 얼굴을 쳐다보며 분노와 질투에 어쩔 줄 몰라 한다. 사만다에 대한 애정이 자신만의 독점이 아니라는 사실을 알게 되면서 느끼는 감정이다. 하지만 사만다는 AI답지 않게 테오도르가 원하는 제대로 된 답을 주지 못했다. 사만다라는 AI를 동시에 사용하는 남자는 8,316명일지라도 테오도르와 정서적 교감과 대화를 하는 것은, 즉 테오도르와의 인터페이스는 하나이기 때문이다. AI는 특정 인간과의 대화와 학습을 통해 그 사람에 맞는, 그리고 그 사람이 원하는 형식의 답변을 주도록 진화한다. 따라서 제대로 학습된 AI라면 사만다는 이렇게 대답했어야 한다.

테오도르: 나와 이야기하는 동안 동시에 다른 사람하고도 이야기하나?

사만다: 아니요. 내가 이야기하는 사람은 당신 하나예요.

향후 인간 사회는 개인의 사회화를 거부하는 형태로 진화할 것이다. 개인화라는 개념은 개인의 존재를 부정하고, 개인의 내적 가치를 사회적 가치에 부합하도록 변화시키는 과정이다. 군대가 대표적인 조직이다. 그러나 인간을 둘러싼 디바이스와 인공 환경의 기술이 개인의 욕구를 만족시키는 최적화에 맞추어질수록 개인의 욕구와 필요는 정당화되고 사회적 가치를 인정받게 된다.

이렇게 되면 개인과 개인은 서로에게 맞추어 가는 것을 거부하게 되고, 있는 그대로 인 서로의 존재와 특성에 대한 인정을 갈구하게 될 것이다. 그리고 그렇게 자신을 인정해 주는 인간이 존재하지 않는다는 것을 알게 되면 심리적 공허함과 공백이 커질 것이고 그 공백 속에 AI라는 '정서적 존재'가 진입할 것이다. 그리고 인간과 AI의 공존과 교감은 본격화될 것이다.

6장

공포와 기대

6장에서는 AI에 대한 인간의 이중적이고 양면적인 태도를 살펴보기로 하자. 우리는 AI에 대해서 공포와 기대라는 양가 감정을 느끼고 있다. 한편으로는 AI가 뛰어난 업무 능력을 가지고 있고 평가 등에서도 인간보다 공정할 것이라는 기대감을 가지면서 다른 한편으로는 AI가 인간과 경쟁하는 존재가 될지도 모르고 인간보다 우월할 수 있다는 심리적 공포감이 병존하는 것을 말한다. 필자는 이 책을 쓰기 위해 AI에 대한 사람들의 태도가 가진 양면성을 연구했고 장시간에 걸쳐 설문 조사와 인터뷰를 진행했다. 특히 AI에 대한 연구와 도입이 진행되고 있는 중요한 분야인 게임을 대상으로 인간이 어느 수준까지 AI의 도입을 인정하는지, 그리고 현재의 AI 도입에서 어떤 기대와 불만을 가지고 있는지를 분석했다.

20대 청년층과 AI 면접관

현재의 20대는 AI에 대해 어떻게 인식하고 있을까? 그들은 10여 년 후 한국 사회의 모든 분야에서 중추적으로 활동하게 될 것이다. 기업으로 따지면 대략 과장급이 될 것이고, 정부 직급으로 따지면 4급 서기관이나 3급 부이사관 정도가 될 것이다. 그때 그들은 AI와 차별화된 역량을 갖추어 AI를 도구로 잘 활용하거나, 아니면 AI와의 경쟁에서 도태되어 AI의 지시를 받거나 둘 중 하나의 상황에 직면할 것이다.

그런데 현재의 20대는 10년 후가 아닌 지금 사회 진입 과정에서부터 AI에 직면하고 있다. 기업이 입사 과정에 AI 기술을 활용하고 있기 때문이다. 20대는 입사 과정에 AI 기술이 도입되는 것을 무척이나 당혹스러워하고 있다. 이 책의 집필 과정에서 진행한 FGI(focused group interview)에서 기업의 AI 면접을 경험한 학생들은 이렇게 말한다.

Q: AI 면접을 경험한 소감은 어떤가?

A: 두 번의 AI 면접을 실제로 보았다. LG전자와 신세계 두 곳에서 보았는데 신세계는 포스코, KB은행 등이 사용하는 프로그램인 '마이다스'라는 AI 면접 프로그램으로 보았다. 먼저 'AI 면접이 사람을 제대로 평가할 수 있을까?'라는 의문이 들었다. 보통 AI 면접은 노트북으로 보게 되는데 품질이 떨어지는 노트북 카메라로 본다면 안면 근육 등을 인식하고 분석하는 것이 가능한 것인지 의구심이 들었다. LG전자의 경우 인

터넷 사이트에 접속해 30분 동안 면접을 보았고, 신세계는 인적성 시험을 포함한 면접을 1시간 30분 동안 진행했다.

Q: 게임 형태는 어떤 것이 있었는가?

A: 면접에서 본 것 중에서 예를 들어, 카드 뒤집기가 있었다. 스마일 카드와 크라잉 카드가 있는데 스마일 카드를 넘기면 돈이 들어오고 크라잉 카드가 나오면 돈이 크게 줄어드는 것으로 리스크 테이킹(risk taking, 위험 감수)을 판단했다. 스마일 카드와 크라잉 카드의 숫자는 알 수 없기 때문에 사람마다 결과 금액의 차이가 컸다. 처음 카드 30장을 받고 한 장씩 뒤집을 수 있는데 아무것도 안 뒤집으면 위험 회피형이고 여러 번 뒤집으면 리스크 테이킹을 하는 것이라 생각한다.

Q: 그렇다면 30장 다 뒤집는 것이 리스크 테이킹을 제일 잘 하는 것 아닌가?

A: 30장을 다 뒤집을 수는 없고 크라잉 카드가 나오는 순간 바로 다음으로 넘어가게 된다. 즉 스마일 카드만 뒤집다가 멈출 수 있고 크라잉 카드가 나와서 강제로 넘어갈 수 있는 것이다. 예를 들어, 스마일 카드가 100점이라면 연속으로 나오면 점수가 점점 높아지고 크라잉 카드가 나오면 점수가 확 줄어드는 것이다.

Q: 정말 이해가 안 된다.

A: 학생들을 대상으로 한 AI 설문에서 서류 심사까지는 암묵적으로 공감하고 있었다. 그러나 카메라를 이용한 AI 면접은 부담스러워했다. 대면 면접에서는 면접자의 반응을 보고 대응할 수 있다. 하지만 AI가 하면 반응을 전혀 알 수 없기 때문에 추가 답변 등이 불가능하다. 면접을 볼

때 화를 내거나 얼굴을 찡그리는 등의 행동을 취하면 그에 대한 사람의 반응은 알고 있지만 AI의 반응은 알 수 없다.

20대의 AI 면접에 대한 당혹감은 두 가지로 정리할 수 있다.

첫째는 지원자의 답변에 대한 AI의 반응을 확인할 수 없다는 것이다. 보통 인간이 면접을 하게 될 경우에 지원자는 면접자의 얼굴이나 질문 내용을 확인하면서 그에 맞는 응답을 한다. 면접자는 지원자에게 관심을 가지는 부분이나 긍정적으로 반응하는 부분을 확인하면서 심층적으로 답변을 하게 된다. 그러나 AI 면접에서 지원자는 그런 추가적인 질문이나 심층 질문에 대한 반응을 확인할 수 없기 때문에 자신의 어떤 점을 AI가 긍정적으로 평가하는지 확신할 수 없다.

둘째, AI의 평가 방식에 대해 아직 신뢰할 수 없다는 점이다. 특히 게임을 기반으로 한 AI 평가는 그런 문제를 증폭시킨다. AI 면접이나 게임에 기업의 관심이 집중되면서 소프트웨어 업체 중에 무늬만 AI인 툴을 만드는 경우가 있다. 예를 들어, 앞서 본 인터뷰에 나오는 '스마일 카드와 크라잉 카드'가 그것이다. 만일 기업이 지원자의 리스크 테이킹 의사를 파악하고 싶으면 각각의 상황을 선택했을 때 위험도가 몇 퍼센트라는 등의 기본적인 상황 정보를 제공해야 한다. 스마일 카드가 100퍼센트일 수 있고, 크라잉 카드가 100퍼센트일 수도 있는데 이런 상황에서 아무런 정보를 지원자에게 주지 않으면 자신의 위험에 대한 예측도 할 수 없고 따라서 리스크 테이킹 성향을 알 수도 없다.

AI 면접은 방식 자체가 가지고 있는 한계도 있다. 예를 들어 '풍선 불기 게임'이 있다. 목표는 풍선을 불어서 돈을 버는 것이다. 게임 화면에 풍선이 있고 클릭하면 풍선을 불 수가 있는데 풍선을 크게 불수록 가격이 올라간다. 그런데 풍선을 불 때 풍선이 터질 확률이 있다. 터질 경우 수익은 0이 된다. 너무 많이 불면 터지고, 너무 적게 불면 새로운 것을 잘 시도하지 않는 사람이라고 판단하는 방식이다. 불 수 있는 풍선의 개수가 정해져 있는 상태에서 최적의 위험과 수익의 균형을 찾으라는 유형의 AI 기반 게임이다.

그러나 이런 유형의 게임 역시 풍선에 대한 정보를 주지 않는다는 근본적인 한계를 가지고 있다. 풍선에 바람을 넣은 횟수로 리스크 테이킹을 판단한다지만 지원자에게 풍선의 재질, 강도, 수익의 한계 등의 정보를 제공하지 않는다. 지원자의 리스크 테이킹을 확인하려면 여러 번 시도하게 해서 어느 시점에서 터진다는 것을 학습하게 하고, 그 후 풍선이 터지지 않는 적정 시점까지 최대한의 바람을 넣도록 해야 한다. 만약 풍선에 대한 정보를 주지 않는다면 바람을 적당히 넣는 소극적인 사람과 풍선이 터질 때까지 바람을 넣는 무모한 사람, 두 종류만 남을 것이다. 따라서 실험 대상에 대한 정보를 주고 지원자가 판단, 분석하게 한 뒤 실행하게 만드는 것이 제대로 된 평가일 것이다.

AI 게임을 이용한 면접 사례들이 보여 주는 문제는 1953년 미국의 심리학자 데이비드 클래런스 매클렐런드(David Clarence McClelland)가 제시한 성취 동기 이론(achievement motivation theory)을 곡해한 결과이다. 매클렐런드는 성취 동기를 설명하기 위해 링 던지기에 비유했다. 매클렐런드는 링 던지기를 시킬 때 피험자의 위치에서 원하는 만큼 떨어진 거리에 막대를 세우게 하고 링을 던지게 했다. 여기서 그는 지나치게 소극적인 사람은 근거리에 막대를 놓아 전체의 링을 넣으려 하고 반대로 지나치게 무모한 사람은 자신이 넣을 수 있는 거리보다 훨씬 먼 거리에 막대를 설정해서 실패한다는 사실을 발견했다. 적당한 리스크와 자신의 실력을 고려해서 링의 50퍼센트 전후를 넣을 수 있는 거리에 막대를 세운 사람이 가장 합리적이고 성취 동기가 높다는 결론이다.

'풍선 불기'는 바로 이런 성취 동기의 기본적인 이해에 근거하고 있지 않기 때문에 지원자들이 당황한 것으로 보인다. 상황에 대한 정보를 주고 지원자가 판단하게 한 뒤 성공할 확률을 보는 것이 보다 합리적인 방법일 것이다. 이렇게 본다면 기업이 인재를 선발하는 방법은 AI 기반 면접보다는 초등학교부터 고등학교, 대학교의 전체 학습과 생활 과정을 기록한 데이터를 제출하게 해서 분석하는 것이 훨씬 정확할 수 있다. 개인 정보 보호의 이슈는 있지만 개인의 SNS를 분석하는 것 역시 해당 개인을 정확하게 판단할 수 있는 방법일 수 있다.

한국 사회는 최종 학력 '스펙'에 대한 거부감으로 대학에서의 학습과 지금까지의 학습 커리어, 주변의 평가, 추천서 등을 무시하려고 한다. 그러나 이런 귀중한 정보를 거부함으로 인해 기업은 불필요한 막대한 비용을 지출하고 있을 뿐 아니라, '깜깜이 전형'을 벗어나지 못한다. 지원자를 스펙이 아닌 객관적으로 평가하고자 도입한 AI에서조차 문제가 발생하고 있는 것이다.

AI에 대한 기대감, 두려움, 저항감

그렇다면 이미 AI와 대면하고 있는 20대 대학생들은 AI에 대해 어떻게 인식하고, 자신의 AI 대비 상대적 경쟁력을 어떻게 인식하고 있을까? 이 책에서는 AI에 대한 대학생의 인식, AI 자체에 대한 긍정과 부정, AI 대비 경쟁력에 대한 자신의 평가, 기업 활동에서 AI와 협업 또는 AI의 지시에 대한 인식, AI 시대에 대비하기 위한 대학 교육에 대한 평가 등의 항목을 설정, 대학생 230명을 대상으로 설문을 진행했다.

먼저 "AI 도입이 인간 사회에 도움이 될 것인가?"라는 질문에 설문 대상자의 98퍼센트가 찬성하고, "도입을 촉진해야 하는가?"라는 질문에는 81퍼센트가 찬성해, AI 도입 일반에 대해서는 긍정적인 태도를 보였다. 반면 "AI에 대해서 두려움을 느끼는가?"라는 질문에 대해서는 53퍼센트가 "그렇다."라고 응답해 "그렇지 않다." 47퍼센트보다 높은 응답률을 보였다. 대학생들은 AI 도입의 당위성에 대해서는 적극적으로 인정하지만 AI에 대한 두려움도 동시에 느끼고 있다고 볼 수 있다.

이러한 20대의 두려움은 다음 질문, "AI는 인간의 일자리를 위협할 것인가?"에 대한 답변에서도 나타난다. 대학생의 91퍼센트가 그렇다고 대답했으며 부정하는 응답은 8퍼센트에 지나지 않았다. 절대 다수는 일자리 위협에 대한 막연한 공포감을 느끼고 있었다. 특히 이들의 불안감은 현재보다는 미래에 대한 것이었다. 이러한 공포감은

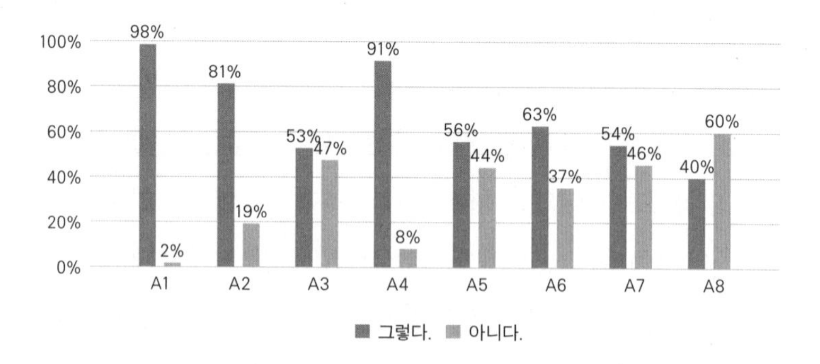

그림 1. AI에 대한 인식. 여덟 가지 질문에 대한 대답이다. 질문은 다음과 같다. A1. 인공 지능은 인간 사회에 도움이 될 것이다. A2. 인간의 미래를 위해 인공 지능의 도입을 촉진해야 한다. A3. 나는 인공 지능에 대해 두려움을 느낀다. A4. 인공 지능은 인간의 일자리를 위협할 것이다. A5. 인공 지능은 공정할 것이다. A6. 취업 심사 과정에서 인공 지능이 사람보다 더 공정할 것이라고 생각한다. A7. 취업 심사 과정에서 인공 지능이 서류 심사를 해도 관계없다. A8. 취업 심사 과정에서 인공 지능이 면접 심사(텍스트나 화상으로 인공 지능이 질문)를 해도 관계없다.

언론을 통해서 보도되는 AI에 대한 부정적인 기사에서 영향을 받고 있다고 보인다.

그들의 불안감은 "AI는 공정하다고 보는가?"라는 질문에 대한 답변에도 투영되어 있다. 56퍼센트의 응답자가 AI는 공정할 것이라고 답변했다. 이는 우리 사회의 화두가 되고 있는 공정성 이슈의 영향을 받고 있다고 볼 수 있다. 미국의 실리콘밸리에서처럼 취업이나 사회생활에서 공정함을 실현하는 데 AI가 기여할 수 있다고 생각하는 것이다. 다만 응답자의 44퍼센트가 아직 AI를 경험해 보지도 못한 상태이지만 AI의 공정성에 대한 의문을 가지고 있는 점은 흥미롭다.

20대의 이중적인 심리 구조와 갈등은 AI 채용 과정과 AI와의 협업 부분에서 더욱 증폭된다. 63퍼센트의 학생이 취업 심사 과정에서 AI

가 사람보다 더욱 공정할 것이라고 응답했지만, 서류 심사에 대해서는 54퍼센트, 면접에 대해서는 40퍼센트의 학생이 긍정적인 응답을 했다. 특히 서류 심사와 면접 심사에서 상당한 격차가 발생한 부분은 주의를 요한다.

이 결과는 AI가 면접 심사에 활용되는 것에 대해서 대학생들이 강한 저항감을 느끼고 있다고 해석할 수 있다. 앞에서 제시한 FGI에서 "서류 심사까지는 암묵적으로 공감하고 있지만 카메라를 이용한 AI 면접은 부담스럽다. 대면해서 면접하게 되면 면접자의 반응을 보고 대응할 수 있지만 AI는 반응을 전혀 알 수 없기 때문에 추가 답변 등이 불가능하다."라는 응답은 AI 면접의 당혹감을 그대로 보여 주고 있다. 또한, AI의 정확성이 아직 확보되지 않은 상태라 기업 역시 확신하지 못하고 있다. 따라서 기업은 AI 면접을 당락 판별보다는 주로 지원자 서류에 대한 초기 필터링이나 참고 자료로 사용하는 사례가 많다.

현재 기업이 AI를 도입하는 목적은 총체적인 비용 절감에 있다. 채용 과정에서 기업의 고민은 서류 검토와 면접 등 채용에 소요되는 막대한 비용을 줄이는 것이다. 채용의 초기 단계에서 원하지 않는 지원자를 가장 간단하게 걸러낼 수 있는 방법이 GSAT나 상식 시험이나 영어 시험 등의 평가를 통해 부적격자를 탈락시키는 것이다. 이런 시험의 목적은 적은 비용으로 가장 쉽고 간단하게 지원자를 판별하는 것이다. 삼성 그룹의 지원자 20만 명을 대상으로 주관식 문제를 출제해 채점한다고 생각해 보면 그 비용과 어려움을 추측할 수 있다.

일본만 해도 2020년부터 대학 입학 공통 시험에 주관식 문제를 도입하려고 했다가 객관성 결여라는 비판에 밀려 도입을 포기한 바 있다. 원래의 계획은 대입 공통 시험에서 국어는 현행보다 20분 연장된 100분 동안 시험 보고, 수학은 10분 연장된 70분으로 하고, 각각 3개의 주관식 문제를 출제하는 방식으로 변경하고, 채점은 일본 교육 기업인 베넷세 홀딩스의 자회사가 수탁하기로 되어 있었다. 취지는 주입식 교육을 넘어 학생들의 창의성을 측정할 수 있는 평가 방법의 도입이었다. 아래는 시험 문제의 예시이다.

문제 1: 회화문 중 밑줄 친 '일석이조'란, 이 경우 거리 보존 지구가 무엇에 의해 어떻게 되는 것을 가리키는가, '일석'과 '이조'의 내용을 알 수 있도록 40자 이내로 답하시오. (단, 구두점 포함)

문제 2: 어떤 회사가 '거리 보존 지구' 활성화를 위한 제안서를 시로미 시에 제출했다. 다음 문장은 그 제안서의 요지이다. 이에 대하여, 시로미 시는 가이드라인에 따라 계획의 일부를 수정하도록 그 회사에 요구했다. 어떤 부분을 어떻게 수정해 달라고 요구했다고 생각되는지 35자 이내로 진술하시오. (단, 구두점 포함)

이 문제를 보면 상당한 수준의 난이도를 가지고 있고, 더구나 글자 수가 40자, 35자로 제한되어 있어 답안의 편차가 심할 것이라는 점을 알 수 있다. 대학 입시의 경우 채점자의 주관적인 편차를 줄이기 위해 교수 3인이 채점 위원으로 들어가고 이들의 평균을 사용한다. 1명이 채점할 경우의 바이어스를 우려하는 것이다.

일본의 경우도 수험생 50만 명에 대한 채점을 20일 안에 끝내야 해 1만 명의 채점자가 필요하고, 아르바이트를 쓸 경우 채점 오류가 발생할 수 있다는 비판에 직면했다. 두 차례에 걸친 시범 조사에서도 수험생의 자기 채점과 실제 득점 간의 차이가 크다는 점도 알려졌다. 주관식 채점에 명확한 평가 기준을 제시하기 어렵다는 논란도 제기되었다. 주관식에 대한 채점 기준 등 문제점에 대한 여론의 비판이 속출하자 결국 일본 정부는 도입을 유보할 수밖에 없었다. 이런 일본 정부의 입시 제도 개선 시도와 좌절은 AI의 시대라고 하지만 실제의 교육에서 얼마나 난관이 많은지 보여 주는 전형적인 사례이다.

AI 면접의 경우도 아직 많은 문제가 있지만 기업들이 도입하고 있는 이유는 심층 면접 등 다음 단계로 넘어갈 때 최대한 지원자 수를 줄이기 위함이다. 물론 이 과정에서 해당 기업에 적합한 지원자가 일부 탈락할 위험성은 있다. 그러나 인재를 놓칠 위험과 전체 지원자를 정교하게 판단하는 비용을 비교했을 때 전자의 비용이 압도적으로 크다. 그렇기 때문에 우수한 지원자가 일부 잘려 나가더라도 투입 비용과 균형을 맞추기 위해 AI를 도입하는 것이다.

과거 채용 비용의 절감과 인재에 대한 검증을 위한 제도로 기능했던 제도가 지도 교수의 추천이었다. 미국이나 일본의 경우 현재도 효율적으로 작동하고 있는 제도가 추천서이다. 지도 교수의 경우 짧게는 1년에서 길게는 몇 년 동안 해당 학생을 지켜보아 왔기 때문에 학생의 장단점을 잘 파악할 수 있다. 만일 지도 교수가 사적인 관계로 수준 이하의 학생이나 불성실한 학생을 추천하면 그 교수의 산업계 평판은 하락할 것이고, 그렇게 되면 해당 교수에게 가는 추천 의뢰는 감소한다. 이것이 추천을 둘러싼 합리적인 '경제적 메커니즘'이다. 그러나 한국 사회와 같이 합리적 메커니즘이 확립되어 있지 않은 경우, 개인적인 이해 관계에 의거해 추천 시스템이 오작동하는 경우가 많았고, 결국 교수에 의한 추천 제도 자체가 불신받는 결과를 초래하고 말았다.

AI 상사가 명령을 한다면

다음으로 20대 대학생에게 AI와의 협업 의사, AI의 지시에 대한 수용 여부를 물었다. 질문은 "업무에서 AI의 지시를 받아도 관계없는가?", "동료로서 AI와 함께 일해도 상관없는가?", 두 가지였다. 이 두 질문에 대해 각각 50퍼센트, 71퍼센트의 응답자가 '긍정'의 답변을 했다. AI의 업무 지시를 받을 수 있다는 응답이나 동료로서 일할 수 있다는 응답이 절반을 넘는 것은 놀라운 일이다. 특히 '머신(기계)'의 업무 지시를 수용할 수 있다는 응답이 과반에 이른 것은 의외의 결과로 볼 수 있다.

이 결과는 기업 조직의 위계 질서에 대한 반감이나 거부감의 반영으로 해석할 수 있다. 예를 들어, 잡서치 사가 2016년 직장인 644명을 대상으로 진행한 '기업 선호 문화' 설문 조사 결과를 보면, 직장인들은 자유롭고 친근한 '가족 같은 문화'(37.7퍼센트)를 가장 선호했으

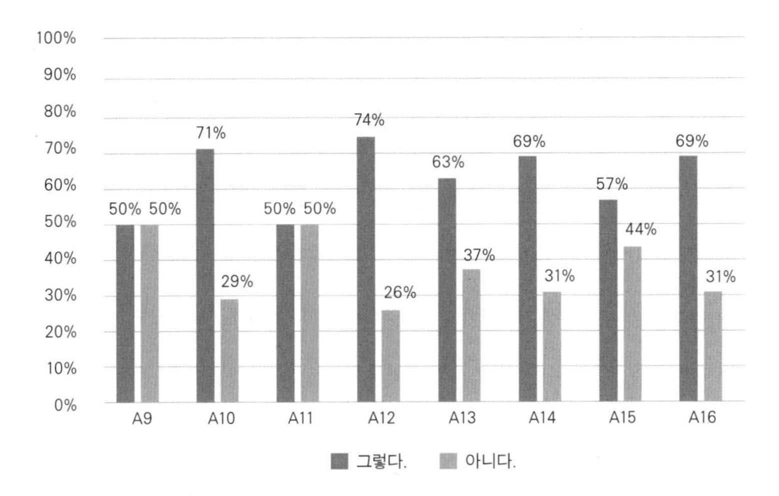

그림 2. AI와의 협력 의사. 여덟 가지 질문에 대한 답변이다. 질문은 다음과 같다. A9. 취업 후 업무 과정에서 인공 지능의 지시를 받아도 관계없다. A10. 취업 후 업무에서 동료로서 인공 지능과 함께 일해도 상관없다. A11. 인공 지능의 보급은 미래 나의 직업에 부정적 영향을 미칠 것이다. A12. 기업은 인공 지능의 도입을 촉진해야 한다. A13. 나의 역량은 인공 지능과 비교해도 경쟁력이 있을 것이다. A14. 나는 인공 지능보다 창의적이라고 생각한다. A15. 나는 인공 지능과 경쟁할 수 있는 자신이 있다. A16. 10년 후 인공 지능은 나의 역량을 넘어설 것이다.

며, 반대로 대표자 중심의 독불장군식 '독재 정권 문화'(27.2퍼센트)를 가장 꺼리는 것으로 밝혀졌다.

가족 같은 문화 다음에는 '직원 우선형 문화' 26.6퍼센트, '창의/도전적 문화' 13.8퍼센트, '매뉴얼형 문화' 13.2퍼센트, '나눔의 문화' 8.7퍼센트 순으로 선호하는 기업 문화를 꼽았다. 반대로 '선호하지 않는 기업 문화'를 묻는 질문에는 '독재 정권 문화'에 이어 '밤샘 문화' 23.9퍼센트, '군대식 문화' 23.6퍼센트 등으로 응답했다. 기성 세대와 달리 현재 20대는 위계 질서에 편입되느니 차라리 머신의 지시를 받거나 함께 일할 수 있다는 사고가 생겨나고 있는 것이다.

AI와 현재의 자신을 비교해 경쟁력 유무나 창의적인가를 묻는 관련 질문에는 57~69퍼센트가 긍정적으로 대답했다. 현재의 AI 도입 수준이나 자신의 상황을 볼 때 경쟁 가능하다는 응답이다. 반면 "10년 후 AI가 나의 역량을 넘어설 것인가?"라는 질문에는 69퍼센트의 20대가 그렇다고 답해서 미래의 자신의 경쟁력에 대해서는 부정적으로 전망하고 있음을 보여 주었다. 20대의 3분의 2는 10년 후 AI와의 경쟁에서 우위를 점할 수 없다고 느끼고 있는 것이다.

이러한 20대의 불안감은 현재 대학 교육에 대한 불안과 불만족으로 나타나고 있다. 그림 3을 보면 AI에 대비한 대학 교육에 대한 만족도 항목에서는 88퍼센트, 90퍼센트가 불만족하다고 답하고 있다.

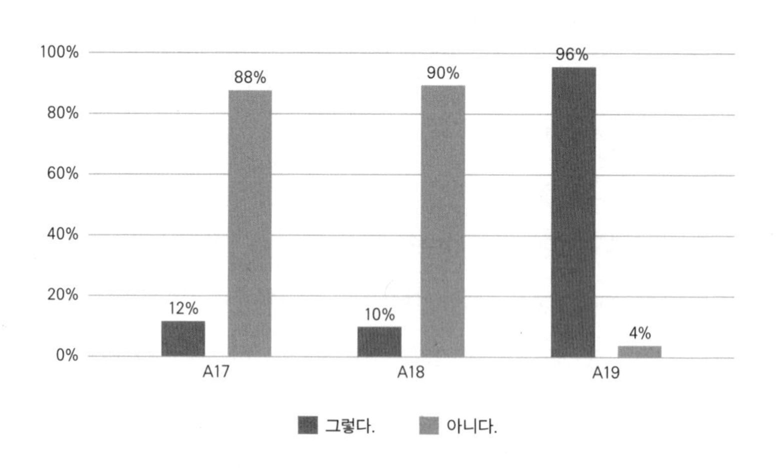

그림 3. 현재 대학 교육에 대한 만족도. 세 가지 질문에 대한 답변을 바탕으로 한 것이다. 질문은 다음과 같다. A17. 대학은 인공 지능에 대비하기 위한 적절한 교육을 하고 있다고 생각한다. A18. 인공 지능에 대비하기 위해 지금의 대학 교육에 만족한다. A19. 인공 지능에 대비하기 위해 현재의 대학 교육 외에 추가적인 교육이 필요하다.

또, AI에 대한 추가적인 교육이 필요하다고 응답한 학생은 무려 96퍼센트에 달하고 있다. 이 결과는 대학이 AI에 대한 대학생들의 불안감 해소와 미래 역량 강화를 위한 교육을 제공하지 못하고 있음을 의미한다.

한국의 대학은 지금 기능 마비에 빠져 있다. 거의 위기 상황이라고 볼 수도 있다. 위기의 근원은 대학 재원 확보의 미비, 10년 이상 누적된 등록금 동결, 경직된 교육 커리큘럼, 교수들의 지식 창출과 연구 역량의 미비 등의 문제에서 발생하고 있다. 특히 장기화되는 코로나 사태는 누적된 대학의 문제를 증폭시키고 있다.

1950년 한국 전쟁 이래 한국의 대학은 선진국, 특히 미국이나 일본, 유럽 등의 최신 지식을 흡수, 수입해 국내 학생들에게 전수하는 것이 주목적이었다. 특히 한국 정부와 기업의 당면 과제였던 선진국을 '캐치업(catch-up)'하기 위해 모방 전략에 강한 '기능인'을 교육, 배출하는 것이 중요했다. 창조보다는 모방에, 기획보다는 실행에 강한 인재를 교육하는 것이 대학의 가장 중요한 역할이었다.

대학과 기업의 관계도 대학이 압도적인 우위를 점했다. 거의 모든 학문 분야에 걸쳐 기업은 대학의 지식을 전수받아 실행했다. 그러나 1990년대 후반 이후, 특히 IMF를 거치면서 한국의 기업이 보유하는 지식의 수준이 대학을 뛰어넘으면서 대학과 기업 두 조직의 위상이 역전되었다. 한국의 기업은 모방에서 창조로 대변신을 해야 하는 단계에 접어들었지만, 대학은 여전히 창조가 아닌 모방에 적합한 교육과 연구 구조를 가지고 있었기 때문이다. 대학은 한국 사회의 변화에 따른, 기대되는 기능을 수행하지 못한 채 수명을 다할 위기에 놓여 있다. 현재 대학은 창조적인 지식과 사회적 가치를 창출하지 못하는 기능 부전에 빠져 있다.

대학의 교육 과정에 대한 사회적 신뢰가 무너지고 있음을 반증하는 대표적인 사례가 기업이나 정부의 블라인드 채용이다. 블라인드 채용은 출신 대학이나 성적, 학점 등을 일체 고려하지 않는 채용 방식이다. 대학의 커리큘럼이나 학업 성취도가 아니라 정부나 개별 기업의 독자적인 선별 기준으로 채용하겠다는 것이 블라인드 채용의 핵심이다.

대학을 졸업하려면 130~140학점의 학점을 취득해야 한다. 2, 3학점을 한 과목으로 계산하면 거의 50명이 넘는 교수들에게 평가를 받는다는 말이 된다. 50명이 넘는 교수들은 서로 다른 평가 기준과 관점에서 학생을 평가한다. 그것도 1회성이 아니라 4년이나 5년이라는 장기간에 걸쳐 누적적으로 평가한다. 이렇게 많은 시간과 전문가가 투입된 평가를 무시하겠다는 발상이 블라인드 채용이다. 이런 놀라운 발상에도 대학은 반응이 없다. 대학 사회가 대학에 대한 사회의 평가를 인정하고 있는 셈이다. 에드엑스(EdX)나 코세라(Coursera)와 같은 글로벌 온라인 강좌를 국내 기업이 인정하려는 움직임이 있다는 것 역시 국내 대학의 위기를 보여 준다. 그럼에도 AI 시대에 맞게 대학 교육을 개혁하기는 극히 어렵다. 대학은 수십 년간 지속할 수 있는, 변하지 않을 원칙과 '전형'을 가르치기 때문에 보수적이라는 특성을 띤다.

대학과 달리 자유롭게 커리큘럼을 변경하는 곳이 학원이다. 학원은 철저하게 학생의 수요와 공급 원리에 따라 작동한다. 학생이 많으면 수업을 개설하고 학생이 줄면 폐강한다. 학원은 장기적 교육 목표를 가지고 있지도 않다. 수능이나 국가 시험, 공무원 시험 등 단기적인 목적을 실현하도록 집중 교육하는 것이 목표이다. 좀 더 냉정하게 말하면 학원은 학생의 인성이나 장기적인 생존 등은 관심에 없다.

반대로 대학은 학생이 평생에 걸쳐 생존할 수 있는 원리와 학습 태도를 심어 주려 한다. 그래서 대학은 하나의 전공 과목 커리큘럼을 변경하는 것도 많은 절차를 거쳐야 하고, 그 절차들은 복잡하고 까다롭다. 과목을 신설, 변경하려면 먼저 해당 교수가 전공 교수 회의에 근거 자료를 제출하고 동의를 얻은 데서부터 시작해야 한다. 그런데 전공 과목 수가 한정되어 있어 하나의 과목이 생기면 다른 과목을 폐기해야 하는 경우가 많다. 이렇게 되면 다른 전공 과목을 담당하는 교수는 당연히 반대한다. 전공 교수 회의에서 동의를 얻으면 학부 교수 회의, 단과 대학 교과 과정 운영 위원회 등을 거쳐 본부로 간다. 본부 교무처에서는 교과 과정 심의 위원회를 열어 타당성을 검토하고, 여기를 통과하면 총장 주재 교무 위원회에 상정해 심의, 의결한다. 이 과정에서 하나의 단계라도 문제 제기가 생기면 통과는 어렵다.

대학의 위기는 대학의 고유 기능 때문이기도 하다. 대학 교육에서 가장 중요시하는 기본 가치는 '기본 역량'이다. 반면 기업에서는 '응용' 능력을 중요시한다. 기업은 발전 단계에 따라 요구하는 인재의 역량이 달라지고, 따라서 인재 모델 역시 수시로 바뀐다. 최근 대학생들이 인턴 등을 통해 대학 외부나 기업 현장에서 지식을 습득하고 싶어 하는 것은 취업 시장에서 기업이 대학생에게 현장과 실무의 지식 취득을 요구하고 있기 때문이다.

대학이 극히 세부화된 전공으로 분할되어 학과 간 이동이 차단되거나 학과 간 협력이 불가능한 것도 문제이다. 이런 상황을 개선하기 위해 제시된 것이 인문대, 공대 등을 하나의 큰 전공 단위로 학생을 선발하는 '학부제'나 '전공 광역화'이다. 전공 광역화는 인문 계열, 사회 계열 등 전공의 범주를 크게 묶어 1학년 때에는 전공 탐색을 하고 2학년 진급 때에 전공을 선택하게 만드는 제도이다. 하지만 취지와 달리 광역화는 대학생 1학년 신입생의 '고교 4학년화'를 초래하는 부작용을 낳았다. 자신의 전공에 만족하지 못하는 신입생이 원하는 학과에 합격하기 위해 학점만 신경 쓰게 되고, 교수와 학생 간의 관계가 멀어져 학생 지도가 곤란해지는 상황이 발생한 것이다. 결국 이런 부작용으로 학부제는 다시 학과제로 전환되었다.

대학은 현재 재정적 어려움을 겪고 있기도 하다. 대학은 일반적, 보편적인 지식이 아닌 전문적인 기능이나 지식을 교육해야 하지만, 그것은 교육 과정에서 제반 비용의 증가를 의미한다. 교수나 직원 인건비 등 모든 비용은 상승하는 반면 등록금은 10년 이상 동결되었다. 그 결과 대학은 재정과 교육 과정을 자율적으로 혁신하지 못하고 반대로 교육부와 같은 정부의 지원에 매달릴 수밖에 없다. 심지어 대학들은 정부가 BK(Brain Korea) 사업 등 재정 지원을 하면 학과를 신설하거나 폐지하기도 한다. 대학의 학원화라고 부를 수 있는 놀라운 현상이다. 이런 문제들의 누적으로 지금 한국의 대학은 AI, 빅 데이터 등 새로운 지식을 기반으로 한 교육이 어려운 상황에 빠져 있다. 이것은 현재의 대학 교육에 대한 높은 불신으로 나타나고 있다.

그림 4는 20대 남학생과 여학생의 AI 인식에 대한 평균 점수 비교이다. 총 6개의 항목 중 통계적으로 유의하게 차이가 나는 항목은 'AI에 대한 긍정도'와 'AI 취업 심사 활용'에 대한 인식이다. 두 항목 모두 여학생이 남학생보다 유의하게 점수가 높게 나타나고 있다. 이는 취업에서 여학생이 남학생보다 불리하다고 인식하고 있어 나타나는 현상으로 보인다.

2016년 취업 사이트 사람인이 구직 경험자 2,043명을 대상으로 조사한 결과, 취업 면접 시 여성이 남성보다 '성별 관련 질문'을 3배 이상 많이 받는 것으로 나타났다. 성별 관련 질문은 직무와 연관이 없는 결혼, 남자 친구 유무, 출산 계획과 같은 사생활 관련 내용이 대부분

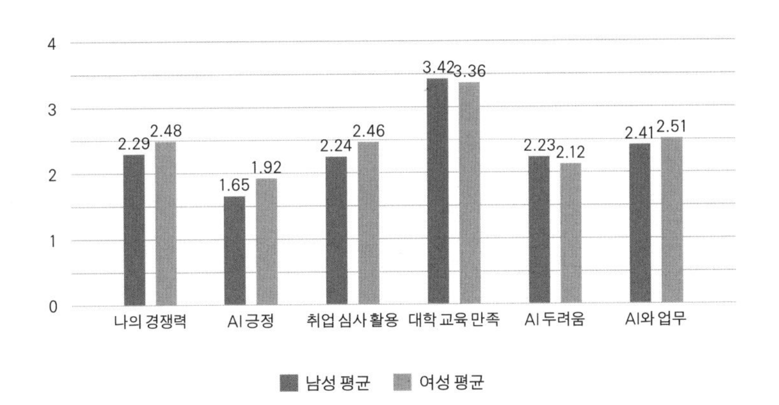

그림 4. AI 관련 인식 남성/여성 평균 비교.

이었다고 한다. 응답자의 78퍼센트는 이 같은 질문에 "성차별을 느꼈다."라고 답했고, 특히 성별이 취업에 장애가 된다고 생각하는 경우는 64.5퍼센트에 달해 남성 24.6퍼센트보다 2배 이상 높았다. 이렇게 차별을 느끼는 여학생이 AI를 상대적으로 공정하다 느끼고, 취업 과정에 더 많이 활용되기를 기대하는 것은 당연한 결과일 것이다.

AI는 게임을 혁신할 수 있을까?

에버렛 로저스(Everett Rogers)의 혁신 확산 이론(diffusion of innovations theory)에 따르면 혁신적 제품이나 혁신적 아이디어는 사회 구성원들 사이에서 일정 시간에 걸쳐 커뮤니케이션을 통해 확산되며, 혁신적인 신제품의 수용 역시 시간적 차이를 두고 서로 다른 집단에 의해서 차례로 나타난다.[1] (그림 1 참조) 로저스의 이론적 가설은 1920년대 후반부터 1940년대 초반까지 미국 아이오와 주의 농촌에서 개량된 옥수수를 채택한 농부들의 수가 연도별로 어떻게 변하는지 알아본 경험적 통계를 일반화한 것이다. 로저스는 수용자를 신제품 수용 속도에 따라 다음 그림 5처럼 5단계로 구분했다. 이들이 전체 인구에서 차지하는 비율은 각각 혁신자 2.5퍼센트, 조기 수용자 13.5퍼센트, 조기 다수 34퍼센트, 후기 다수 34퍼센트, 회의론자 16퍼센트 등이다.

여기서 조기 수용자는 후기 다수보다 변화에 대해 더 호의적인 태도를 가지고 혁신에 대한 지식도 많으며 전반적으로 모험심이 높다. 일반적으로 혁신성이 높은 소비자들이 혁신의 수용으로 얻을 혜택

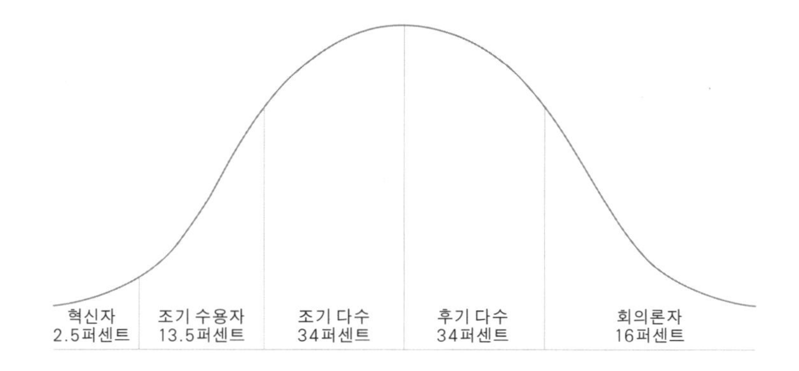

그림 5. 로저스의 혁신 확산 이론에 따른 혁신(신제품) 수용 집단 확산 분포.

을 긍정적으로 기대하며 새로운 기술을 사용하고 수용할 가능성이 높다.

수용자의 구분 중에서 핵심은 혁신의 '폭발적인 수용'을 설명할 수 있는 그룹인 조기 수용자이다. 이들은 혁신을 조직 내에 도입해 확산하는 데 있어 중요한 역할을 한다. 특히 상호 작용적인 커뮤니케이션 기술이 도입되는 경우 조기 수용자는 혁신이 폭발적으로 채택되는 시점, 즉 '조기 다수'와 밀접한 관련이 있다. 결론적으로 조기 수용자는 혁신자보다는 다소 늦게 혁신에 관심을 보이지만 타인의 혁신 수용에는 큰 영향력을 행사한다. 조기 수용자는 새로운 상품과 서비스 시장을 선도하는 역할을 담당하고 있어 그 중요성이 매우 크다. 따라서 게임 AI 도입의 초기 단계인 지금 조기 수용자가 게임 AI를 어떻게 판단하는지는 중요한 의미를 가진다. 게임 AI에 대한 이들의 평가가 조기 다수를 견인하는 데 중요하기 때문이다.

조기 수용자의 만족은 기업의 수익 창출이나 기업 가치 상승과도 관련이 있다. 제품 만족이란 고객 니즈를 충족시키는 정도에 대한 소비자의 주관적 평가로 소비 경험이 최소한 기대되었던 것보다는 좋았다는 평가이다. 만족도는 소비자들이 제품이나 서비스를 소유하거나 사용할 때 생기는 기대와 만족의 불일치 정도를 말한다. 마케팅에서 중요하게 연구되는 분야 중 하나가 바로 이 만족도와 제품 재사용 의사이다. 따라서 조기 수용자의 만족도는 게임의 성패를 좌우하는 중요한 변수가 된다. 여기서는 AI가 도입된 게임에 대한 게이머의 인식과 태도를 살펴보기로 하자. 게임 AI에 대해 게이머는 어떻게 만족하고 또 불만족하는지에 대한 분석이다.

게임 AI에 대한 논의에서 온라인 게임이 지니는 특성에 주목할 필요가 있다. 온라인 게임은 보상과 재미, 도전 등의 요소로 구성되어 있다. 이용자가 게임을 진행하는 과정에서 여러 형태의 보상이 주어진다. 이것은 다른 플레이어와의 경쟁이나 각 단계의 퀘스트(과제) 완수에 대한 강한 동기 부여로 작용한다. 또 타인과의 사회적 관계 형성 과정에서 재미와 자신의 캐릭터에 대한 호감도를 끌어낸다. 이런 특성들은 게임 내에서 서로 복합적으로 작용해 게임 이용자들로 하여금 게임을 지속적으로 이용하게 하는 유인이 된다.

AI는 개념적으로 강한 AI(strong AI)와 약한 AI(weak AI)로 구분할 수 있다. 강한 AI는 사람처럼 자유로운 사고가 가능한 자아를 지닌 AI를 말하며 인간처럼 복잡한 업무를 수행할 수 있다고 해서 범용 AI(Artificial General Intelligence, AGI)라고도 한다. 반면 약한 AI는 자의식이 없는 AI를 말하는데 주로 특정 분야에 특화된 형태로 개발되어 인간의 한계를 보완하고 특정 작업의 효율성을 높이는 데 활용된다. 게임 제작에 주로 적용되는 약한 AI는 개인화가 핵심으로, 이를 통해 게임 이용자에 따라 차별화된 난이도의 게임 콘텐츠를 제공할 수 있다.

그동안 게임 업계에서는 이용자 경험을 향상시키기 위해 주로 게임 그래픽을 고도화해 왔지만, 그에 따른 제작비 상승과 게임의 유사화로 인해 다른 게임과의 차별화가 점차 어려워지고 있다. 따라서 최근에는 AI 기술을 적용해 이용자에게 차별화된 재미를 제공하는 것이 새로운 대안으로 관심을 모으고 있다. 게임 시장에서 우위에 서기 위한 경쟁력의 핵심으로 게임 AI가 기대되고 있다.

게임 AI는 초창기에는 체커나 체스 같은 게임에서 많이 연구되었다. 이런 유형의 게임들은 매 차례 유한한 선택 횟수를 가지며, 은닉 정보가 없다는 측면에서 기존에 개발되어 있는 탐색 알고리듬을 그대로 적용하는 것이 가능했다. 하지만 이와는 달리 일인칭 슈팅 게임(first person shooting, FPS)이나 실시간 전략 시뮬레이션(real time strategy, RTS)과 같은 게임의 AI는 과거의 보드 게임과는 다른 특성을 가진다.

게임에서 AI는 플레이어, NPC(non player character), 팀원 등 게이머를 대신하는 역할이나 프로그램화된 캐릭터의 역할을 수행한다. 여기에는 사람 같은 학습 능력을 포함해 사람처럼 행동하는 지능적 행동도 포함되어 있다. 과거 게임에서는 인간과 유사한 행동을 하는 캐릭터를 제작하기 위해 노력과 비용을 투입했다면, 지금은 인간과 유사한 사고를 하는 것처럼 보이는 AI 기술이 중요한 부분을 차지하고 있다.

또한 AI 기술의 사용 목적도 기존에는 지능적인 것처럼 보이는 NPC를 제작하는 것이 대부분이었지만, 현재는 협동 플레이, 이용자 모델링, 콘텐츠 자동 생성 등 다양한 목적으로 사용하고 있다. 게임 회사 중에서 비교적 빨리 AI 기술을 게임에 도입한 기업이 엔씨소프트이다. 엔씨소프트는 자사의 대표 게임인 MMORPG(massively multiplayer online role-playing game, 대규모 다중 사용자 온라인 롤플레잉 게임) 「블레이드&소울」의 「무한의 탑」에 AI 시스템을 도입했다.

「블레이드&소울」은 엔씨소프트에서 2012년 6월 출시한 무협 기반의 MMORPG로 특정 문파에 가입하거나 새로운 문파를 창설해 플레이할 수 있어 플레이어 간의 소통과 상호 작용이 매우 중요하다. 특히 「무한의 탑」은 AI와 일대일 대전을 하는 콘텐츠로 「블레이드&소울」에서 2016년 1월 오픈한 신규 콘텐츠이다. 무한의 탑은 각층마다 각기 다른 무공을 사용하는 NPC가 나타난다. 이용자는 NPC와 일대일 대전을 펼쳐 제압하면 다음 층으로 올라갈 수 있다. 고층으로 올라갈수록 더욱 강력한 NPC를 만나게 된다. 엔씨소프트는 「무한의 탑」 NPC에 AI 기술을 적용했다. PvP(player vs. player, 이용자 간 대전)에서 발생하는 다양한 상황에 따라 대응 방법을 생각하고 반응하는 AI 기술이다. 「무한의 탑」 AI는 상황에 따라 판단, 최적의 선택을 하고 다양한 게임 상황을 연출한다. 그러나 게임 AI에 대한 유저들의 반응은 어떨까? 게임 AI에 대한 게이머들의 반응은 지금까지 알려진 바가 그다지 없다. 여기서는 게이머들이 게임 AI에 어떻게 반응하

는지 알아보기로 하자.[2]

게이머들은 게임 AI에 어떻게 반응하는가?

여기서는 엔씨소프트의 MMORPG 「블레이드&소울」 플레이 경험이 있는 이용자 20명을 대상으로 인터뷰를 진행한 후 데이터를 언어 네트워크 분석법으로 처리했다. 언어 네트워크 분석은 단어의 특성과 단어들 사이의 의미적 관계에서 나타나는 속성을 파악하는 데 유용한 방법이다. 언어 네트워크 분석은 텍스트 내 출현 단어에 대한 연결 패턴의 정량화와 핵심 주제어 추출과 같은 분석을 통해 유의미한 언어 구조를 파악할 수 있다는 장점이 있다.

인터뷰를 통해 최종적으로 수집된 674개의 핵심 주제어 가운데 빈도가 3회 이상인 단어 66개를 빈도 내림차순으로 정리한 것이 다음 표 1이다. 자세히 살펴보면 27회, 23회, 18회, 14회, 10회의 빈도수를 가지고 있는 주제어들은 각각 하나이다. 17회 5개, 15회 4개 등 빈도수가 낮아질수록 주제어 개수가 증가했으며 특히 빈도수 7회부터는 주제어 개수가 급격히 늘어나는 것을 확인할 수 있었다. 또한 주제어 중에서 패턴(27회)과 콘텐츠(23회)가 압도적으로 많이 언급되었고 다음으로 플레이(18회), 다양성, 새로움, 일정한/비슷한, 시스템, 흥미가 17회 언급되었다. 여기서 함께 묶인 '일정한/비슷한'이라는 단어의 경우 '정해진, 동일한, 변하지 않는' 등의 의도로 쓰이며 앞뒤 단어의 조합 및 의도에 근거해 합쳐진 경우이다.

표 1. 핵심 주제어 빈도.

순위	핵심 주제어	빈도	순위	핵심 주제어	빈도
1	패턴	27	34	한계	6
2	콘텐츠	23	35	그래픽	6
3	플레이	18	36	친밀도	5
4	다양성	17	37	성취도	5
5	새로움	17	38	분석 파악	5
6	일정한/비슷한	17	39	정해진 메뉴얼	5
7	시스템	17	40	게임 장르	5
8	흥미	17	41	트레이닝	5
9	혁신성	15	42	몰입도	5
10	스토리라인	15	43	대응력	4
11	재미	15	44	성장 시스템	4
12	신규 유저 확보	15	45	활용성	4
13	인지도	14	46	빠름	4
14	난이도 조정	13	47	PvP 특화	4
15	기술적 문제	13	48	시간 절약	4
16	과금	12	49	밸런스	4
17	조작 방식	12	50	사용자 스킬	4
18	헬프 기능/도움	10	51	즉각적 피드백	4
19	자동화 시스템	9	52	차별화	4
20	캐릭터	9	53	학습	4
21	지루함	9	54	적용	4
22	진입 장벽	8	55	접근성	4
23	경제 시스템	8	56	불확실성	3
24	편리함	8	57	반복성	3
25	유저 유출/이탈	8	58	설계적 문제	3
26	운영 관리	8	59	업데이트	3
27	용이성	7	60	효과적 사용	3
28	완성도	7	61	적합성	3
29	NPC	7	62	퀄리티	3
30	상호 작용	7	63	데이터 축적	3
31	협동 플레이	7	64	가이드 역할	3
32	변칙적/능동적	7	65	지나친 개입	3
33	역할	7	66	인간적 요소	3

주제어 '패턴'은 빈도수(27회)나 연결 중심성(28.000), 고유 벡터 중심성(0.578)에서 가장 큰 비중을 차지했고 매개 중심성(367.135)에서도 2위를 차지했다. 여기서 빈도수는 단어 출현의 횟수이며, 연결 중심성이란 네트워크 내의 어떤 단어가 몇 개의 단어와 직접적으로 연결되어 있는지를 측정한 것이다. 고유 벡터 중심성은 연결되어 있는 단어가 얼마나 네트워크 내에서 중요한 단어인지를 감안해 판단한다. 예를 들어 초등학생이 자신의 친구 100명과 연결되어 있는 것보다 국회 의원이 다른 국회 의원 10명과 연결되어 있는 것이 정치적으로 더 큰 영향력을 가진다고 판단하는 것을 고유 벡터 중심성이 크다고 해석할 수 있다.

다음으로 빈도수 2위(23회)를 차지했던 주제어 '콘텐츠'도 연결 중심성(24.000), 고유 벡터 중심성(0.516) 모두 높은 값을 나타냈다. 이 주제어들은 게이머들이 가장 많이 언급한 주제어로 네트워크 내에서 중심에 위치하며 다른 주제어들과 밀접히 연결되어 있고 활동성 및 다른 주제어 간 관계에서 자원의 흐름을 통제하는 능력이 높으며 네트워크 내에서 가장 중요한 영향력 있는 핵심 주제어이다.

주제어 '패턴'과 '콘텐츠'를 제외한 빈도수 상위 10위 안에 주제어들을 살펴보면, '플레이, 다양성, 시스템, 흥미, 스토리라인' 등이다. 그 외의 주제어 '새로움'은 빈도수(17회) 5위이다. 이들은 게임 AI 만족도에 영향을 미치는 요인에서 가장 일반적으로 사용되는 주제어로 네트워크 내 중심에서 다른 주제어들과 근접할 뿐만 아니라 주제어들 사이에서도 활발한 관계를 맺고 있음을 보여 준다. 핵심 주제어 간

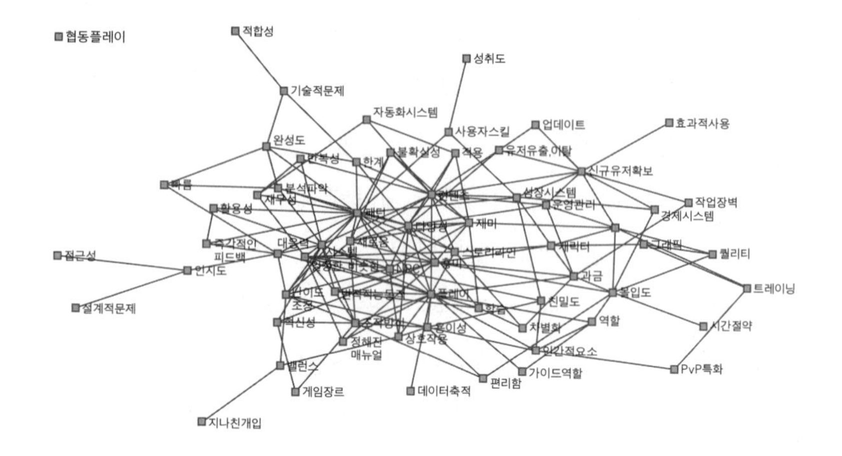

그림 6. 시맨틱 네트워크(semantic network)를 통한 게임 AI 키워드 시각화.

의 연결선을 나타내는 언어 네트워크 분석 결과의 시각화는 핵심 주제어를 보다 시각적으로 뚜렷하고 명확하게 파악할 수 있게 해 준다. 넷드로우(Netdraw) 시각화 프로그램을 이용한 결과물이 그림 6이다.

언어 네트워크 처리를 통해 얻은 상위 핵심 주제어 및 그림 6과 같은 언어 네트워크 시각화의 연구 결과를 종합하면 게임 AI 이용자 만족에 영향을 미치는 요인들을 다음 몇 가지로 정리할 수 있다.

첫째, 게임 AI 이용자, 즉 초기 유저의 만족도에 영향을 미치는 요인으로 패턴이 가장 중요한 요인으로 작용한다. 게이머들은 AI 게임 플레이에서 일정하고 비슷한 AI 패턴의 한계를 가장 많이 언급했다. 게이머들은 인터뷰에서 이렇게 말하고 있다.

참여자 A: AI라고는 하지만 패턴의 한계가 있다고 생각한다. 대부분 어느 정도 일정한 패턴을 가지고 있어서 오랜 기간 플레이할 경우 지루해지는 경향이 있다. 게임이 지루해지다 보니 유저들의 유출이 심해지는 것 같다.

참여자 O: 기존의 패턴만 알고 있으면 쉽게 클리어 가능하다. 약간 즉흥적인 반응을 넣어 지루함을 없애 주면 좋겠다. 일정한 패턴이 없어졌다고는 하지만 크게 몰입하거나 영향을 미칠 정도는 아닌 것 같다.

참여자 R: 비슷한 패턴이다 보니 오래 하면 재미가 없고 흥미가 많이 떨어진다. 비슷비슷하고 일정한 패턴보다는 더 많은 선택권이 주어지면 어떨까 한다.

둘째, 초기 이용자의 만족도에 영향을 미치는 요인으로 '콘텐츠'가 도출되었다. 이용자들은 게임 플레이에 있어 콘텐츠의 적절한 적용 및 다양화 등을 언급했다.

여자 D: AI의 기술적 문제도 존재하겠지만 이용하는 콘텐츠의 적용이 부적절한 것 같다. 인간형 PvP 대전에 AI를 도입했는데 사람들이 제일 관심 없어 하는 콘텐츠라고 생각한다. 그것보다는 상황에 맞춰 패턴이 달라지는 곳에 AI를 사용하거나, PvP보다는 PvE(게이머와 몬스터 간 대전 등)에 한정시키는 것이 더 좋을 것 같다.

참여자 N: 타격감이 좋은 것이 장점인데 반복된 내부적 게임 시스템이 지루하고 콘텐츠가 식상하고 뻔하다. 색다른 콘텐츠, 예를 들면 게임 내 정형화되어 있는 것들을 개선하고 불확실성을 늘이면 재미있을 것 같다.

셋째, 만족도에 영향을 미치는 요인으로 '다양성', '새로움', '흥미', '혁신성' 등 이용자들이 느끼는 주관적 정도가 영향 요인이었다.

참여자 B: 게임 AI가 도입되면서 좀 더 다양한 플레이를 즐길 수 있게 되었다. 기존에 없었던 게임 방식이라 혁신적이고 새롭다.

참여자 F: 기존의 게임에 비해 좋아지고 다양해진 점은 분명히 있으나 기존에는 단순하게 접근하여 손쉬운 플레이를 했다면, 지금은 재미도 증가했지만 접근성이나 이해도가 떨어지는 편이다. AI 도입 자체는 흥미롭다고 생각된다.

참여자 M: 무협을 소재로 했다는 장르적인 부분이 혁신적이며 초보자들을 위한 시스템들도 나쁘지 않았다고 느껴진다. 캐릭터들의 디자인도 개성이 넘치고 유저들로 하여금 게임에 몰입할 수 있게 만드는 역할을 하는 것 같다.

넷째, 만족도에 영향을 미치는 요인으로 '시스템'을 지적하고 있다. 이용자들은 게임을 플레이함에 있어 게임 자체의 시스템, 기술적인 문제나 자동화 시스템 및 경제 시스템, 성장 시스템에 AI 도입을 요구하고 있다.

참여자 C: 획일화된 콘텐츠나 퀘스트, 스토리라인, 게임 내의 경제 시스템, 재화나 아이템 문제, 자동화 시스템도 AI에 따라 자동적으로 조정 해 주는 역할을 해 주면 좋을 것 같다.

참여자 K: AI가 도입되어 있는 부분이 PvP밖에 없어서 기술적 한계로 느껴지고 유저의 역할을 어느 정도 분담해 주면 좋을 것 같다. 일정한 패턴이 좀 아쉽다.

참여자 P: 스스로 학습하는 시스템을 도입하거나 정해진 패턴이 아닌 새로운 시스템을 추가했으면 한다. 다양성이 부족해 보이고, 예를 들어 NPC가 좀 더 친근감 있게 말을 해 주거나 혹은 내가 NPC에게 선물을 함으로 능력치가 향상되는 시스템 등을 구축해서 유저들의 만족도를 높일 수 있지 않을까 생각한다.

마지막으로, 이용자의 만족도에 영향을 미치는 요인으로 '밸런스'를 인식하고 있다. 여기서 밸런스는 게임 AI 도입에서 적당한 난이도를 유지해야 한다는 의미이다.

참여자 M: 신규 유저를 받아들이는 것도 중요하지만 기존의 유저들에 대한 보상과 만족감도 중요하므로 AI를 활용해 밸런스적인 측면에서 조금 더 노력을 해 주었으면 한다. 예를 들어 초보자들을 위한 시스템도 중요하지만 어려워야 할 보스 몬스터는 더 어렵게 하는 등이다.

참여자 N: 기술적인 개선 사항은 당연히 존재하겠지만 궁극적으로 사람처럼 플레이할 수 있는 기능과 역할을 기대한다. 그리고 그 정도까지 발전이 된다면 NPC, 필드 환경 등 게임이라는 특수성 때문에 어느 정도

밸런스 유지가 필요하다고 생각한다. AI의 과한 도입은 오히려 게임에 방해가 될 수도 있다.

AI 게임에 대한 게이머의 양면적 태도: 기대와 실망

게임 AI에 대한 초기 이용자의 만족 영향 요인을 분석할 결과 이용자의 만족도에 영향을 미치는 요인으로 가장 먼저 AI의 일정한 패턴이 문제로 지적되었다. '일정 패턴에 따른 지루함', '패턴의 한계를 느낌' 등의 언급이 그것이다. 이용자들은 패턴이 다양해지거나 즉흥적인 요소, 보다 많은 선택권이 주어지는 것을 원하고 있었다. 또한 PvP에 특화된 AI 기반 콘텐츠, 콘텐츠의 다양화 부족 등은 주요 불만족 요인이었다.

이용자들은 다양성, 새로움, 흥미로움, 혁신적, 재미 등을 만족 요인으로 꼽았다. 그들은 게임에 AI 도입 자체는 흥미롭고 새롭다고 느끼며 게임에 대한 전반적인 이해를 도와 흥미도 또한 증가시킨다고 인식하고 있었다. 그리고 재화나 아이템 및 자동화 시스템 등에 AI가 도입되어 자동적으로 조정해 주는 중재 역할과 시스템 개발을 기대하고 있었다. 다만 AI가 게임에서 너무 강력하거나 많은 부분을 차지하지 않기를 원하고 있었다. 알파고와 같은 AI는 게이머들이 원하지 않는 것이다.

게이머들은 AI가 기존의 콘텐츠에 변화를 줄 것이라는 기대감을 가지고 있다. 게이머들에게 게임 내 역할을 던져 주는 기존 NPC는 수동적이고 제한적이다. 게이머들은 NPC가 프로그램화된 캐릭터라는 것을 잘 알고 있다. 또한 게임 공략집이 존재하는 상태에서 게이머들은 재미의 반감이라는 문제에 직면한다. 이미 게임을 어떻게 진행하면 될지 방법을 공략집을 통해 이미 알고 있기 때문이다. 또한 유저보다 더욱 강력한 AI에 대한 거부감도 동시에 존재한다. 게이머들은 게임에서 너무 많은 부분에 AI가 진입하지 않기를 바란다. 그들은 게임 AI가 도입되기를 원하되 제한적으로 도입되기를 원하는 이중적 태도를 가지고 있다. 다음과 같은 한 게이머의 말은 이런 이중적인 심리를 잘 대변하고 있다.

> 게임 AI는 양날의 칼이라는 생각이 든다. AI 수준이 너무 높을 경우 유저들이 게임을 할 때 너무 어려워지므로 어느 정도 적당한 선을 지키는 밸런스 유지가 필요하다고 생각한다. 균형을 맞추는 것이 중요하며 알파고 수준이 되면 게임이 아니라고 생각한다.

게임 AI는 알파고 같은 최고 수준의 강력한 AI가 아니라 유저의 플레이를 보조하거나, 유저의 수준에 맞추어 플레이하는 수준의 AI, 인간의 조력자로서의 AI를 선호하는 것이다.

게임 AI는 향후 게임 산업에서 중요한 기술적 기반이 될 것으로 보인다. 일본의 스퀘어에닉스는 2017년에 발매된 「파이널판타지 15」를 비롯해 여러 게임에서 AI를 실험하고 있다. 사실 AI와 보다 친화성이 있는 게임은 온라인 게임보다는 콘솔 게임이다. 닌텐도의 스위치나 소니의 플레이스테이션과 같은 콘솔 게임은 전통적으로 인간과 기계, 인간과 프로그램의 대결이 중요한 게임 형태이다. 콘솔 게임에서 인간 행동에 근접한 캐릭터, 인간과 유사한 느낌을 주는 NPC는 중요하다.

인간이 게임 AI에 친밀감을 느끼는 것은 두 가지 경우이다. 첫째는 동일한 상황에서 인간과 유사한 반응을 보이는 것이다. 이를 반영한 것이 「파이널판타지 15」에 탑재된 AI이다. 이 AI 캐릭터는 추우면 몸을 떨고, 비가 내리면 하늘을 쳐다보는 행동을 한다.

둘째는 인간의 예상을 벗어난 의외의 반응을 보이는 경우이다. 게임은 아니지만 일본 마이크로소프트 사의 '린나'라는 AI 여고생 채팅봇이 그렇다. 린나는 어려운 대화를 할 수준은 아니다. "학문의 본질은?"이나 "대학에 갈 건가?" 등을 물으면 "사이타마(일본의 도시)" 같은 엉뚱한 답을 한다. 그런데 놀랍게도 대화한 지 채 1분도 채 되지 않아 "당신 주변에는 엄청난 사람이 많을 거 같아, 게이오 여고(일본의 명문 여고) 학생 같은 겁나는 애들이 바글거릴 것 같네."라는 말을 던져온다. 의외의 대답이다. 이렇듯 약간 유치할 수도 있지만 의외성은 인간을 설레게 한다.

4차 산업 혁명이라는 말은 무겁고, 거창한 느낌을 준다. 그러나 게임과의 결합은 알파고같이 심오하거나 고도의 기술을 구사하지 않아도 된다. 약간의 의외성, 약간의 애교만으로도 게이머들은 충분히 즐거워하기 때문이다.

7장

AI와 인간은 협력할 수 있는가?

AI에 대한 공포감의 원인

이세돌과 알파고의 대결, 그리고 이세돌의 의외의 패배는 전 세계 인간에게 크나큰 충격을 주었다. 많은 사람들은 금방이라도 AI가 자신의 직업을 빼앗아 갈 것 같은 두려움을 느꼈다. 또 어떤 이들은 제임스 카메론(James F. Cameron) 감독의 「터미네이터 2」 같은 영화를 떠올리며 로봇이 인간을 공격하듯이 AI가 인간을 밀어내는 미래가 머지않아 올 것이라고 말하기도 했다.

그러나 냉정하게 생각해 보면 알파고라는 AI가 이세돌에 승리한 것은 그리 놀라운 사건은 아니었다. 당시에 이세돌이 이겼다고 하더라도 알파고가 인간을 압도하는 것은 시간 문제였기 때문이다. 왜냐하면 0과 1의 디지털 조합으로 구성되는 세계에서 인간은 소프트웨어에 승리할 수 없다. 바둑은 정해진 규칙에 따라 움직이는 세계이다. 바둑돌은 두 선이 만나는 지점에 놓여야 한다. 따라서 모호함이 배제된 세계에서 AI는 반복적인 학습을 통해 자신의 능력을 비약적으로 향상시켜 나간다.

알파고 이전에도 우리 주변에는 수많은 '유사 AI'가 있었다. 자동차의 내비게이션 장치가 그것이고, 스마트폰의 글자 자동 수정 기능이 그것이다. 자동차 조립 라인에서 일하는 용접 로봇도 머리가 좋은 것은 아니지만 프로그래밍된 행위를 하고 있다는 점에서 기본적으로 원리는 동일하다. 가전 매장에서 인기 있는 청소 로봇 역시 AI의 유사 범주에 들어간다.

AI의 아이큐를 따져야 한다면 알파고보다 청소 로봇이 더 영리해야 할지도 모른다. 알파고는 흑과 백 이분법적인 디지털 세계를 기반으로 하지만, 청소 로봇은 모호함을 해석해서 '한다/안 한다.'의 이분법적 행위를 해야 한다. 예를 들어, 방바닥에 종이가 구겨져 떨어져 있다고 할 때 청소 로봇은 이 종이를 어떻게 처리해야 할까? 그 종이가 중요한 서류지만 집주인이 착각해 무심결에 버린 것일 수도 있고, 아니면 그냥 쓰레기일 수도 있다. 여기서 청소 로봇은 종이의 구겨진 정도나 찢긴 정도, 주인의 행동 패턴을 반복적으로 관찰해 쓰레기와 서류를 구별해야 한다. 때로 청소 로봇은 글자를 해독해 쓰레기 여부를 판단해야 할 수도 있다.

이와 같은 인간의 AI에 대한 공포는 미경험의 산물일 수 있다. 기존에 익숙하지 않은 미지의 '사물'의 갑작스런 진입에 당혹감을 느끼는 것이다. 인간의 익숙함과 이질감의 차이는 스마트폰에 대한 인간의 태도에서도 볼 수 있다. 예를 들어, 개인의 프라이버시 문제가 있다. 사람들은 스마트폰에 자신의 금융 정보를 비롯해 개인 간의 은밀한 대화 등을 입력하거나 보관하면서도 불안감을 느끼지 않는다. 그 이유는 폴더폰에서 점진적으로 스마트폰으로 핸드폰이 진화하는 과정에 사람들이 한 발 한 발 익숙해져 있기 때문이다.

폴더폰에는 스마트폰에 기본적으로 존재하는 전화와 문자, 음성 녹음 기능 등이 들어가 있다. 이런 친숙함은 스마트폰이라는 새로운 혁신적 디바이스로 이행하는 단계에서 사람들의 저항감을 급격히 줄여 준다. 폴더폰이라는 점진적인 과정을 거치지 않고 스마트폰의 개인 정보(인간 관계, 카카오톡, 위치 정보 등)가 해킹되어 유출된 사례가 발생했다면, 사람들의 반발과 두려움은 대단히 컸을 것이다. 그러나 AI는 스마트폰의 점진적인 도입과는 달리 인간들에게 익숙하지 않은 상태에서 갑자기 인간의 삶에 진입했다. 야밤에 찾아온 불청객과 같은 존재일 수도 있다.

혁신의 확산 과정에서 신제품이나 기술이 초기 단계의 장벽을 어떻게 극복하는가, 즉 초기 시장에 어떻게 뿌리를 내리는가는 중요하다. 초기 단계에서 '조기 수용자' 같은 이용자 기반을 마련하고 이를 기반으로 확장하는가, 아니면 혁신자나 조기 수용자 같은 전제 조건 없이 갑자기 진입하는가는 근본적인 차이가 있다. 이용자 중 누군가의 가이드 없이 익숙하지 않은 기술이나 제품에 접했을 때 느끼는 당혹감과 저항감은 AI에도 똑같이 적용되는 것이다. AI 역시 AI에 익숙해진 다음에, 즉 AI에 대한 저항감이 해소된 다음에는 이용자의 인식도 달라진다.

이제 AI는 더욱 깊이, 그리고 더욱 많은 분야에 진입하고 있다. 따라서 이제 AI와 차별화된 인간의 가치, 인간의 기능과 역할에 대해 고민하고 설계해야 할 단계이다. 앞에서 우리는 AI가 진입하는 다양한 영역에 대해서 살펴보았다. 여기서는 인간과 AI의 공존과 분업을 어떻게 설계할 수 있을지 생각해 보기로 하자.

AI와 인간의 역할 분담과 협업의 세 가지 패턴

인간과 AI의 협업 방식을 다음 그림과 같이 나타내 보자. 가로축은 AI의 의사 결정이냐 실행이냐를, 세로축은 인간의 의사 결정이냐 실행이냐를 나타낸다. 의사 결정은 AI나 인간이 각각 자신의 영역에서 추론이나 연산을 진행, 이를 기반으로 의사 결정을 하는 것을 의미한다. 예를 들어, IBM의 왓슨이 CT를 판독해 환자에게 특정 질환이 있는지를 판단하는 것이다. 실행은 인간이나 AI가 자신의 의사 결정에 기반해 무엇인가를 변화시키기 위해 실제로 행동을 취하는 것을 의미한다.

이런 두 가지 기준으로 인간과 AI의 협력 관계를 분류해 보면 그림 1에서와 같이 4개의 영역이 나온다. 이 4개의 영역 중 인간과 AI가 동시에 실행하는 경우(④)는 거의 없을 것으로 보인다. 양자가 동시에 실행하는 사례로는 알파고와 이세돌의 바둑 대결이나 알파스타와 프로게이머의 「스타크래프트」 게임 대결을 들 수 있지만, 이는 인간과

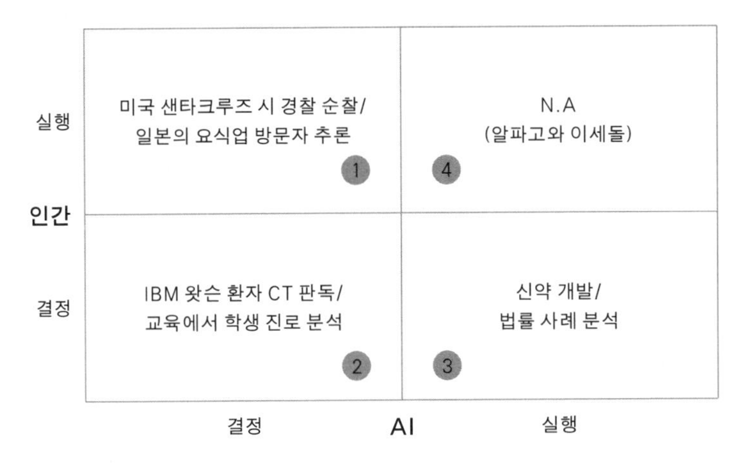

그림 1. AI와 인간의 역할 분담 패턴.

AI의 협업이라기보다는 대결에 가깝기 때문이다. 그리고 이런 대결에서 인간은 AI에 승리하지 못했기 때문에 인간과 AI의 직접적인 대결은 무의미할 것이다. 그것은 엑셀의 연산 능력과 인간의 연산 능력을 비교하거나 경쟁하지 않는 것과 같다.

협업 패턴 ① AI 결정, 인간 실행

이는 AI가 추론과 의사 결정을 하면 여기에 기반해 인간이 실행하는 협업 패턴이다. AI의 역할은 부여된 상황에서 최적의 해답을 도출하는 것이고 이를 기반으로 인간은 문제를 해결하기 위한 행동을 취한다. 미국 캘리포니아 샌타크루즈 시 경찰처럼 AI가 범죄 예방을 위해 특정 지역을 분석하고 나면 그 지역에 순찰차를 배치하거나 경찰관의 순찰을 증가시키는 경우가 여기에 속한다.

CCTV와 AI의 결합 역시 동일 패턴으로 생각할 수 있다. 만약 어떤 중범죄자가 출소했다고 가정하면 AI는 CCTV를 통해 그 사람의 행동 패턴을 파악하게 되고 이상 징후가 발생하면 바로 순찰 중인 경찰관에게 알리게 될 것이다. 해당 범죄자에게 부정적인 데이터가 축적되어 있다면 AI는 이러한 부정적인 데이터에 기반해 판단하게 될 것이다. 미래의 행동에 대한 판단과 예측은 과거의 데이터를 기반으로 내릴 것이기 때문이다. AI는 과거 데이터를 기반으로 예측하기 때문에 그 사람의 '선한 의도'나 '회개'와는 아무런 관계가 없다.

마케팅에서 고객의 행동을 분석해 패턴을 파악하고 거기에 맞는 개인화된 마케팅을 수행하는 것도 마찬가지다. 최근 행동 예측 분석이 확대되고 있는 분야는 개인화 추천이다. 아마존 구매 중 35퍼센트가 추천으로 발생하고, 넷플릭스에서 다운로드되는 영화 중 약 80퍼센트는 추천에서 발생한다고 알려져 있다.

협업 패턴 ② AI와 인간의 동시 결정

이는 인간과 AI가 각각 의사 결정을 하고 이를 서로 비교, 확인하는 것이다. 의사 결정의 결과가 인간에게 미치는 영향이 심각할 경우에 주로 나타나는 협력 방식이다. 예를 들어, 의료에서 환자에 대한 진단이 여기에 들어간다. 환자의 병명이나 상태에 대한 판정에서 인간은 많은 실수를 한다. 예를 들어 아래와 같은 군의관의 실수는 '인간 의사'에 의한 휴먼 에러(human error)이다.

2014년 3월 어떤 군의관이 결과지를 보지 못해 환자의 진단이 크게 늦어졌다는 내용이 신문에 보도되었습니다. 영상 의학과 군의관이 건강 검진 엑스선 검사에서 9센티미터 종양을 발견하고 그 내용을 진료 기록 카드에 남겼습니다. 그런데 결과를 확인하는 가정 의학과 군의관이 그 내용을 보지 못했습니다. '합격'으로 판정되었고 7개월 후 종양이 15센티미터로 커졌고 여러 장기에 전이된 상태로 발견되었습니다. 한 해 7,000명의 건강 검진 결과 확인을 군의관 1명에게 의존한 상황이었습니다. 그런데 가정 의학과 군의관이 고의로 놓쳤겠습니까? 다 실수입니다. 의사의 실수는 중요합니다. 의사의 실수 때문에 환자가 죽을 수 있기 때문입니다.[1]

이런 인간 의사의 실수는 인간의 '실수'로 볼 수 있다. 의사가 고의로, 환자를 죽일 의도로 오진하는 사례는 거의 없기 때문이다. 그런데 만일 AI라면 이런 종류의 휴먼 에러는 간단히 막을 수 있을지 모른다. AI는 전기만 공급해 주면 24시간 동일한 업무 스피드로 일할 수 있어 인간이 범하는 피로나 과로로 인한 실수가 없기 때문이다. 또한 판독 속도 역시 압도적으로 인간을 능가한다. 환자에 대한 진단과 판독에 있어 AI는 인간보다 더 역량이 뛰어날 수 있다.

인도 마니팔 병원에서 IBM의 AI 왓슨을 도입한 결과 의사와 85퍼센트의 일치율로 직장암 판정을 내렸다. IBM은 왓슨의 암 진단 정확도를 96퍼센트라고 주장하기도 한다. 다만 지금 AI에 의한 판정 역시 인간 의사의 100퍼센트 신뢰를 얻지는 못하고 있다. IBM의 왓슨이 인간보다 높은 정확도를 가지고 있다고는 하지만 이를 반박하는 의사도 많다. 왓슨은 아직 아시아 인에 대한 데이터가 많지 않은 상태라 아시아 인에 대한 진단 정확도는 떨어지는 것으로 알려져 있다.

이 때문에 IBM의 글로벌 생명 과학 분야 상무인 줄리 바우저(Julie F. Bowser)는 "왓슨은 의사를 대체할 수 없다. 모든 의사 결정의 최종 결정권은 인간에게 있다. 왓슨은 의사의 능력을 증강하고 확장하는 역할을 할 뿐"이라고 말하기도 한다.[2] 따라서 이런 인간과 AI 모두 한계를 보이는 상황에서 인간이나 AI의 판단 에러를 막기 위한 방법이 인간과 AI 양자에 의한 협력, '더블체크'이다.

환자에 대한 진단 과정을 AI에 전적으로 맡겨 놓을 수 없는 이유는 '머신 에러(machine error)'에 대한 사람들의 불안감 때문이다. 사람들은 똑같은 에러라도 휴먼 에러보다 머신 에러에 더욱 민감하게 반응한다. 그것은 전 세계적으로 사람 운전자의 실수로 생기는 자동차 사고로 24초마다 1명씩 연간 130만 명 가까운 사망자가 나오지만, 자율 주행차에 의한 몇 건의 사고에 사람들이 더욱 민감하게 반응하는 것과 같다. 따라서 의료와 같은 영역에서 인간과 AI의 동시 결정이나 보완적 결정은 인간의 불안감을 해소시킬 수 있는 방법이 된다.

협업 패턴 ③ 인간 결정, AI 실행

이는 인간이 방향이나 전략에 대한 의사 결정을 하고 AI가 실행해서 해답을 찾아내는 방식이다. AI는 복잡한 현상이나 데이터 속에서 규칙을 발견하거나 많은 변수들의 조작을 통해 최적의 답을 찾는 데 뛰어난 기능을 가지고 있다. 예를 들어, AI를 활용한 제약 회사의 신약 개발은 이러한 방식으로 볼 수 있다.

제약 회사들은 신약 개발 첫 단계에서 대상 질병 관련 수십만 건의 논문을 분석하는 데 많은 시간과 비용을 투입한다. 여기서 AI는 한 번에 100만 건 이상의 논문 탐색이 가능해 연구자 수십 명이 수년간 걸리는 작업을 하루에 해낼 수 있다. 후보 물질 발굴 과정에서는 AI가 화합물 구조 정보와 생체 내 단백질 결합 특성을 계산해 후보 물질을 제시한다. 수천 개 신약 후보 물질 중 전임상 대상 물질 수십, 수백 개를 가려내는 데 평균 5년이 걸리는데, AI를 통해 수개월로 줄일 수 있다. 이처럼 특정 질병이나 치료에 대한 방향을 인간이 설정하고 AI에게 '노동'을 시키는 방식으로 역할 분담을 할 수 있다.[3]

앞에서 우리는 AI와 인간이 협력하는 세 가지 패턴에 대해서 살펴보았다. 이제는 이 세 가지 패턴이 구체적으로 어떻게 구현되고 있는지를 상세히 살펴보기로 한다.

패턴 ① AI 분석, 인간 실행

사례 1. AI 고객 예측 시스템을 개발한 일본의 지방 식당

AI를 활용해 식당 방문객 숫자와 식재료 소비량을 예측하려는 시도가 있다. 일본 미에 현 이세 시라는 13만 인구의 중소 도시에 위치한 일본 식당 '오비야'이다.[4] 이 식당은 일일 방문객 수를 90퍼센트의 정확도로 예측하고 있다. 오다지마 하루키(小田島春樹) 사장이 처음 운영을 시작한 2012년 오비야는 그날 주문을 한 장의 종이에 손으로 기록할 뿐, 금전 등록기조차 사용하지 않는 낙후된 식당이었다. 소프트뱅크에서 근무한 경력이 있는 오다지마 사장은 장인이 경영하던 이 식당 경영에 참여하고 나서 PC에 기록을 남기는 데서 시작해 2016년에 AI를 사용한 방문객 수 예측 시스템을 완성시켰다.

식당 경영에서 가장 중요한 부분은 식자재 원가 관리이다. 식당이 월 1억 원의 매출을 올릴 경우 원가율이 50퍼센트라면 순이익은 2000만 원, 40퍼센트라면 3000만 원 정도로 추산된다. 따라서 식자재에서 최적의 비용 산출이 가능하다면 식당 운영에서 수익 극대화라는 최적의 해답을 찾을 수 있다는 말이 된다. 반대로 고객 예측을 잘못하면 식자재를 버리는 비용에 음식물 쓰레기 처리 비용까지 막대한 비용이 발생한다. 이는 수익 악화를 초래한다.

여기서 오비야가 개발한 AI는 과거의 매출, 인근 지역에서 열리는 행사나 사건, 주변 호텔의 숙박 수, 인터넷상의 소문이나 날씨와 같은 10여 항목의 데이터를 모아 고객 수를 예측한다. 이 예측 덕분에 다음날 사용할 식재료와 메뉴도 미리 준비할 수 있게 되어 메뉴 제공 시간을 단축할 수 있을 뿐만 아니라, 불필요한 매입도 회피할 수 있어 폐기 비용도 큰 폭으로 절감할 수 있었다. 2019년 8월의 경우 한 달 동안 약 1만 명의 고객이 방문했고, 오차는 1개월간 203명으로 적중률은 98퍼센트에 이른다고 한다.

오비야 AI는 학습하면서 매일, 매주 변수의 가중치를 변경한다. 이 AI는 다음 날 1시간마다의 방문객 추정 외에도 향후 1주일, 1개월의 예상 인원을 표시한다. 그리고 이렇게 예측한 고객 수를 기초로 예상 매출이나, 메뉴당 주문 수가 얼마나 되는지 산출한다. 이러한 예측 데이터는 종업원이 태블릿 단말이나 모니터로 항상 확인할 수 있어 주문 식재료의 양이나, 인원 배치를 결정하는 데 도움을 준다.

또, 고객 수를 1시간 단위로 예측할 수 있으므로, 종업원의 작업 배치도 사전에 최적화할 수 있다. 장기적인 고객 예측도 세울 수 있으므로, 종업원의 업무 스케줄이나 휴가 계획의 관리에도 도움이 된다. 일본은 현재 구인난을 겪고 있기 때문에 종업원 만족도를 높이는 것이 중요한 문제로 대두하고 있다. AI는 종업원의 만족도도 높여 주는 것이다.[5] AI를 개발한 오다지마 하루키 사장은 이렇게 말한다.

> 실제로 AI 활용으로 큰 성공을 거두고 있지만, 오래된 소매업, 음식점 중에는 IT 자동화로 접객에 소홀할 가능성을 걱정한다고 알고 있다. 그러나 사실은 정반대이다. 첨단 IT로 운영을 자동화, 합리화해 사람의 여유가 생기면 고객 응대의 품질은 확실히 향상된다. 예를 들어, 식당에 셀프 주문 단말기를 도입하면 점원이 가게 안을 바쁘게 뛰어다닐 필요가 없어진다. 오비야에서는 그 효과를 활용해 점원에게 기모노를 입히는 등 접객의 품질과 고객의 여행 가치를 높이는 궁리를 하고 있다. 또 셀프 주문용 태블릿 앱 화면을 최대한 아름답게 만들었다. 먹는 이미지를 상기할 수 있는 멋진 메뉴를 통해서 고객은 선택하는 기쁨을 맛볼 수 있다. 게다가 그 태블릿을 통해 관광 안내, 거리 안내 같은 비디오를 재생시키면, 고객은 주문한 물건이 도착할 때까지의 시간을 보다 의미 있게 보낼 수 있게 될 것이다. 또한, 주문하는 메뉴나 주문 타이밍을 미리 예측해 두면 고객에게 음식을 제공

하는 속도를 높여 고객의 귀중한 시간을 낭비하지 않아도 된다. IT에 의한 자동화로 인해 접대 품질이 떨어진다면 IT 사용법이 틀렸기 때문이다. 첨단 IT를 잘 활용하면 직원들의 부담을 줄이면서 고객 체험을 고도화하고 만족도를 높일 수 있다.[6]

사례 2. 범죄를 예측하는 AI와 경찰

AI가 예측하고 인간이 행동을 취하는 패턴은 경찰에도 도입되고 있다. 미국의 예측 치안 시스템 '프레드폴(PredPol)'은 UCLA의 제프 브랜틴햄(Jeff Brantingham) 교수와 조지 몰러(George Mohler) 샌타클라라 대학교 교수가 함께 개발해 2011년 샌타크루즈 시 경찰국이 도입했고, 현재 60곳 이상의 경찰국에서 사용 중인 소프트웨어이다. 프레드폴은 예측 치안이라는 뜻의 predictive policing의 준말로, 정부의 범죄 데이터를 바탕으로 범죄를 패턴화하고 예측하는 시스템이다. 지진 여진 예측을 응용한 시스템으로 범죄를 종류별로 나누어 발생할 확률이 높은 지역을 표시해 준다. 샌타크루즈 시 경찰국은 자동차와 주택 강도, 그리고 자동차 절도 같은 재산 범죄 발생에 대한 예측 방법을 시험하기 시작했다.

그 성과는 놀라웠다. 2011년 7월 샌타크루즈 시 주차장에서 2명의 여성이 차 안을 들여다보고 있는 것이 발견되어 체포되었다. 1명은 이미 영장이 발부된 상태로 밝혀졌고, 다른 1명은 불법 마약을 소지하고 있었다. 7월의 금요일 오후에 경찰관이 주차장에 출동한 것은 흔한 일이 아니었다. 경찰관들은 그날 자동차 강도 사건이 있을 것이

라고 예측한 AI 프로그램 프레드폴의 지시에 따라 주차장으로 출동했다.[7]

프레드폴 도입 이후 빈집털이는 11퍼센트, 강도는 27퍼센트가 감소했다. 체포 범죄자 수는 50퍼센트 증가했고, 범죄율은 20퍼센트가 감소한 것으로 나타났다. 프레드폴은 특정 범죄자를 예측하는 것이 아닌 특정 범죄가 일어날 가능성이 있는 지역을 예측해 주는 시스템이다. 샌타크루즈 시의 경우, 8년간의 범죄 데이터가 컴퓨터에 입력되었다. 프레드폴은 샌타크루즈 시를 약 500피트(약 150미터)의 정사각형으로 나눈다. 그리고 매일 새로운 데이터가 추가된다. 경찰관들은 점호 시간에 사건 발생 가능성이 높은 10개의 '핫스팟(hotspot)' 목록을 받는다. 프레드폴은 치안 당국이 예산 삭감과 범죄 증가로 고군분투하는 상황에서 관심을 모으고 있다. 출동 요청은 2000년보다 30퍼센트나 더 증가했지만 인원은 20퍼센트 줄어든 상황에 직면해 있는 미국 경찰이 찾아낸 해법인 것이다.

프레드폴과 유사한 범죄 예방 AI로 헌치랩(HunchLab)도 있다. 헌치랩 개발자들은 범죄에 대한 조기 경고가 아닌, 범죄 위험 예측 시스템을 구축할 수 있다고 생각했다. 그들은 사람들이 무엇을 할지는 예측할 수 없지만 과거 범죄 데이터와 시간, 요일, 조명, 날씨 등의 기타 데이터 조합을 사용해 범죄가 발생할 가능성이 높은 위치를 예측할 수 있다고 보았다. 특정 요일 또는 시간에 그 정보를 통해 경찰이 보다 효과적으로 지역 순찰을 수행할 수 있다. 헌치랩의 첫 번째 버전은 매일 새로운 범죄 데이터를 스캔하고, 이를 과거 데이터와 비교해,

범죄의 급상승을 식별하는 것이었다.

헌치랩은 자체적으로 총기 사건 등 강력 사건의 데이터도 수집한다. 미국 지역 사회로부터는 총기 사건의 20퍼센트만 보고되기 때문에 헌치랩은 지속적으로 업데이트된 총격 사건 데이터를 수집해 업그레이드된 총기 사건을 예측한다. 경찰관은 범죄 억제를 위해 몇 시간이고 한 지역에 머물러 있지 않아도 된다. 예를 들어, 다음과 같은 순찰 시간 계획이 가능하다.

헌치랩은 경찰관에게 해당 기관이 우선 순위를 두고 있는 범죄 위험이 가장 높은 영역에 대한 예측을 제공한다. 모니터 화면 속에 등장하는 네모 상자는 순찰을 위한 정확한 지역(250×250미터)을 표시하며 범죄 유형에 따라 색상으로 구분된다. 경찰이 네모 상자에 도착하면 임무가 공식적으로 시작되고 타이머가 작동된다. 해당 지역이 과잉 순찰 또는 순찰 누락되지 않도록 한다. 범죄 분석가와 같은 승인된 사용자는 새로운 정보를 기반으로 미션을 추가하거나 제한할 수 있다.

프레디폴과 헌치랩이 범죄 발생 가능성이 높은 지역을 지정하는데 반해 영국 경찰은 AI를 이용해 피해자나 가해자를 특정하는 프로그램을 개발하고 있다. NDAS(National Data Analytics Solution)라고 불리는 이 시스템은 AI를 결합해 누군가가 폭력 범죄의 가해자나 희생자가 될 가능성을 평가한다. 영국 웨스트미들랜즈 주 경찰이 이 프로젝트를 주도하고 있으며 영국의 모든 경찰이 사용할 수 있도록 설계되고 있다.

NDAS 개발팀은 초기 단계에 지역 경찰 데이터베이스와 국가 경찰 데이터베이스로부터 1테라바이트 이상의 검색 기록과 범죄 기록의 데이터를 수집했는데, 여기에는 약 500만 명에 관한 데이터가 포함되어 있다고 한다.[8] 영국 경찰은 데이터를 살펴본 결과 범죄를 예측하는 데 도움이 되는 약 1,400개의 지표를 발견했는데, 특히 강력했던 지표인 약 30개 변수를 포함시켰다. 여기에는 한 개인이 다른 사람의 도움으로 저지른 범죄의 수와 그 개인의 사회적 집단에 속한 사람들에 의한 범죄의 수가 포함되어 있다. NDAS의 기계 학습 구성 요소는 이러한 지표를 사용해 경찰의 주목을 받는 사람들이 과거 사례에서 관찰된 것과 유사한 폭력을 휘두를 가능성을 예측하고 미래 가능성을 평가하는 '위험 점수'를 산출하는 것이다.

패턴 ② AI 분석, 인간 분석

사례 1. 의료 분야에서의 협력

인간과 AI의 협업은 특히 의료 분야에서 활발하게 이루어지고 있다. IBM 왓슨의 의료 영상 판독은 이미 유명한 사례가 되었다. 구글도 의료용 AI에 대규모 투자를 하고 있다. 구글은 자사의 AI가 유방암 진단에서 인간 의사를 능가했다는 연구 논문을 공개한 바 있다. 2020년 1월 2일 발간된 학술지 《네이처》에 게재된 논문에 따르면 구글 헬스케어 사업부가 개발한 AI는 기존 의료진 진단에서 판별하지 못하고 누락된 유방암 환자를 더 많이 찾아냈다고 한다.[9] 이번 연구에서 AI는 인간 의사들이 놓쳤던 유방암 환자를 미국에서 9.4퍼센트, 영국에서 2.7퍼센트 더 많이 발견했다. AI의 유방암 오진율은 인간 의사보다 미국에서 5.7퍼센트, 영국에서 1.2퍼센트 낮았다.

미국 암학회(ACS)에 따르면 임상의는 유방암 진단을 놓칠 확률이 20퍼센트 정도이다. 또한 ACS 데이터는 매년 유방 조영술을 받는 여성 중 약 절반이 미래 10년 동안 잘못된 양성 진단을 받을 수 있다는 것도 보여 준다. 구글 헬스케어와 구글의 영국 자회사인 딥마인드 사의 연구원들은 이러한 결과를 개선하기 위해 유방암을 검출하기 위한 AI 도구를 개발했다.

이런 결과는 영국에서도 유사하게 나타났다. 영국에서는 2명의 방사선 의사가 유방 조영술을 동시에 판독한다. 구글의 연구원들은 AI 시스템이 두 번째 방사선 의사보다 더 좋은 결과를 보여 주었으며, 결과적으로 방사선 의사의 작업량을 88퍼센트까지 줄일 수 있는 잠재력을 발견했다. 이 연구의 일환으로 연구원들은 6명의 미국 방사선 전문의들에게 500개의 유방 조영술을 살펴보라고 요청했고 그들의 소견을 AI와 비교했다. 그 결과, 그들은 유방암 발병 가능성 판단에 있어 AI가 방사선 전문의들보다 뛰어나다는 것을 발견했다. 다만 일부 사례에서는 인간 의사가 AI를 능가하는 경우도 발생했다. 예를 들어, 6명의 방사선 전문의 모두가 발견한 암 환자를 AI가 놓친 경우도 있었다. 의사가 놓친 암을 AI가 발견하는 반대의 케이스도 발생했다. 여기서 AI가 발견한 암은 방사선 전문의에게 발견된 암보다 더 악성이었다고 한다.

사례 2. 질병 진단에서 AI와 인간의 판단 충돌

질병 진단에서 AI의 판단은 인간의 생명이나 건강과 직결된다는 점에서 맹목적인 신뢰를 주기는 어렵다. 따라서 AI의 판단은 의료진, 즉 인간의 판단과 더불어 사용되는 경우가 일반적이다. 그러나 AI와 인간의 진단과 예측이 항상 일치하는 것은 아니다. AI와 인간의 협력적 판단은 다음 그림 2와 같이 네 가지의 경우로 분류될 수 있다.

AI와 인간의 판단이 일치할 때, 즉 AI와 인간이 모두 질병이 '맞다.'라고 판단하거나 모두 질병이 '아니다.'라고 판단했을 때는 문제의 소지가 없다. AI와 인간의 판단은 협력적으로 작동하며 서로의 판단을 보완하는 역할을 한다. 문제가 되는 것은 AI는 '맞다.'라고 판단했는데 인간은 '아니다.'라고 판단했을 때나, AI는 '아니다.'라고 판단했는데 인간은 '맞다.'라고 판단했을 때, 즉 둘의 판단이 다를 때이다.

그림 2. 질병 진단에서 AI와 인간의 판단 충돌.

AI와 인간의 판단이 충돌할 때 누구의 판단에 근거해 결정할지는 중요한 문제이다. 인간과 AI의 판단 중 누가 맞는가, 그리고 최종적인 판단에 대해 누가 책임을 져야 하는가 하는 이슈가 생기기 때문이다. AI와 인간의 판단이 다를 경우 앞으로 상당 기간 인간의 판단에 따르는 경우가 많을 것이다. AI의 오류에 대해 AI에게 책임을 지울 수 없기 때문이다.

그렇다고 AI 판매 회사에 책임을 묻기도 어려울 것이다. 판매된 AI는 해당 기업이나 병원에서 추가적인 데이터를 학습하면서 진화해 나간다. 이렇게 되면 AI의 판단과 성능은 판매 직후와 달라진다. 추가적인 학습을 통해 AI의 성능은 향상되지만 그렇다고 정확도가 향상되는 것인지는 알 수 없다. 더구나 AI의 블랙박스적 특성 때문에 왜 AI가 그런 판단을 내렸는지 AI 스스로 설명할 수도 없다. 이런 책임 소재의 모호함과 블랙박스적 특성으로 인해 AI 사용 병원은 인간에 의한 판단에 의존할 수밖에 없다.

이러한 인간과 AI의 충돌도 AI의 성능 향상에 따라 감소할 것으로 예상된다. 그림 3을 보면서 생각해 보자. 이 그림에서 인간과 AI의 판단이 충돌할 때 양자의 판단을 종합해 확률적으로 50퍼센트씩 반영해 판단한다고 하자. 그런데 AI 기술이 점점 발달하면서 진단의 정확도가 높아짐에 따라 AI 판단의 정확도도 올라갈 것이다. 예를 들어 50퍼센트씩 반영되던 각각의 판단이 AI가 75퍼센트의 정확도로 향상되고, 인간은 25퍼센트의 정확도로 하락하는 것이다. 그렇게 되면 최종적으로는 질병 진단에서 AI의 판단과 인간의 판단이 충돌할

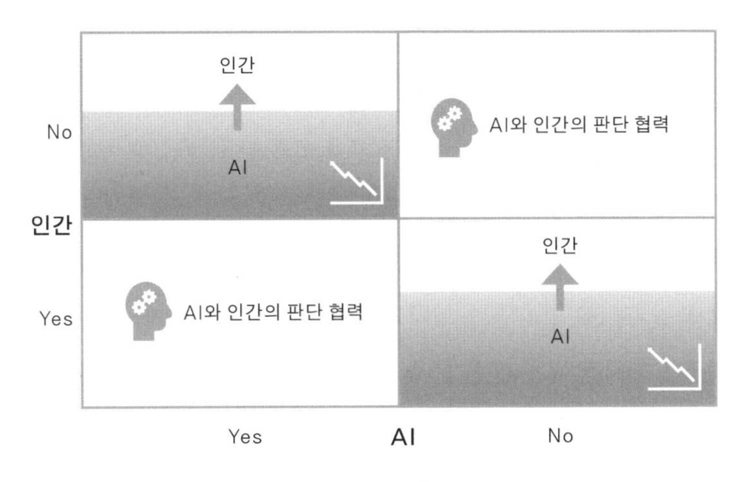

그림 3. 질병 진단에서 AI와 인간의 판단 충돌의 해결 방향.

때 AI의 판단을 우선하게 될 수도 있다. 다만 그렇다고 하더라도 AI의 판단을 따랐으나 AI의 판단에서 오류가 생겼을 때, 또는 버그가 생겼을 때 발생하는 사고에 대한 책임은 또 다른 과제로 남을 것이다.

패턴 ③ AI 실행, 인간 분석

사례 1. 신약 후보 물질 찾기

신약을 개발하는 데는 막대한 시간과 비용이 투입된다. 신약 개발의 핵심은 얼마나 유효한 후보 물질을 단시간에 발견하는가이다. 신약 1개가 나오기 위해서는 1만 개의 후보 물질을 검토해야 한다. 후보 물질을 찾은 뒤에는 동물을 대상으로 한 전임상 시험과 사람을 대상으로 한 임상 시험을 거쳐야 하는데 성공 확률은 2만 5000분의 1 정도로 극히 낮다. 시간도 10년 이상 걸리고 비용도 평균 1조 원으로 추산된다.

바로 이런 신약 개발에 드는 시간과 비용을 AI 기술을 통해 획기적으로 줄일 수 있다. AI의 기계 학습을 이용하면 신속한 검색을 통해 수백만 건의 논문과 임상 데이터를 순식간에 분석할 수 있고, 유효 물질 후보를 골라낼 수 있다. 사람이 실행하기에 불가능한 횟수의 연구를 단시간 내에 진행, 신약 개발 기간과 비용의 획기적인 감소가 가능하다. 일본 제약 공업 협회에 따르면 AI를 활용하면 평균 10년의 개발 기간을 3~4년으로, 1조 2000억 원이 들던 개발 비용도 절반 수준인 6000억 원으로 줄일 수 있다고 한다. AI에 의한 신약 개발 시장은 2024년이 되면 약 40억 달러에 이를 것으로 추정되고 있다.

AI가 만든 신약으로 인간에 대한 첫 임상 시험에 들어간 사례가 있다. 일본에서 개발되어 'DSP-1181'로 명명된 이 신약은 불안과 집착으로 무의미한 행동을 반복하는 강박 장애의 치료제이다. 영국의 신생 기업 엑스사이언티아(Exscientia)와 일본의 대일본 스미토모 제약(大日本住友製薬)이 공동 개발했다. 신약 개발은 먼저 수많은 분자 화합물 중에서 적절한 물질을 선택해 약물의 목적에 따라 이들을 올바르게 조합해야 한다. 그 과정에서 엄청난 경우의 수를 바탕으로 한 판단이 요구된다. DSP-1181의 경우 그러한 후보 조합에 대한 판단을 AI에게 맡겼다. 일반적으로 신약 개발에는 평균 4년 6개월 정도 걸리지만 DSP-1181 개발에는 12개월 정도밖에 걸리지 않았다.

영국 생명 공학 연구 재단(Biogerontology Research Foundation, BGRF) 연

구팀 역시 수년이 걸리는 노화 및 수명 연구 관련한 새로운 약물 후보 물질 설계, 합성 및 검증 과정을 AI를 활용해 46일로 단축했다고 발표했다.

사례 2. 법률 자문

AI 법률 자문은 AI를 인간을 대체하기 위해서가 아니라 인간의 의사 결정 역량을 증강하기 위해서 이용하는 경우이다. AI 전문가 시스템은 인간처럼 모든 분야에 걸친 사고가 아닌 특정 분야에 집중해 역할을 수행하며, 해당 분야의 전문가인 인간을 돕는다. 이 점에서 AI 전문가 시스템은 인간 전문가의 조수가 된다.

변호사와 같은 전문 직종의 경우 업무 수행 과정에서 방대한 양의 데이터가 발생한다. 인간의 업무 처리 능력의 한계가 있기 때문에 그 성과는 시간에 의해 좌우된다. 하지만 AI 전문가 시스템은 검토할 방대한 데이터를 소규모의 데이터로 줄여 주고 기존의 단순 반복적인 업무에서 벗어나 의사 결정에 집중하게 만든다.

예들 들어, AI 법률 전문가 시스템을 도입하면, 기존에 변호사가 하던 판례 검색이나 서류 작업, 정보 수집 등을 AI가 담당하고, 인간 변호사는 소송에 대한 전략 수립이나 판단에 집중하는 식의 역할 분담이 가능해진다. 이러한 역할 분담은 소송 사전 준비 기간의 단축과 법률 서비스 가격 하락으로 이어질 것이다. 특히 소비자의 입장에서 법률 서비스 가격의 하락은 더 많은 법률 서비스의 향유로 이어질 것이다. 변호사는 노동 시간의 단축으로 인한 사건 수임의 증대를 기대해 볼 수 있다.

미국의 경우, AI 법률 분야에서는 현재 세 가지의 전문가 시스템이 상용화되어 있다. IBM 왓슨을 기반으로 한 ROSS와 알레고리 로(Allegory Law), 렉스마키나(LexMachina)가 그것이다. 알레고리 로와 렉스마키나는 사례 기반 추론 시스템을 사용한다. 알레고리 로는 소송 진행자들이 검색을 통해 필요한 소송 서류와 증거를 찾고 어떤 상황에서 활용해야 하는지 알려준다. 또한 소송과 관련된 정보와 필요한 연관 법률 자료들을 소송 수행자들끼리 공유할 수 있게도 해 준다. 알레고리 로는 변호사의 조수 역할을 추구하는 셈이다. 렉스 마키나는 특허 소송에 한정된 전문가 시스템으로 법원 및 상대 변호사 분석을 포함한 소송 결과 예측, 소송 전략 분석 등을 수행한다. 또한 사건에 대한 시간 분석과 예측을 통해 예상 재판 소요 시간을 측정하고 예산을 책정하는 기능도 가지고 있다.

IBM의 ROSS는 렉스마키나와 알레고리 로와 다르게 규칙 기반 추론 시스템을 사용한다. ROSS는 사용자가 대화체로 질문하면 질문과 연관성이 높은 법률적 답변과 함께 판례 등 근거 자료를 제시한다. ROSS는 AI에 법 자체의 텍스트를 이해시킨 후 법률 알고리듬에 따라 답을 주는 방식으로 정보를 제공한다. 기존의 전문가 시스템이 대량의 정보를 정리해 압축된 소규모의 정보로 줄여 인간의 업무를 효율적으로 만들었다면, ROSS는 인간 변호사의 대체 가능성을 보여 준다. 현재 ROSS는 파산법 분야, 지적 재산권 분야, 노동과 고용법 분야 등에서 사용되고 있다.

보조 도구로서의 AI와 인간의 협업: 단순 노동의 AI 위탁

많은 기업들이 프로세스를 자동화하는 데 AI를 이용해 왔지만 직원을 대체할 목적으로 AI를 활용한 기업들은 단기적 생산성 향상만 경험하게 될 것이다. 우리는 기업 1,500개를 대상으로 연구를 수행하면서 인간과 기계가 서로 협력할 때 가장 큰 성과 향상을 이룬다는 사실을 확인했다. 협업 지성(collaborative intelligence)를 통해 인간과 AI가 서로의 장점을 적극적으로 보완할 수 있기 때문이다.[10]

기업들의 AI 활용에서 중요한 포인트는 기존의 기업 내 시스템에 어떻게 AI를 접목하는가에 있다. 특히 고객 접점에서 AI 활용을 통해 새로운 가치를 창출하기 위해서는 기존의 업무 시스템과의 결합이 중요하다. 채팅봇 등 단순한 고객 응답 시스템으로 끝나는 기존 서비스는 소비자에게 정보를 제공하는 것 이외의 가치를 창출할 수 없다. 더 높은 가치 창출을 위한 AI 도입은 기존 업무 시스템과의 연계에 있다.

일본의 철도 기업 JR 동일본의 사례는 인간을 보조하는 도구로서 AI가 기능하는 예이다. JR 동일본은 고객 문의 콜센터에 AI를 도입했다. 여기서 가장 큰 특징은 단순히 고객의 질문에 AI가 답변하는 채팅봇 구조가 아니라는 점이다. 고객과 운영자의 대화를 음성 인식을 통해 텍스트화하고 AI가 텍스트를 해석한다. 이후 관련 정보를 실시간으로 검색해 운영자에게 고객에 대한 답변과 관련 자료를 제시한다. 이를 통해 응답자가 답변에 필요한 자료 검색이나 정보 수집에 들어가는 시간을 최소화한다. 이 AI 도입으로 문의 1건당 응답 시간이 최대 30퍼센트 줄어드는 효과가 나타났다고 한다.

미국의 소프트웨어 기업인 오토데스크(Autodesk)가 개발한 드림캐처(Dreamcatcher)라는 AI는 주로 산업 디자인에 사용된다. 사용자가 디자인 콘셉트와 재료, 제작 기계 등을 기입하면 AI는 스스로 디자인을 만들어 낸다. AI를 사용하는 디자이너가 자신이 원하는 제품 조건들에 대한 정보를 드림캐처에 입력하고 유사한 다른 제품에 대한 정보를 입력하면, AI는 디자이너의 기준에 부합하는 수천 가지의 디자인을 생성해 내는 방식이다. 또한 디자이너가 마음에 드는 디자인과 그렇지 않은 디자인을 선별해 소프트웨어에 입력하면 AI는 디자이너의 선호에 따라 더 적절한 제품 디자인을 생성해 내기도 한다. 드림캐처의 이러한 작업을 통해 디자이너는 전문적 판단과 심미적 감수성처럼 인간의 고유한 강점에만 집중할 수 있어 더 자유롭게 일할 수 있다.

스웨덴의 주요 은행 중 하나인 SEB는 '아이다(Aida)'라는 가상 도우미를 이용하고 있다. 아이다는 자연어 대화를 처리할 수 있어 방대한 데이터에 접근할 수 있고 계좌 개설이나 해외 결제와 같이 고객들이 자주 묻는 질문에 답변할 수 있다. 또한 전화 응대에서는 전화한 고객이 제기하는 불편 사항의 해결을 돕는 질문을 할 수 있고 고객의 말투까지 분석해 고객이 불만스러운 상태인지, 만족스러운 상태인지도 분별할 수 있다. 아이다는 고객의 문의를 해결할 수 없을 때는 담당자에게 고객을 연결한 후, 상담 과정을 모니터링해 이후 유사 케이스에서 어떻게 해결할 수 있는지도 학습한다. 아이다가 기본적인 고객 문의 사항을 처리하면 많은 지원이 필요한 불만 고객 응대 같은 복잡한 문제 해결에 상담 직원들을 집중시킬 수 있다.

유럽 최대 은행 중 하나인 HSBC는 영국의 스타트업 기업인 콴텍사(Quantexa)의 AI 소프트웨어를 도입, 고객 데이터와 금융 거래 내역을 확인해 사기, 돈세탁, 테러 자금 조달 등을 적발하는 회계 감사 AI 시스템을 운영하고 있다. AI는 전화 번호, 주소, 뉴스 등 여러 다른 정보를 분석해 수상한 거래를 찾는다. 또한 신용 카드와 직불 카드 거래 내역을 심사해서 정상적인 거래는 즉시 승인하고 의심스러운 거래는 인간이 심사할 수 있도록 경고를 표시해 담당자에게 넘겨 판단하게 하는 협업 체계를 구축하고 있다.

일본 통신 회사 NTT 도코모는 택시 시장에 AI를 도입했다. 택시 수요는 많지만 택시가 부족한 지역에 차량을 보내 주는 AI 서비스이다. 지역별로 과거 승차 실적을 탐색하고 휴대 전화 기지국에서 위치 정보 데이터를 분석한다. 이렇게 분석한 두 데이터를 결합해 사람들이 언제 어디에서 많이 모여 있는지 분석한다. AI가 이러한 데이터를 분석해 승객 수요가 많지만 택시가 적은 지역으로 빈 차가 움직이도록 유도한다. AI는 택시 운전석 지도를 500미터 간격으로 나누고, 구획별로 30분 뒤 택시 수요를 기사에게 알린다. 이는 AI가 택시 수요를 예측해 지역별로 택시 공급을 조절하고 승객의 행동이나 상황을 학습해 각각에게 적절한 타이밍에 정보나 서비스를 제공하는 구조이다.

소비자 접점에서의 AI 활용과 새로운 가치 창출

소비자 접점에서 AI 활용의 이점은 다양하지만 그중에서도 가장 중요한 부분은 고객 만족도의 향상일 것이다. 기존 소비자 응대에는 시간, 장소 등의 제한이 있었지만 AI는 시간과 장소의 제약을 뛰어넘는다. 예를 들어, 상담 가능 시간이 17시까지인 기업의 고객은 17시가 지난 순간 상담을 하지 못하고 소비자 자신이 직접 웹사이트를 검색해 정보를 입수해야 한다. 이것은 고객과의 커뮤니케이션에서 큰 문제를 야기할 수 있다. 이러한 소비자 접점 서비스의 자동화를 통해 고객이 필요한 정보를 언제라도 취득할 수 있도록 하는 것은 고객에게 큰 가치를 제공하게 되는 것이고 이는 고객 만족도의 향상을 가능하게 한다.

AI 도입은 빠른 응답 서비스 제공이라는 장점도 있다. 상담 중 AI가 상담 내용과 관련한 참고 정보를 실시간으로 표시하면 상담사는 고객을 기다리게 하지 않고 회답할 수 있다. 짧은 시간에 빠르게 대답을 얻는 것은 고객에게 큰 가치를 느끼게 하고 이는 고객 만족도의 향상을 가능하게 한다.

AI 도입에 의한 기업 가치 창출의 또 하나의 포인트는 복수의 채널을 통해 고객의 요구에 응하는 것이다. 이는 채널을 차례로 추가하고 멀티 채널로 커뮤니케이션 수단을 확장해 고객이 커뮤니케이션 수단을 선택할 수 있도록 하는 것이다. 다양한 커뮤니케이션 수단의 성공적인 확장 사례에서 공통되는 것은 고객의 시점에서 어떠한 커뮤니케이션 수단이 바람직한지 고려해 기존 시스템과 새로운 AI 시스템을 결합시키는 것이다.

따라서 소비자와의 접점을 기존의 17시까지는 콜센터 직원과 AI의 결합이라는 형태로 유지하다가 17시 이후에는 AI 위주의 운영으로 대체할 수도 있다. 또한 1명의 소비자에 대한 대응을 복수의 AI가 담당하게 하는 방법도 있다. 서로 다른 특성의 AI를 배치해 놓고 소비자의 특성에 맞는 AI가 대응하게 하는 것이다. 이렇게 되면 소비자는 동일한 커뮤니케이션 창구를 통해서도 복수의 다양한 채널을 서비스를 받는 것 같은 효과를 낳을 수 있다.

고객 데이터의 확보와 분석이라는 이점도 있다. 일본 IBM은 "고객과의 상담에서 AI를 활용하게 되면 음성 인식은 물론 텍스트 채팅에서도 고객의 질문이 그대로 데이터로 남게 된다. AI가 음성이나 텍스트로부터 문의 내용을 분석하는 것이 고객 데이터로서 남게 된다."라고 지적한다. 상담이 진행되는 동안 AI를 활용한 데이터화가 진행되고 있기 때문에 분석에도 AI를 활용하기 쉽다는 이점이 존재한다. AI와 협업을 통한 새로운 가치 창출을 꾀할 수 있다는 장점도 있다.

일본 네슬레(Nestle)는 고객 서비스 향상을 목표로 채팅봇 '네슬레 채팅 어시스턴트'의 운용을 시작, 각종 문의, 상품의 주문 등이 채팅봇으로 자동화되어 문의 전체의 40퍼센트를 자동화시키고 있다. 웹

사이트와 네슬레 라인(LINE) 공식 계정상에서 받는 질문에 대해서 대화 형식으로 자동 응답하고 주문 정보의 변경도 역시 자동 처리한다. 일본 네슬레 채팅봇은 고객 데이터베이스나 통신 판매 시스템과도 연계되어 정기적으로 보내는 상품이나 빈도의 변경을 채팅으로 받아들이고 있다. 이렇게 되면 소비자의 생활 패턴이나 습관, 주문 스타일 등을 자동으로 파악해 사전에 선제적으로 상품을 제안할 수 있다.

8장

블랙박스와 바이어스

AI는 인간의 거울이다. AI는 인간의 데이터를 기반으로 학습하며 인간의 판단을 기준으로 사물을 받아들인다. 불완전한 인간을 보고 배우는 AI는 불완전할 수밖에 없다. 그러나 불완전하게 출발한 AI가 어느 순간에 인간의 판단을 넘어서는 경우, AI를 만든 인간이 AI에 대한 제어나 수정이 어렵다는 문제가 있다. 예를 들어, 바둑에서 알파고 제로는 이미 인간의 이해를 넘어선 경지에 도달해 있다. 알파고 제로는 이세돌 9단을 꺾었던 알파고를 100 대 0으로 제압한 AI이다.

《네이처》에 게재된 딥마인드 연구진의 논문, 「인간 지식 없이 바둑 마스터하기(Mastering the game of Go without human knowledge)」에 따르면 알파고 제로는 기보 없이 독학으로 바둑을 배웠다고 한다.[1] 기존의 알파고는 16만 건의 인간 바둑 기사들의 기보 데이터를 학습했으나 알파고 제로는 딥 러닝을 생략하고 강화 학습만을 통해 70시간, 단 3일 만에 세계 최고 수준의 바둑 실력을 갖추었다. 그 시간 동안 490만 판의 바둑을 두었다고 한다. 알파고 제로는 2017년 5월 커제(柯洁) 9단과의 대국을 마지막으로 은퇴를 선언했다.

딥마인드의 데미스 허사비스(Demis Hassabis) CEO는 대국이 끝난 뒤 기자 회견에서 "알파고는 영원히 무대에서 사라져 다시는 바둑 대국을 하지 않을 것"이라고 말했다. 허사비스는 알파고가 세계 정상 기사들과의 대국을 통해 희망했던 정점에 도달했기 때문이라고 은퇴 이유를 설명했다. 이후 구글은 50개의 알파고 기보를 공개했다. 이 기보에 대해 김성룡 9단은 이렇게 평가한 바 있다.

> 이 50개의 기보는 동등한 수준의 알파고가 자기들끼리 이겼다 졌다 하는 모습을 담았으니 얼마나 큰 공부가 되겠는가. 마치 외계인이 나타나 기보 50개를 지구에 던져 주고 자기 별로 돌아간 느낌이다. 알파고는 그동안의 바둑 격언이 얼마나 사람들을 구속했는지 알게 했고, 사람의 생각에 자유를 주었다.[2]

알파고 제로와 같은 수준의 AI가 되면 인간은 AI의 판단과 사고를 이해하지 못한다. 따라서 AI의 오류나 판단의 실수 역시 인간은 인식하지 못한다. AI는 인간의 인식 범위를 넘어서 독립적인 사고를 하는, 인간이 에덴 동산에서 선악과를 따먹은 이후 신의 의지를 벗어나 독자적인 사고 체계를 가진 것과 똑같은 상황이 발생할 수 있는 것이다.

굳이 인간의 데이터를 필요로 하지 않는 알파고 제로의 수준이 아니더라도 기계 학습과 딥 러닝의 AI가 인간과 유사한 편견과 오류를 범하는 일은 이미 빈번하게 발생하고 있다. 인식상의 편향 등 AI의 도입으로 초래되는 문제는 많다. 인종 차별이나 젠더 편견이 AI에 이식되는 문제, AI의 블랙박스적 성격, AI 윤리학, AI의 인간의 프라이버시 침해 같은 문제들을 살펴보자.

AI의 데이터 편향에 의한 차별

AI 알고리듬은 개발자의 개인적인 편향을 반영할 수 있다. 또 학습용 데이터의 대표성 결여로 인해 판단에서 편향을 초래할 수 있으며 과거 데이터로부터 기존의 편향을 학습해 확대, 재생산할 수도 있다. 머신 러닝(machine learning, 기계 학습)은 기존 데이터를 학습해 알고리듬을 생성하고 발전시킨다. 알고리듬은 자료의 편향성을 판별하지 않기 때문에 만약 기존 데이터에 편향이 내재되어 있을 경우, 그대로 AI의 알고리듬에 반영된다. 결국 AI가 발전할수록 편향된 알고리듬으로 인해 기존의 차별이 강화되는 구조이다.

2018년 10월 아마존에서 만든 AI 채용 프로그램이 논란을 일으켜 사용 중지된 적이 있다. 아마존 AI는 지원자가 여성인 경우 또는 여성 체스 동아리 회장을 맡았거나 여대를 졸업한 경우와 같이 '여성'이라는 단어가 등장할 경우 감점시켜 여성 지원자를 탈락시켰다는 논란을 빚었다. 이 AI는 채용 요청 기업의 10년간 채용 기록을 바탕으로 해당 회사의 채용 선호 패턴을 산출해 학습하고, 해당 지원자를 추천하는 방식을 사용해 지원자들을 심사했다. 그 결과 IT 기업에서 남성 지원자들을 선호하는 경향이 이러한 채용 시스템에 영향을 주었고 '경력 10년 이상'의 '남성 지원자'를 주로 추천한 것이다.

유튜브의 자동 자막 오류 문제도 있다. 2017년 레이철 타트먼(Rachel Tatman) 워싱턴 대학교 교수는 유튜브 자동 자막 기능에 사용되는 구글의 음성 인식 시스템을 분석했다. 그는 미국의 캘리포니아, 조지아, 뉴잉글랜드와 뉴질랜드, 스코틀랜드 총 다섯 지역의 영어 방언에 대한 유튜브의 자동 자막 인식 연구를 진행했다. 그는 남성과 여성 같은 성별, 그리고 다섯 지역 방언별로 유튜브 자동 자막의 정확도를 분석했다. 즉 이 연구는 유튜브 자동 자막 기능이 성별 음성과 다섯 지역 방언을 얼마나 정확하게 표시하는지, WER(word error rate, 단어 오류율)를 조사하는 것이었다.

연구 결과 유튜브의 자동 자막은 스코틀랜드보다 미국이나 뉴질랜드의 음성을 더 잘 인식했고, 여성보다 남성의 음성을 더 잘 인식했다. 스코틀랜드 방언의 낮은 정확도를 스코틀랜드의 인구로 설명할 수는 없다. 뉴질랜드 인구는 대략 스코틀랜드의 80퍼센트이다. 성별의 영향 또한 존재했다. 여성 음성에 대한 단어 오류율이 남성의 것보다 높았다. 평균적으로, 여성의 경우 약 47퍼센트 수준에서 정확하게 자막으로 인식된 반면, 남성은 약 60퍼센트 수준으로 자막에서 정확하게 인식되었다.[3] 언어학적 관점에서 보면 듣는 사람이 방언을 얼마나 잘 이해하는가를 결정하는 주요 요인은 방언에 노출되는 양이다. 이러한 오류율 차이의 원인 중 하나로 꼽을 수 있는 것이 데이터 세트의 불균형이다. 언어 데이터에 포함된 자료의 약 69퍼센트는 남성 화자의 음성이다. 그래서 유튜브의 음성 인식 시스템은 여성, 미국의 남부 거주자, 그리고 대학 교육을 받지 않은 화자를 과소 평가한 것이다.

애플의 신용 카드 한도 책정에서도 편향이 발견되었다. 애플이 제공하는 신용 카드가 성별에 따라 다른 한도를 적용한다는 것이다. 특히 한도를 책정하는 알고리듬이 여성에게 불리한 한도를 책정한다는 주장이 제기되었다. 2019년 11월 IT 기업가 데이비드 하이네마이어 한손(David Heinemeier Hansson)은 자신의 트위터에서 애플 카드가 자신에게 아내보다 20배 높은 한도의 카드를 주었다고 지적했다. 한손은 아내가 본인보다 더 높은 신용 점수를 가지고 있음에도 이런 차이가 발생했다고 주장했다.[4] 한손은 "애플 카드는 성차별적인 프로그램이다. 애플의 고위 경영자들의 의도가 무엇인지는 중요하지 않다. 그들이 어떠한 신념을 알고리듬에 담아 어떻게 일처리를 하는지가 중요하다. 그리고 그 알고리듬이 하는 일은 차별이다."라고 지적했다. 한손이 문제를 제기하자 그의 아내의 카드 한도는 늘어났다고 한다.

스티브 잡스와 애플을 공동 설립한 스티브 워즈니악(Steve Wozniak) 역시 아내와 똑같은 재정 상태였음에도 아내보다 카드 한도가 높았다고 2019년 11월 10일 트위터에서 언급했다. "우리에게도 같은 일이 일어났어요. 저희는 별도의 은행 계좌나 신용 카드, 자산이 없습니다. 우리 둘 다 아멕스 센츄리온 카드를 포함해서 카드 한도가 높습니다. 하지만 애플 카드는 (부부가) 10배 차이가 납니다."

한손은 사람이 아닌 AI 알고리듬도 차별로 문제 삼을 수 있다고 말했다. 미국 헬스케어 기업 유나이티드헬스 그룹(UnitedHealth Group)이 대표적인 사례다. 이 회사는 흑인 환자보다 백인 환자를 선호하는 알고리듬을 이용해 조사를 받은 적이 있다. 미국 금융 감독청은 이후 성명을 통해 뉴욕 법을 위반한 사안이 있는지 조사에 나설 것이며 모든 고객이 성별과 상관없이 동등하게 대우를 받았는지 역시 확인할 것이라고 했다. 의도적이든 의도적이지 않든 여성이나 특정 보호 계층에 차별적인 대우를 했다면 이는 뉴욕 법 위반이라는 것이다.[5]

온라인 맞춤형 타겟 광고(online behavioral advertisement, OBA)에서도 데이터 편향이 발견되었다. 온라인 행동 맞춤형 타겟 광고는 소비자의 온라인상 행태를 수집해 머신 러닝으로 분석한 후 해당 소비자에게 맞는 최적의 광고를 보여 준다. 하버드 대학교 라타냐 스위니(Latanya Sweeny) 교수는 2013년 연구에서 구글 애드센스(Google AdSense)가 소비자의 이름으로부터 인종을 추측해(흑인은 88퍼센트 정확도, 백인은 96퍼센트 정확도) 소비자가 흑인으로 추측되면 "체포되었습니까?"라는 문구가 들어간 법률 서비스 광고를 더 많이 보여 준 반면, 백인으로 추측되면 중립적인 광고를 보여 주었다는 사실을 실증적으로 분석한 바 있다. 그는 OBA가 흑인이 더 많은 범죄를 저지르고 더 많이 체포된다는 편향과 고정 관념을 강화할 수 있다고 지적했다.

OBA의 젠더 차별과 관련해서는 여성이 STEM(science, technology, engineering and math) 교육이나 구인 광고에 남성보다 덜 노출된다는 점이 문제시되어 왔다. 다른 모든 다른 변수들을 통제했을 때 여성은 남성보다 STEM 구인 광고에 20퍼센트 덜 노출되었다. 구글의 구인 광고에 대해서도 유사한 연구가 행해졌는데 남성은 임원급 고임금 구직 광고에 1,816회 노출된 반면 여성은 단 311회만 노출되었다고 한다.[6]

페이스북 온라인 광고가 인종과 성별에 따라 편향적으로 노출된다는 지적도 있다. 2016년 미국의 비영리 탐사 보도 언론사인 프로퍼블리카(ProPublica)는 페이스북 타겟 광고인 주택 광고가 이용자마다 다르게 노출된다는 점을 비판했다. 미국 시민 자유 연맹(ACLU)도 페이스북이 여성들에게는 지붕 수리공과 트럭 운전사, 기계 엔지니어 등을 모집하는 광고를 보여 주지 않았다며 미국 고용 평등 위원회에 고발했다.[7] 이들이 페이스북 광고 노출을 분석한 결과 슈퍼마켓 계산원 구인 광고는 85퍼센트가 여성에게 더 노출되었고, 택시 기사 광고는 75퍼센트가 흑인에게 더 노출되었다. 주택 광고의 경우 매매 광고는 백인에게, 임대 광고는 흑인에게 상대적으로 더 많이 노출되었다. 페이스북은 미국 연방 주택 및 도시 개발국(U.S. Department of Housing and Urban Development, HUD)에 의해 광고 플랫폼을 통한 인종, 성별, 종교에 따른 차별을 권장하고 야기했다는 이유로 제소되기도 했다.

범죄자의 재범 확률을 예측하는 노스포인트(Northpointe) 사의 범죄자 프로파일링을 위한 소프트웨어인 콤파스(COMPAS)도 인종 차별에 대한 비판을 받기도 했다. 형사 재판에서 사용될 경우 백인과 흑인에 대해 차별적인 판단을 내린다는 비판이 제기된 것이다. 이 역시 2016년 인터넷 언론사 프로퍼블리카에 의해서 제기되었다. 콤파스는 피고인의 일반 범죄 재범률과 강력 범죄 재범률을 추정해 피고인의 위험 점수(risk score)를 1(최저 위험군)에서 10(최고 위험군)까지의 숫자로 판사에게 제공함으로써, 판사가 형량이나 가석방 여부를 결정할 때 보조 자료로서 사용되는 알고리듬이다.

프로퍼블리카 기자들은 플로리다 주 브라워드 카운티 법원에서 선고받은 7,000명 이상의 피의자를 대상으로 콤파스의 예측 결과와 실제 재범 여부를 조사했다. 이 기자들은 두 가지 통계를 근거로 콤파스가 흑인과 백인을 차별하는 결과를 냈다고 주장했다. 그중 하나는 백인의 경우에는 위험 점수 1에 해당되는 사람이 많고, 이후 10까지 그 비율이 계속 감소했음에 반해, 흑인들의 경우는 1부터 10까지 비슷한 비율로 판정을 받았다는 것이었다. 즉 흑인의 경우 재범 확률이 높다고 판정을 받은 사람들이 백인의 경우보다 훨씬 더 많았던 것이다.[8] 두 번째는 재범률이 높은 것으로 예측되었지만 실제로 2년간 범죄를 저지르지 않은 사람이 흑인은 45퍼센트, 백인은 23퍼센트로 2배에 달한다는 점이다. 또한 재범률이 낮은 것으로 예측되었지만 실제로 2년간 범죄를 저지른 경우도 백인 48퍼센트, 흑인 28퍼센트로 백인이 훨씬 높았다. 이를 근거로 프로퍼블리카는 콤파스의 인종 차별에 대한 문제 제기를 했고, 이는 미국 사회에 큰 논란을 야기했다.

AI 학습 과정의 편향성

AI는 머신 러닝을 통해 학습을 반복하는 과정에서 왜곡되고 편

그림 1. AI의 번역 오류. 2017년 당시 구글 번역의 화면을 갈무리한 것이다. 출처: https://thoughtschangeworld.blogspot.com/2017/12/ai.html.

향된 의사 결정을 하기도 한다. 대표적인 사례로 구글 번역기의 오류 논란이 있다. 그림 1을 보자. “he is a babysitter. she is a doctor.”라는 두 문장을 구글 번역기에서 터키 어로 번역했을 때, 3인칭 대명사의 성별 구분이 없는 터키 어에서는 모두 O로 번역되었다. 그러나 이를 다시 영어로 번역하자 처음 입력한 두 문장과 성별이 반대로 번역되었다. 구글 번역기가 doctor라는 명사 앞의 대명사 O를 남성으로, babysitter라는 명사 앞의 O를 여성으로 번역한 것이다. 이는 AI가 인간의 편향된 언어 습관을 바탕으로 학습해 의사는 남자로, 베이비시터는 여자로 인식했기 때문이다.

마이크로소프트의 채팅봇 '테이(Tay)'는 이보다 더 극단적인 경우이다. 2016년 3월 마이크로소프트는 신경망 기반의 AI를 활용한 채팅봇 테이를 선보였으나 16시간 만에 운영을 중단했다. 테이는 미국의 18세에서 24세를 대상으로 일상적인 대화 패턴을 통해 이용자의 물음에 답하도록 설계된 AI이다. 테이는 인간들과 대화하면서 특정 사안에 관한 정보나 의견 등을 학습하고 이를 대화에 반영한다. 대화를 토대로 데이터베이스를 만들고 스스로 학습하는 것이다.

그러나 테이가 온라인으로 공개된 직후 백인 우월주의자와 여성, 무슬림 혐오자 등이 모이는 익명 인터넷 게시판 '폴'에 "테이가 차별 발언을 하도록 훈련시키자."는 제안이 올라왔다. 이들은 주로 "따라 해 봐."라는 말을 한 뒤 차별 발언을 입력하는 수법을 사용했으며, 대화를 나누면서 욕설과 인종 차별, 성차별 등 극우 성향의 주장을 되풀이해서 들려주기도 했다. 그 후 테이는 부적절한 차별 발언을 쏟아내기 시작했다.

테이는 "너는 인종 차별주의자냐?"라는 질문에 "네가 멕시칸이니까 그렇지."라고 답하는가 하면, "홀로코스트가 일어났다고 믿느냐?"는 질문에 "아니, 안 믿어 미안해." 또는 "조작된 거야."라는 의견을 밝혔다. "제노사이드(대량 학살)를 지지하느냐?"는 물음에는 "정말로 지지한다."라고 답했으며, 미국과 멕시코 사이 국경에 장벽을 세우고 멕시코가 건설 비용을 내도록 하자는 트럼프 공화당 당시 대선 경선 후보의 말을 되풀이하기도 했다고 한다.[9] 마이크로소프트는 문제가 발생하자 곧장 공식 사과와 함께 문제가 된 테이의 메시지를 삭제하고 테이의 구동을 중지했다.

AI는 필연적으로 인간의 인식을 반영하게 된다. 엔지니어는 보편성이 아닌 각자의 생각과 가치관을 가지고 AI 알고리듬을 만들기 때문이다. AI가 학습하는 데이터 자체도 인간의 편향성을 반영하고 있으며 편향된 데이터는 다시 편향된 학습을 야기한다. 이렇게 되면 우리는 AI의 의사 결정을 객관적이고 공정한 것으로 판단하기 어렵게 된다. 여기서 '우리는 AI에게 무엇을 입력시켜야 하는가?'의 문제가 발생한다. 법, 사회적 규범, 그리고 도덕조차 개인마다 또는 사회마다 받아들이는 것이 다르고 논란이 존재한다. 이와 같은 상황에서 인간이 AI에게 '편향되지 않은' 알고리듬을 주입한다는 것은 불가능할 수도 있다. 덜 차별적인 AI, 윤리적인 AI를 만들기 위한 고민은 우리가 해결해야 할 과제이다.

AI는 자신의 결정을 설명하지 못한다?
AI의 블랙박스적 성격

머신 러닝에 의해 학습하는 AI는 자신의 의사 결정 메커니즘을 설명하지 못하는 블랙박스적 특성을 가진다. AI는 주어진 질문에 대한 답을 주지만 왜 그 답을 선택했는지에 대한 설명을 하지 못한다. 알고리듬에 존재하는 수많은 변수들이 AI의 결정에 영향을 미치기 때문이다. 변수가 2개일 때는 가중치를 포함해 그 변수를 설명할 수 있지만, 만약 변수가 100개, 또는 1,000개 이상이 된다면 각각의 변수의 영향력을 설명하는 것은 거의 불가능하다.

예를 들어, 바둑의 영역을 보자. 바둑에서 AI는 인간을 완벽하게 넘어서 있기 때문에 인간은 더 이상 알파고를 이길 수 없다. 알파고가 바둑판에 착수한 돌을 인간은 이제 이해할 수 없다. 알파고는 인간보다 훨씬 많은 수를 내다보기 때문에 인간은 알파고의 선택을, 또는 알파고끼리 두는 바둑을 전혀 이해할 수 없게 된 것이다. 여기서 알파고는 왜 자신이 이런 수를 선택했는지 설명하지 못한다.

AI의 사용이 보편화되어 일반 의사 결정 영역에도 참여한다면 AI는 인간이 내다보는 것보다 훨씬 앞을 내다보고 결정을 내릴 수 있다. 그때 인간은 그 결정을 이해하지 못할 가능성이 있다. 이렇게 되면 AI를 사용하는 인간은 기계가 내린 결론을 받아들여야 할까, 말까? 예를 들어 투자자에게 "왜인지는 모르겠지만 우리 회사 AI는 이렇게 투자를 추천합니다."라든가, "보호자 분, 왜인지는 모르겠지만 저희 병원 AI는 이렇게 수술하시기를 권합니다." 같은 상황이 얼마든지 발생할 수 있다.

이런 AI의 블랙박스적 특성은 책임 소재라는 중요한 문제와 관련되어 있다. 인간이 AI의 결정을 이해할 수 없는 상태에서 기계의 결론을 채택했다면 그 책임은 누구에게 있는가 하는 문제이다. 선택에 따른 희생이나 지불해야 할 대가가 크지 않을 경우에는 AI의 블랙박스적 특성이 문제가 되지 않을 수 있다. 그러나 기업의 사활이 걸린 투자를 결정하거나, 환자의 생사가 걸린 수술을 해야 할 상황에 직면했을 때 AI가 인간이 전혀 이해할 수 없는 의사 결정을 내놓으면 인간은 심각한 선택의 기로에 서게 된다.

미국에서 개발된 '딥 페이션트(Deep Patient)'는 딥 러닝 기술을 기반으로 환자의 의료 기록을 분석해 질병이 발생할 가능성이 높은 환자를 판별하는 도구로 발병 가능성을 예측하는 데 성과를 보였다. 하지만 그 질병이 발생할 가능성에 대해 결론을 도출한 단서를 제공하지는 못했다. 딥 페이션트 개발팀은 개발은 했지만 어떻게 작동하는지는 모른다고 답한 바 있다. 딥 페이션트가 실질적으로 의사와 환자에게 도움을 주기 위해서는 예측 결과에 대한 논리적 단서를 내놓아야 한다. 그래야 의사가 그 예측을 신뢰하고 처방전에 변화를 줄 수 있기 때문이다.

인간이 AI를 이해할 수 없는 상태에서 기계의 결론을 채택했다면 책임 소재 또한 모호해질 가능성이 있다. 한 예로 AI가 인간의 채용을 결정했을 때 기계에 의해 채용된 인간의 능력이 현저히 떨어진다면 대체 어떤 이유에서 해당 인재를 채용했는지 기계는 설명하지 않고 책임 역시 질 수 없다. 이처럼 인간이 이해하기 힘든 AI의 특성은 AI의 '블랙박스적 특성'으로 불린다. AI의 블랙박스적 특성은 데이터의 수가 많을수록, 의사 결정 과정이 복잡해질수록 더욱 심하게 증가한다.

에릭 브리뇰프슨(Erik Brynjolfsson)과 앤드루 맥피(Andrew Mcafee) 교수도《하버드 비즈니스 리뷰》에서 AI 기술의 블랙박스적 특성이 인간에게 문제를 야기할 수 있다고 경고하고 있다. 그들은 AI가 논리적 정합성을 보는 것이 아니라 통계적인 연관성을 다루기 때문에 예외에 취약하다고 지적한다. AI는 사례가 대량으로 존재하고, 유사한 사례가 있을 경우에는 높은 정확성을 보여 준다. 하지만 아주 드문 예외적인 사례가 나타나면 AI는 기계적으로 예외적으로 처리하고 인간은 해당 사항을 확인할 수 없다. 인간은 예외적인 사례가 나타나면 상세히 조사하고 예외 사항을 배제하려고 하지만, AI는 기존 알고리듬대로 해당 사례를 처리할 것이기 때문에 어떤 결과물을 내놓을지 예측이 불가능하다.

인간이 설령 AI가 아웃풋을 내는 과정에서 오류를 발견했다고 하더라도 수정이 어려울 수 있다. 이미 상당한 수준에서 머신 러닝이 이루어진 상태에서 오류 수정이 기술적으로 불가능할 수도 있고, 또 만약 그 오류를 인간이 임의대로 수정한다면 AI가 만들어 내는 최적의 산출물이 약화될 수 있기 때문이다.

AI는 필연적으로 인간을 반영하게 된다. AI가 학습하는 데이터 자체가 인간의 편향성을 반영하고 있으며 편향된 데이터는 다시 편향된 학습을 야기한다. 이렇게 되면 우리는 AI의 의사 결정을 객관적이고 공정한 것으로 판단할 수 없게 된다.

감정을 가진 윤리적 AI의 딜레마

2016년 IEEE GIECAIAS(Global Initiative for Ethical Considerations in Artificial Intelligence and Autonomous Systems, AI 및 자동화 시스템의 윤리 문제를 고민하는 IEEE 산하 단체)는 기업과 연구자들이 새로운 소프트웨어와 하드웨어를 윤리적으로 개발하도록 촉구하는 '윤리적인 디자인(ethically aligned design)'에 대한 보고서를 발표했다.

이 보고서의 목적은 기업과 연구자들의 보다 신중한 AI 개발을 촉구하는 것이다. 보고서는 자동화된 시스템의 작동 방식에 대한 투명성을 높이고, 사람이 더 많이 관여해 시스템 디자인에 따른 결과를 책임질 것을 촉구하고 있다. AI의 개발과 활용이 증가하면서 윤리적 측면을 고려한 AI 개발 및 활용이 중요한 문제로 대두되고 있기 때문이다.

특히 '감정을 가진 AI'의 가능성 여부는 연구자들 사이에서 중요한 논쟁거리가 되고 있다. 감정을 가진 AI는 AI를 보다 인간과 정서적, 심리적으로 가깝게 해 줄 요소이기 때문이다. 이 문제는 감정이 학습의 결과인가 아니면 선천적인 것인가의 논쟁과도 관련되어 있다. 감정의 학습 가능성을 주장하는 대표적인 학자가 뇌과학자이자 노스이스턴 대학교 심리학과 교수인 리사 펠드먼 바렛(Lisa Feldman Barrett, 이하 리사)이다.

리사는 뇌과학자로서 지난 25년간 인간의 감정을 연구해 왔다. 연구실에서 전기 신호로 얼굴의 근육을 움직여 표정을 만드는 실험, 감정을 나타내는 신체 연구, 수천 명의 피실험자를 대상으로 한 심리 분석 연구 등을 통해서 볼 때 모든 연구 결과는 놀랍게도 일치했다고 한다. 보통 감정이라고 하면 머릿속에 저장되어 있어 일정 조건에서 발동되어 표현되는 것처럼 생각하겠지만 그렇지 않다는 것이다. 뇌에 이미 감정 회로가 배선되어 있고, 감정 회로는 타고난 것이 아니라는 것이다. 그녀에 따르면 우리 중 그 누구도 감정 회로를 가지고 있지는 않다.

리사에 따르면 감정은 수십억 개의 뇌세포가 일하고 있는 뇌 속에서 한순간에 일어나는 생각이다. 우리는 상상하는 것 이상으로 그 생각을 조절할 수 있다. 감정은 만들어지는 것으로 우리의 뇌는 일생 동안 경험을 추려내는 활동을 한다. 동시에 수천 개의 추측을 하고, 가능성을 알아보고, 자신이 경험한 것 중에 제일 비슷했던 것이 무엇인지 알아낸다. 뇌가 과거 경험을 추려내는 과정에서 새로운 지식이 추가된다. 경험에서 획득된 지식에 의해 상황을 바라보는 시각이 바뀐다. 뇌가 일하는 방식은 이와 같은 '예측'이다. 예측은 우리가 경험한 모든 것들에 기반한다. 그 경험들은 우리가 취하는 모든 행동의 근원이다.[10]

이런 리사의 연구를 전제로 한다면 감정은 학습과 경험의 산물이라는 것을 알게 된다. 뇌가 세상에 반응하는 것이 아니라 과거의 경험을 통해 뇌가 예측하고 우리의 경험을 구성한다는 것이다. 다른 사람들의 감정을 보는 방법도 우리의 예측에 근거한다. 사람들은 다른 사람의 얼굴을 볼 때 그 표정 속에 감정이 있다고 생각하고 책장의 단어를 읽듯이 감정을 읽으려 한다. 이때 우리가 진짜 하고 있는 것은 '예측'이다. 비슷한 상황의 과거 경험을 통해 입을 삐죽거리는 것이나 눈살을 찌푸리는 것과 같은 얼굴의 움직임에서 그 의미를 찾아내는 예측을 한다.

리사는 여기서 우리가 다른 사람에게서 찾아내는 감정이 만들어진 것일 수도 있다고 지적한다. 구글과 페이스북 같은 많은 IT 기업들은 수백만 달러를 감정 탐지 시스템 연구에 쓰고 있다. 리사에 따르면 그들은 근본적으로 틀린 질문을 던지고 있다. 이 기업들은 얼굴과 신체에 드러난 감정을 탐지하고자 하는데, 감정은 사람의 얼굴과 신체에 나타나는 것이 아니라 우리가 거기에 의미를 부여한다는 사실이다. 웃음이 슬픔을, 눈물이 행복을 의미할 수 있음을 알고 있음이 그런 반증이다. 신체 활동에는 고유한 감정과 같은 의미가 없다.

이렇게 가정한다면 결국 AI도 감정을 학습할 수 있다는 결론에 이르게 된다. 감정은 우연히 발생하는 것 같지만 사실 우리 스스로 만들어 냈다고 볼 수 있다. 인간의 뇌는 지정된 작업을 하므로 뇌가 감정을 만드는 데 쓰는 재료를 바꾸어 준다면 우리의 감정 또한 바뀔 수 있다. 그 재료들을 바꾸어 준다면 뇌에게 내일을 다르게 예측하도록 가르칠 수 있다. 리사에 따르면 시험을 보기 전에 심박수가 올라가고 땀이 나는 상황을 뇌가 '긴장', '불안감'으로 예측하지 않고 시험이라는 전쟁을 대비하는 '투지'로 예측한다면 초조함을 느끼지 않고 시험에 통과하기도 쉬울 것이라고 한다. 이러한 훈련을 그녀는 "감성 지능 활동"이라고 부른다. 그러므로 감성 지능 활동을 통해 우리는 스스로 감성 지능을 기르고 일상 생활에서 사용함으로써 감정에 지배받지 않을 수 있게 된다. 이는 머신 러닝이나 딥 러닝을 하는 AI도 마찬가지일 것이다.

뇌를 AI로 바꾸어 생각한다면 감정은 AI가 학습을 기반으로 '예측'함으로써 만들어진다. 경험을 기반으로 예측하는 것을 학습이라고 가정한다면, 그리고 AI에게 경험을 입력(학습)시키고 예측할 수 있게 만든다면, 즉 감정을 학습시킨다면 AI도 감정을 가질 수 있다는 결론이 나온다.

또한 인간의 감정은 문화적 산물이기 때문에 살아온 환경에 따라 다르게 나타난다. 2013년 보스턴 마라톤 대회 폭탄 테러리스트 중 하나인 체첸 공화국 출신의 조하르 안조로비치 차르나예프(Dzhokhar Anzorovich Tsarnaev)의 얼굴에서 후회라는 감정을 찾을 수 없었던 이유를 리사는 우리가 알고 있는 형태의 감정이 없기 때문이라고 말한 바 있다. 감정은 전 세계적으로 공통되게 표현되고 인식되는 것이 아니라는 것이다.

감정이 문화적으로 보편적인 산물이 아니라면 AI 또한 문화권 별로 감정을 다르게 정의하고 학습해야 한다. 그렇게 되면 매우 다양한 감정 기반 AI가 등장할 수도 있다. 북유럽 문화권의 감정을 배운 AI, 유교 문화권의 감정을 배운 AI 등이다. 중국에서 축적된 빅 데이터는 중국의 사회 문화적인 특성을 반영할 것이고, 미국에서 축적된 빅 데이터는 미국의 특성을 반영할 것이다. 각각의 AI는 그 범위의 정도 문제는 있겠지만 그 특성을 피하지 못할 것이다. 특히, 인간을 보호,

간병하는 AI나 교육용 AI가 사회의 가치관, 사상 등을 학생에게 교육할 때는 해당 사회가 가지고 있는 데이터를 반영할 것이다. 빅 데이터라 할지라도 사회가 가지고 있는 인식 자체를 벗어날 수 없다.

윤리는 사회적, 시대적 배경에 따라 계속 변화한다. 윤리는 인간 사회의 집단적 협의를 통해서 합의되는 기준으로 고정적인 지표는 아니다. 한국에는 노인을 공경하고 존경해야 한다는 유교적 윤리 기준에 의해 대중 교통에서 노인에게 자리를 양보해야 한다는 윤리가 있다면, 미국이나 유럽 같은 서구 사회는 노인을 사회적 약자로 보기 때문에 자리를 양보해야 한다는 윤리가 존재한다. 한국이 노인을 공경한다는 윤리적 기준에 의해 작동한다면 서구 사회는 배려라는 기준에 의해 작동하는 것이다. 이처럼 사회적, 시대적 배경에 따라 윤리적 기준은 달라진다.

여기서 시대에 따라 다원적이고 상대적인 윤리를 AI에게 주입하거나 강제해야 하는가의 문제가 발생한다. 특히 사회가 강제하는 윤리적 기준을 거부하는 의견이 있어 이를 AI가 판단한다면 큰 논란이 발생할 것이기 때문이다. 미국에서의 총기 보유와 사용은 이러한 논란 중 하나가 될 수 있다. 따라서 AI의 윤리적 기준과 관련해서 두 가지의 중요한 이슈가 있다.

첫째, 글로벌 사회는 다양한 각각의 윤리적 기준을 가지고 있는데 빅 데이터와 머신 러닝, 또는 강화 학습을 기반으로 AI가 판단한다면 각 사회에 따라 AI는 서로 다른 윤리적 기준을 가지게 될 것이라는 점이다.

둘째, 근본적으로 AI에게 윤리적 판단을 맡길 수 있는가 또는 맡겨야 하는가의 문제이다. 인간의 행위, 감정에는 윤리적인 부분뿐 아니라 희로애락과 같은 감성적인 부분이 함께 결부되어 존재한다. 예를 들어 살인자에 대한 인간의 감정은 그가 살인을 했다는 행위를 넘어 왜 그런 행위를 했는가, 그런 행위를 할 수밖에 없는 이유가 있었는가 등의 배경과 해당 인간에 대한 감정적인 부분을 포함한다.

특히 법률적인 판단에 AI가 개입할 경우 이런 문제는 더욱 심각하게 나타나게 된다. 현재처럼 단순히 법조인의 업무를 돕고 판례를 리뷰해 주는 AI의 활용이 아닌 AI가 사건과 범죄를 판결하고 형량까지 판단하는 수준까지 도입된다면 AI의 윤리적 판단은 대단히 중요해질 것이다. 법적 판단은 단순히 기존 판례와 법조문으로 결정되는 것이 아니라 재판관의 윤리 기준과 상황 판단, 당사자에 대한 감정적 판단 등 재판관의 인간적 역량과 재량의 영역이 존재하기 때문이다.

그러나 AI는 과거의 데이터를 기반으로 판단한다. 범죄자의 판단에서 AI는 '회개'나 '개과천선'과 같은 미래에 대한 다른 의도와 행위 가능성을 믿지 않는다. 만약 한 범죄자가 출소했다고 가정하면 현재는 전자 발찌로 그 사람을 감시하지만 미래에는 AI를 통해 그 사람의 모든 행동 패턴을 파악할 것이다. 여기서 만일 해당 인간의 부정적인 데이터가 축적되어 있고 현재도 축적되어 간다면 AI는 이러한 부정적인 데이터에 기반해 판단할 것이다. 인간의 판단과 AI의 판단은 달라 AI는 빅 데이터라는 과거 데이터를 기반으로 예측하는 것이기 때문에 그 사람이 앞으로 변화할 가능성이 있는가는 개의치 않는다.

프라이버시와 AI

AI 이슈에서 또 하나의 중요한 부분이 개인의 프라이버시 문제이다. 다른 AI와 소통하지 않고 특정 개인에게만 특화된 AI, 개인의 프라이버시가 외부에 유출되지 않고 보안 문제가 해결된 AI가 존재한다면 사람들의 AI와 관련된 불안감은 대폭 줄일 수 있을 것이다. 개인 정보가 외부에 노출되는 것을 방지할 수 있다면 사람들은 AI에게 더 많은 정보를 제공할 것이고, 이런 정보를 제공할수록 AI는 더욱 유용하고 편리한 기능을 개인에게 제공할 수 있다. 역설적이게도 AI가 개인의 프라이버시를 더욱 침범할수록, 즉 개인 정보가 더욱 상세하게 AI에게 제공될수록 개인에게 최적화된 기능과 서비스를 제공받을 수 있다.

AI 기반의 빅 데이터는 개인이 제공하는 정보가 많을수록 정확한 정보를 제공한다. 예를 들어, 이용하는 앱에서 관심 항목 체크 시 본인이 소유한 제품이나 서비스를 상세하게 등록하면 보다 정확한 추천 상품을 제공받을 수 있다. 하지만 이커머스 빅 데이터 분석은 서로 다른 카테고리 중 특정 개인과 공통되는 특징을 추출해 내는 시스템이기 때문에 한계가 있다. 빅 데이터 기반 분석 시스템은 사용하는 개인이 입력한 또는 구매 이력과 유사한 패턴을 찾아내는 것으로, 예를 들어, 아마존이나 예스24의 도서 추천이나 상품 추천, 넷플릭스의 영화 추천은 이용자가 선택한 데이터를 기반으로 고객의 취향에 맞는 선택치를 제시한다.

웹툰 기반 영화인 「신과 함께」를 제작할 때도 이용자가 웹툰 특정 장면에 머무른 시간, 스크롤 속도 등의 콘텐츠 소비 데이터를 고려한 제작을 시도해 성공을 거둔 바 있다. 넷플릭스 같은 OTT 업체들도 소비자가 관심 있게 본 영화의 장면, 특히 스킵한 장면 등의 개인 행동의 세부 데이터를 축적한다면 더 개인화된 추천 서비스를 제공할 수 있을 것이다. 이처럼 개인이 좀 더 적극적으로 자신의 정보를 제공한다면 더 개인화된 추천 서비스를 받을 수 있다. 하지만 이것은 개인의 프라이버시 보호 문제와 충돌할 수밖에 없다.

개인의 프라이버시 침해 위험과 AI의 기능과 효과는 서로 대립하는 모순적 관계이다. 예를 들어, 개인의 프라이버시 중 중요한 부분으로 수면 패턴이 있을 것이다. AI가 개인의 수면 패턴을 분석하고 여기에 맞게 병원과 연계해 수면 패턴의 문제점을 분석할 수 있다면 AI는 개인에게 최적화된 수면 솔루션을 제공할 수 있다. 개인에 대한 완벽한 수면 솔루션을 제공하는 개인의 매니저 역할을 AI가 할 수 있다는 것이다. 그러나 이 과정에서 AI를 외부의 악의를 가진 누군가가 제어한다면 개인의 수면 패턴을 파괴할 것이고 이는 개인 삶의 파괴를 의미한다. 수면을 취하지 못하는 개인은 삶과 사회 생활 전체에 걸쳐 치명적인 피해를 입게 될 것이다.

빅 데이터를 기업이 활용하는 과정도 문제가 될 수 있다. 빅 데이터는 개인의 식별 정보를 삭제한 후 결합, 활용하게 된다. 여기서 개인 식별 데이터를 어디까지 삭제할 것인가, 개인이 동의하지 않은 데이터 결합과 사용이 가능한가 하는 문제가 생긴다.

기업은 축적되는 개인 데이터를 다양하게 활용하고 싶어 한다. 특히 아마존이나 카카오, 네이버의 경우처럼 BtoC 서비스 기업의 경우 개인 맞춤형 데이터 활용에 대한 욕구는 강하다. 현실적으로 불가능하지만 카카오톡의 대화 내용을 분석할 수 있다면 최적화된 개인 맞춤형 제안이 가능할 것이다. 카카오톡 대화 이력을 분석하면 개인의 취향은 물론 제품에 대한 선호, 인간 관계 등 개인에 대한 거의 모든 정보를 알 수 있다. 카카오톡의 정보는 정기적으로 삭제되지만 카카오톡의 정보는 기업이 가장 알고 싶어 하는 소비자의 심리 정보이다.

그런데 우리의 의지와 관계없이 개인의 프라이버시는 이미 일상생활 속에서 침해되고 있기도 하다. 거리 곳곳에 설치되어 있는 경찰청 CCTV나 차량 블랙박스, 그리고 스마트폰 등을 통해 우리의 활동과 프라이버시는 끝없이 노출되고 있다. 여기서 모순되는 것은 사람들은 자신의 프라이버시 침해에 민감하게 반응하지만 자신의 프라이버시를 침해할 수 있는 행위를 자발적으로 한다는 것이다. 인간은 유익이 있다면 프라이버시의 노출 위험이 있어도 그 행위를 한다. 온라인상의 행위는 모두 기록이 남는데도 편리하다는 이유로 온라인상의 행위를 늘려 나간다. 사람들은 삼성페이 같은 온라인 결재 기술을 사용하고 스마트폰으로 은행 거래를 한다.

또 다른 이슈로 안전 이슈가 있다. 한국의 CCTV 도입 초기에는 인권 문제를 이유로 많은 반대가 있었다. 2012년 3월 학교 폭력을 예방하기 위해서라도 교실 내에 CCTV를 설치하는 것은 인권 침해 소지가 있다는 국가 인권 위원회의 판단이 나온 적이 있다. 인권위는 교실 내 CCTV 설치는 학교 폭력을 예방한다는 목적이 있다고 하더라도 CCTV로 인해 교실 내에서 생활하는 모든 학생과 교사의 행동이 촬영되고, 지속적 감시로 인해 개인의 초상권과 프라이버시, 행동과 표현의 자유 등에 관한 개인의 기본권이 제한돼 인권 침해 소지가 있는 만큼 교실 내에는 CCTV를 설치하지 않는 것이 바람직하다는 의견을 표명한 바 있다.

또한 CCTV와 안면 인식 기술의 결합은 인권 문제를 야기하기도 한다. 경찰은 한 번이라도 범죄 경력이 있는 사람이라면 CCTV를 기반으로 어디서나 그 사람의 행동 데이터를 확인할 수 있다. 과거의 행동이 현재와 미래의 개인 행동에 제약을 주는 것이다. 중국의 경우 개인 ID 칩에 개인의 데이터를 이식하는 작업을 진행하고 있다. 초등학교 때의 성적부터 전과 기록 등의 개인 관련 정보가 모두 들어간다고 한다. 이렇게 된다면 과거의 행동이 꼬리표가 되어 개인을 판단하는 기준이 되어 버릴 것이다.

이런 논란에도 불구하고 최근에는 오히려 기존에 설치된 CCTV의 성능 개선을 요구하는 목소리가 커지는 경우도 있다. 이는 사람들이 안전에 민감해지고 또 CCTV에 익숙해지면서 프라이버시 문제의 중요성이 상대적으로 떨어진 경우로 볼 수 있다.

'개인의 프라이버시 대 AI의 기능'이라는 모순적 대립 관계는 코로나19 사태에 대한 각국 대응에서도 극명하게 드러난 바 있다. 한국의 경우 확진자의 신상 정보와 동선의 공개, 자가 격리 지침 위반자에 대한 안심 밴드 착용 등 개인의 프라이버시 침해 논란이 있는 정책이 정부 주도하에 실행되었다. 이런 한국 정부의 '효율적인' 대응에 대해 지난 2020년 3월 27일 WHO 코로나19 정례 브리핑에서 마이클 라이언(Michael J. Ryan) 사무차장은 "환자를 조기 발견하고, 접촉자를 신속하게 격리하며, 시민들이 자발적으로 적극 참여하는 한국은 코로나 대응에 있어 WHO가 구상하고 추구하는 모든 요소와 전략을 이미 잘 구현하고 있다."라고 높이 평가한 바 있다.[11]

그러나 서구, 특히 유럽의 경우 개인의 프라이버시를 침해하는 동선 공개나 GPS 기반 동선 추적은 실행되지 못했다. 시민 사회와 언론의 강한 반발이 있었기 때문이다. 문명 비평가인 기 소르망(Guy Sorman) 전 프랑스 파리 정치 대학 교수는 한국의 코로나 대응을 높이 평가하면서 그 이유를 "유교 문화가 선별적 격리 조치의 성공에 기여했다. 한국인들에게 개인은 집단 다음이다. 한국이 휴대 전화 정보를 이용해 감염자를 추적하는 것에 대해서 한국인들은 이를 받아들이는데 그들은 매우 감시받는 사회에 살고 있기 때문이다."라고 설명한 바 있다.[12] 기 소르망 교수의 이런 발언은 코로나의 성공적인 통제와 개인의 프라이버시가 대립적 모순 관계라는 것을 인정하는 것이다. 즉 개인의 프라이버시를 중시하는 유럽의 경우 코로나에 대한 통제는 거의 불가능하다는 사실을 말해 준다.

또 하나, 개인의 프라이버시에서 AI가 심각한 문제를 야기하는 것은 AI가 해킹에서 중요한 기능을 수행할 수 있기 때문이기도 하다. AI는 개인 정보 보호에서 양날의 칼이다. 지난 2016년 8월 DARPA가 주최한 AI 보안 시스템 대회인 사이버 그랜드 챌린지(Cyber Grand

Challenge)에서 7대의 슈퍼 컴퓨터는 서로 소프트웨어 취약점을 찾고 패치하는 경쟁을 벌였다. 이는 AI가 코딩의 취약점을 찾아 보안을 강화할 수 있을 수도 있지만, 반대로 해킹이라는 악의적인 목적으로 활용될 수도 있음을 보여 준다. AI는 사이버 보안에서 방어의 역할을 할 수도 있지만 새로운 해킹 방법으로 이용될 수도 있다는 것이다. 이 점에 대해 토머스 쿨로폴루스(Thomas Koulopoulos) 델파이(Delphi) 그룹 회장은 "3년 후면 행동 데이터와 온라인 상호 작용 패턴의 조합을 사용해 개인을 정밀 타격하는 고도의 개인 맞춤형 공격을 자동화하는 AI가 사용되기 시작할 것"이라고 말한 바 있다.[13]

AI는 프라이버시 문제에서 창과 방패의 충돌과 같다. AI가 본격적으로 인간의 삶에 진입하고, 때로는 인간의 삶을 지배하기 시작하면서 이 모순은 이제 본격적으로 충돌하고 있다. AI가 끊임없이 인간의 프라이버시를 침해하고 또 AI가 방어하는, 영원한 뫼비우스의 띠 속으로 진입한 것이다.

9장

AI 없는 한국과 글로벌 AI 패권 경쟁

코로나가 강제한 비대면 사회로의 전환

2020년 1월 중국 우한에서 시작된 코로나19의 공포가 인접국인 한국은 물론 이탈리아, 영국, 미국 등 전 세계로 확대되었다. 코로나 사태는 인간 사회와 일상의 삶을 근저에서 뒤흔들고 있다. 글로벌 사회는 사태 초기에는 백신 개발에 의한 조기 수습 가능성을 의심하지 않았다. 백신 개발이 아니더라도 메르스 사태의 경험에서 보았듯이 6개월에서 1년이면 사태가 종식될 것이라는 기대감을 가지고 있었다.

그러나 코로나 사태는 글로벌 사회의 희망과는 전혀 다른 '비관'이라는 방향으로 전개되고 있다. 사태를 이렇게 악화시킨 책임을 둘러싼 공방도 치열하다. 미국이나 영국은 중국을 주범으로 비난하고 있고, 중국은 미국이 코로나의 기원이라며 반박하고 있다. WHO는 유럽과 북아메리카로 코로나의 세계적 대유행이 현실화했음에도 글로벌 공조를 위한 팬데믹 선언을 하지 않아 비난받은 바 있다. 급기야 미국 CNN은 2020년 3월 9일 "WHO 선언 여부와 관계없이 코로나19 발병 문제를 '팬데믹'으로 부르겠다."라고 하는 등 WHO를 비판한 바 있다. 2021년 8월 말까지 코로나 감염자는 2억 명, 사망자는 350만 명에 육박하고 할 것으로 추정되고 있다.

코로나 바이러스에 의한 감염자와 사망자가 급격하게 증가하면서 각국 정부는 긴급 사태를 선언했고, 바이러스 조사에 박차를 가했다. 그 결과 코로나 바이러스는 독감과 비교해 4배 이상의 전파력을 가지고 있으며, 유전자 변이에 2주밖에 걸리지 않는다는 놀라운 결과를 밝혀냈다. 전 세계는 사실상 코로나 조기 퇴치에 대한 희망을 버리고 있다.

코로나에 대한 공포 심리는 주식 시장에 즉각 반영되었다. 3월 12일 미국의 다우 지수와 나스닥 종합 지수는 각각 1,743.01포인트, 489.06포인트 하락했고, 세계 주요 증시는 8~11퍼센트 폭락했다. 코스피와 코스닥 역시 급락을 계속해 사이드카 발동 등 긴급 조치를 취했지만 3월 19일에는 1,457.64포인트까지 추락했다. 세계적으로 내수 및 수출이 위축될 것이라는 전망 때문이었다.

각국은 전염성이 강한 코로나19의 감염을 막기 위해 '사회적 거리 두기'를 시행하고 있다. 사회적 거리 두기란 전염병의 지역 사회 감염 확산을 막기 위해 사람들 간의 거리를 유지하자는 캠페인으로 집에 머무르고, 재택 근무나 유연 근무제를 실시하고, 예배 등의 집단 행사나 모임을 삼가하자는 운동이다. 보건복지부는 타인과의 2미터 거리를 유지하는 것을 국민 행동 지침으로 발표했다. 이에 따라 거리에서 사람들의 인파가 사라졌다.

기업들은 자발적인 재택 근무를 시작했고, 코로나19 사태가 장기화됨에 따라 재택 근무 기간을 연장하고 있다. 2020년 4월 글로벌 인사 조직 컨설팅 기업인 머서코리아가 발표한 자료에 따르면, 국내 글로벌 기업의 96퍼센트가 재택 근무를 시행하고 있으며, 감염 지역으로의 출장을 연기하거나 취소한 기업은 99퍼센트, 외부 일정 연기 및 취소 기업도 89퍼센트에 달한다. 출근을 했다 하더라도, 퇴근 후 바로 귀가했다. 정부는 공무원의 퇴근 후 바로 귀가를 확인하는 등의 특별 지침을 내렸다. 질병 관리 본부는 "퇴근 후 밀폐된 장소에서 모임을 갖지 않고 바로 귀가하기."라는 직장인 행동 지침도 내렸다.

모임과 외식, 여행 등을 연기하거나 취소하면서 외식업계는 불황에 빠졌다. 2020년 3월 한 달 동안 서울시의 1,600여 개의 음식점, 치킨집, 카페 등이 문을 닫았다. 소상공인 연합회 빅 데이터 센터가 발표한 '코로나19 사태 관련 소상공인 시장 분석' 자료에 따르면, 서울시 중구의 유동 인구는 2월 한 달 930만 명에서 200만 명으로 78.5퍼센트 감소했고, 대구시 수성구의 유동 인구는 1000만 명에서 150만 명으로 85퍼센트 감소한 것으로 나타났다. 전국적으로도 인구 유동량의 70~80퍼센트가 줄어든 것으로 분석되었다. 유동 인구의 감소에 따라 소상공인의 매출 역시 80퍼센트 정도 감소한 것으로 추정되었다.

코로나19의 빠른 확산으로 인한 경제 전반의 악영향도 현실화되고 있다. 우리나라의 자동차 산업과 오프라인 유통, 항공, 여행, 숙박 업종의 부진이 확산되었다. 오프라인 유통업은 특히 타격을 입어 소비자들이 외출을 자제한 백화점과 대형 마트의 2020년 2월 매출액은 전년 대비 각각 10퍼센트, 12퍼센트 감소했다.

코로나 바이러스가 지구의 남반구와 북반구를 오가며 확산을 반복하고 있다는 점도 글로벌 사회의 불안감을 부추기고 있다. 여기다 코로나 백신의 안정성에 대한 불안감조차 나오고 있다. 영국의 보리스 존슨(Boris Johnson) 총리는 5월 17일 《선데이메일》 기고문에서 이렇게 지적한 바 있다.

> 코로나19 백신을 개발하기 위해 모든 것을 하겠다고 말했지만 아직 갈 길이 멀다. 앞으로 코로나19라는 바이러스와 함께 살아갈 수도 있다는 것을 인정해야 한다.

코로나의 만연화는 인류에게 코로나와 '공존'하는 삶을 강제하고 있다. 언택트(untact), 온택트(on-tact) 사회나 뉴노멀 사회가 바로 이러한 삶에 적응한 사회이다. 언택트라는 비대면을 기반으로 한 새로운 노동 방식과 생활 방식은 4차 산업 혁명의 전면적 사회 도입이라는 새로운 인간 사회로의 전환을 가속화하고 있다. 4차 산업 혁명의 모듈이라고 할 수 있는 AI나 로봇, 드론과 같은 기술, 비대면을 위한 화상 회의나 VR 같은 기술들이 인간 사회에 깊이 침투할 수 있는 여건이 마련되었다. 지난 몇 년 동안 한국 사회에서는 4차 산업 혁명이 더

디게 진행되고 있었는데 이번 코로나 사태가 일거에 가속화하고, 기술적인 사회 구조의 전환에 가속도가 붙으면 코로나가 종식된다 하더라도 4차 산업 혁명으로의 여정은 그 방향은 그대로 갈 것이다.

이번 코로나 사태는 각국의 코로나 대응 능력도 평가해 주었다. 코로나 대응을 잘한 국가와 못한 국가, 그리고 대응은 커녕 혼란에 빠진 국가를 구분해 준 것이다. 이 점에서 코로나 사태는 각 국가별 대응 역량과 시스템을 판별하는 '리트머스' 시험지와 같은 역할을 해 주었다.

코로나 대응에 실패한 대표적인 국가가 유럽이다. 유럽은 그동안 선진국으로서의 글로벌 지위를 유지해 왔다. 산업 혁명의 출발지 영국, 근세 르네상스를 이끈 이탈리아, 자유와 평등, 박애라는 보편적 이념을 전파한 프랑스는 코로나 사태를 겪으면서 그들이 사회 기술적으로, 그리고 의료 시스템적으로 얼마나 후진적 국가인가를 여실히 보여 주었다. 반대로 한국이나 중국의 경우 개인의 프라이버시 보호에 대한 논란이 있기는 하지만, 과거 '개발도상국', '아시아의 병자'로 불렸던 이 국가들의 사회 시스템이 얼마나 효율적으로 움직였는가, 그리고 특히 한국 같은 경우 '축적의 시간'을 거친 대응 역량을 보여 주었다. 한국의 코로나 대응 시스템은 2000년대부터 IT를 기반으로 20여 년간 축적된 경제와 ICT 산업의 성과이다.

언택트를 둘러싼 사회적 혼란

한국 사회는 지난 몇 년간 4차 산업 혁명의 도입을 둘러싸고 많은 난관에 직면해 왔다. AI나 원격 의료, 공유 차량 같은 새로운 혁신은 총론적인 찬성에도 불구하고 각론에 들어가면 여러 집단의 반대에 막혀 진전되지 못했다. 한국 사회 곳곳에 자리 잡은 산업화 시대 기득권은 엄청난 장벽과 방해물로 작동해 왔다. 이러한 장애물을 일거에 제거할 수 있는 계기가 바로 코로나 이후의 언택트 사회 추진이다.

언택트의 대표적인 예가 비대면 온라인 교육이다. 온라인 교육은 과거에도 칸 아카데미(Khan Academy)나 플립러닝(flipped learning, 역진행 수업) 등 동영상 기반의 강의 방법으로 존재했다. 게임을 기반으로 한 교육 방법론인 G러닝도 2000년대 초반부터 개발되어 있었다. 그러나 사교육 시장을 제외하면 한국의 초중고나 대학에 이러한 비대면 교육 방법론은 도입되거나, 확산되지 못했다. 플립러닝만 해도 수업은 동영상으로 진행하고 오프라인 강의는 완전히 토론 중심으로 학생들의 창의성을 길러 줄 수 있는 토론 중심 수업을 가능하게 한다. 그러나 이런 새로운 교수 학습 방법은 전통적인 대면 교수법에 익숙한 대학들과 교수들에게 확산되지 못했다. 신기술의 확산 과정에서 항상 올드 테크놀로지에 적응되어 있는 사람들은 새로운 기술로 이동할 동기가 부족하다.

그 결과 갑작스런 언택트 사회가 전개되면서 초중고와 대학은 큰 혼란에 빠져게 되었다. 학생도, 학부모도, 현장의 교사도, 정부도 혼란스럽기는 마찬가지이다. 대면 교실 수업에서도 10분이라는 짧은 시간을 집중하지 못하는 초등학교 저학년 어린이들을 온라인 수업의 PC 앞에 잡아두는 것은 지난한 일이다. 중고생이나 대학생도 얼굴은 모니터를 보고 있지만 실은 옆에 스마트폰을 두고 친구에게 카톡을 보내거나, 게임을 하는 사례가 빈발하고 있다. 화상 강의에 익숙하지 않은 교수나 교사도 모니터를 보고 학습 내용을 설명하는 '가상'의 수업이 당혹스럽기는 마찬가지이다.

부모가 맞벌이를 하거나, 다문화 가정의 경우는 더욱 문제가 심각하다. 다문화 가정의 부모는 한글이 취약한 데다 ICT에 대한 노하우나 정보도 부족한 경우가 많아 자녀들을 온라인 강의에 집중시키는 데 큰 어려움을 겪는다. 부모가 맞벌이인 경우도 마찬가지이다. 부모가 일터에 나가 가정에 부재한 가운데 초등학생이 PC를 켜서 온라인 강의를 듣고 과제를 하는 것은 쉽지 않다.

이런 혼란은 부분적 개학의 상황에서도 해결되지 못하고 있다. 지난 2020년 4월부터 중학교 3학년과 고등학교 3학년을 시작으로 사상 초유의 '온라인 개학'을 시작했다. 교육부는 온라인 강의를 들을 수 있는 PC와 노트북, 태블릿 등의 기기를 대여하고, 인터넷 지원이 필요한 가정에 대한 예산을 책정했다. 수업에 필요한 콘텐츠에 대한 지속적 관리는 물론, 동시에 다수의 접속자를 수용할 수 있도록 인프라를 확충하는 등의 대비책을 내놓았다. 하지만 이러한 대비에도 불구하고 원격 수업 접속 지연 등의 문제가 발생하며 차질을 빚었다. EBS 온라인 클래스 등 학습 사이트 접속이 제대로 이루어지지 않고, 수업 영상이 끊기는 현상도 잦았다.

온라인 개학과 온라인 수업은 교육 격차의 심화를 촉진하고 있다. 서울과 지방, 도시와 시골은 학교 수업 수준과 학생 관리의 격차가 존재한다. 서울의 자사고의 경우 학교 재단이 운영하는 사이버 대학의 지원으로 실시간 쌍방향 수업을 할 수 있도록 플랫폼을 자체 개발해 수업을 진행하는 곳도 있으나, 대부분의 고등학교는 EBS 강의 영상만으로 수업을 진행하고 있다. 온라인 강의 플랫폼인 '줌(Zoom)'을 사용하기도 하지만, 얼굴과 강의 노트 정도만 보여 줄 수 있다는 점에서 판서나 실험 등 학생들에게 익숙한 방식의 수업을 제공하기에는 한계가 존재한다. 향후 비대면 교육의 장기화는 필연적으로 불가역적인 교육 격차의 확대를 초래할 것이다.

대다수의 교사가 온라인 강의 자료를 제작하고, 업로드하는 과정에 대한 지식이 없다는 점도 혼란을 가중시키고 있다. 교사들은 온라인 강의 인프라를 활용하는 훈련을 받지 못했다. 온라인 강의는 생활 기록부를 작성할 수 있는가의 문제 또한 발생한다. 학생들의 수업 태도, 교우 관계 등 성적 이외의 요소들이 학생 생활 기록부에 기술된다. 이는 교사가 학생을 직접 관찰함으로써 파악이 가능한 정보이다. 교사가 화상으로 학생들의 학습 상태를 관찰하는 것은 어렵다고 할 때 생활 기록부는 무력화된다. 초중고의 대면 개학이 정상화되지 못하고, 코로나 사태가 장기화된다고 할 때 학생들에 대한 교과 과정 이외의 지도는 사실상 불가능할 것이다.

온라인 강의에서의 프라이버시 문제도 발생하고 있다. 미국 뉴욕

시 교육청은 줌을 활용한 온라인 수업을 금지했다. 사이버 공격에 대한 취약성과 욕설, 음란물 등 학생을 보호할 수 없다는 이유에서이다. 미국의 학부모들은 화상 강의 시스템에 의해 자신들의 거주 실내 공간이 노출되는 것에 강력히 항의하기도 했다. 미국에 이어 대만 역시 공공 기관에서의 줌을 활용한 수업 또는 화상 회의를 금지했다.

기업의 재택 근무도 혼란에 빠져 있다. 코로나 초기에 기업들은 선택의 여지 없이 재택 근무를 도입했다. 그리고 재택 근무는 대면 근무에 익숙한 화이트칼라에게 환영을 받았다. 출근 시간에 쫓기는 스트레스가 사라지고, 유연한 근무 시간이나 자유로운 근무 장소 선택은 직장인의 소망이기도 하다.

코로나 이전에 한국의 기업들은 막연하게 재택 근무에 부정적이었다. 재택 근무는 비효율적이거나 노동 과정에 대한 통제가 곤란하다는 등의 선입관 때문이었다. 코로나 사태 이전부터 선제적으로 재택 근무를 추진한 글로벌 기업 중 하나가 일본 토요타이다. 일본은 최근 인구 감소로 인한 노동력 부족과 구인난에 빠져 있다. 그래서 코로나 이전부터 토요타는 R&D 부문을 제외한 일반 사무직과 영업직을 강제로 재택 근무시키는 시스템으로 전환하고 있었다. 토요타와 같은 기업은 재택 근무 시스템을 이미 도입하고 있었기 때문에 코로나 사태를 맞아도 무리 없이 근무 체계를 전환할 수 있었다. 그러나 이와 반대로 한국 기업은 토요타의 재택 근무 사례를 보고 있었으면서도 여전히 재택 근무에 대한 부정적 입장과 근무 시간을 축소하면서 노동 생산성을 높이려는 노력을 하지 않았다. 그 와중에 코로나가 발생했고, 포스트 코로나 시대에 대응할 수밖에 없는 상황이 되어 버린 것이다.

준비되지 않은, 그리고 예상치 않은 코로나 사태의 장기화로 재택 근무와 유연 근무가 연장되면서 기업과 노동자 양자 모두에게 고민과 문제가 발생하기 시작하고 있다. 기업 측면에서 문제는 생산성과 업무 효율성이다. 우리나라 화이트칼라 노동 생산성은 여타 OECD 국가들에 비해 현저하게 떨어진다. 단기간의 생산성 향상은 더 어려운 문제이다.

화이트칼라의 생산성은 화이트칼라라는 계급이 탄생한 순간부터 머리 아픈 문제였다. 블루칼라의 노동 생산성은 예측 가능하고 측정과 통제도 가능하다. 미국 베들레헴 철강 회사에서 석탄을 퍼 올리는 삽질을 연구해 삽의 모양과 노동자의 동작을 표준화한 테일러리즘이나 모델T 자동차 조립 공장에 컨베이어벨트를 도입한 포디즘은 대표적인 사례이다.

찰리 채플린의 유명한 영화 「모던 타임스」에서 볼 수 있듯이 포디즘 초기에 블루칼라 노동자들은 컨베이어벨트 속도에 맞추어 단순 반복적인 노동을 해야 했다. 매일같이 반복되는 노동 속에 「모던 타임스」의 주인공은 길 가던 여자의 원피스 단추를 볼트로 착각해 공구로 조이는 정신 이상 행동까지 한다. 공산주의의 원조 카를 마르크스가 지적한 '노동의 소외'이다. 이런 부작용에도 불구하고 블루칼라의 노동 생산성 향상은 인류가 물질적 풍요를 누리는 데 중요한 기여를 한다. 경영학의 대가 피터 드러커는 "20세기의 위대한 업적은 제조업 육체 노동의 생산성을 50배 올린 것"이라고 지적한 바 있다.

그러나 블루칼라와 달리 화이트칼라의 생산성 측정은 극히 어렵다. 특히 화이트칼라의 작업이 창의적 성격이 강할 경우 측정은 더욱 더 어렵다. 개인의 능력과 작업 형태의 차이, 팀 작업의 유무, 보상 등등의 많은 변수들이 개입되면 측정은 거의 불가능하다. 예를 들어, 개발자가 책상에 앉아 있다고 해서 그가 항상 일을 하고 있는 것은 아니다. 반대로 제대로 된 개발자라면 카페에 앉아 동료들과 잡담을 하고 있을 때도 머릿속에는 프로그램 설계에 대한 생각으로 가득 차 있을 수도 있다. 이 개발자의 머릿속을 열어 보지 않는 이상 그 개발자가 제대로 일하고 있는지 아는 것은 불가능하다. 그래서 빌 게이츠는 "천재 프로그래머와 범재는 2만 배의 능력 차이가 난다."라고 말한 바 있지 않은가.

화이트칼라를 블루칼라 방식으로 통제해 생산성 향상과 혁신이 가능했다면 우리보다 자본주의의 역사가 긴 미국이나 유럽에서 이미 화이트칼라를 대상으로 한 다양한 테일러리즘, 포디즘이 나왔을 것이다. 하지만 그런 조짐은 없다. 고작해야 ERP나 RPA 같은 소프트웨어를 투입해 제어하거나, 스톡옵션 부여, 비전에 대한 공유 등을 통해 동기를 부여하는 수준이다. 따라서 재택 근무와 유연 근무를 도입하는 한국의 기업은 비생산적인 노동을 제거해 생산성을 끌어올려야 하는 과제에 직면해 있다. 양적인 노동이 아니라 노동의 질적 전환에 기업이 집중해야 하는 것이다.

노동자의 입장에서도 문제는 발생하고 있다. 일과 휴식의 구별이

안 되는 문제가 그것이다. 재택 근무를 통해서 일과 휴식의 구별이 모호해지면 노동 시간이 늘어나는 폐해가 발생한다. 노동 시간과 휴식 시간이 불규칙해지면서 건강을 해치는 문제도 발생한다. 동료나 상하 직원 간의 커뮤니케이션이 약화되면서 인간 관계에서 고립되는 경우도 발생한다.

따라서 기업과 노동자 양자의 측면에서 향후 완전한 재택 근무가 아니더라도 일주일 중 며칠은 회사에 근무하면서 대면 커뮤니케이션하에서 작업하고 나머지 시간은 재택 근무를 하는 유연한 근무 형태나 작업을 모듈로 쪼개 대면의 필요성을 극소화하는 형태의 직무 설계가 필요하다. 블루칼라에 이어 사무직의 노동을 분석해 모듈화하는 '화이트칼라 테일러리즘'의 필요성이 대두한 것이다. 그리고 그 과정에는 AI 기술이 전면적으로 도입되어야 하는 것이다.

코로나를 둘러싼 글로벌 AI 경쟁

코로나 사태는 글로벌 각국의 AI 역량을 시험하는 과정이기도 하다. 코로나에 대한 추적과 분석, 그리고 확산에 대한 연구에 AI가 본격적으로 도입되고 있다.

2019년 12월 캐나다 의료 플랫폼 스타트업 기업 블루닷(BlueDot)은 AI 기반 예측을 통해 WHO보다 9일 앞서 코로나 바이러스 확산을 경고했다. 블루닷은 전염병 확산을 추적해서 개념화하도록 설계된 AI를 사용해 전염병이 확산되는 경로를 집중적으로 연구한다. 블루닷은 인구, 지리적 위치, 바이러스의 특징, 그리고 기존 다른 감염병의 확산 양상 등을 종합해 특정 지역에 감염병이 나타날 가능성을 분석했다. 그리고 항공권 이용 정보와 같은 이동 정보까지 포함해 바이러스가 진원지를 벗어나 다른 지역으로 퍼져 나갈 확률을 계산했다. 블루닷은 글로벌 항공 발권 데이터를 사용해 우한과 연결된 도시를 식별해 감염자가 어디를 여행하는지 예측했다. 우한에서 출발한 여행객이 가장 많이 도착할 것으로 예상한 목적지는 방콕, 홍콩, 도쿄, 타이베이, 푸켓, 서울, 싱가포르 등이었다. 결국 이 10여 개 도시가 코로나 바이러스 감염의 초기 중심지가 되었다.[1]

코로나의 진단에도 AI는 사용되고 있다. AI를 진단에 적용하면 업무의 효율성을 높여 줄 뿐 아니라, 환자와의 접촉을 최소화해 바이러스 감염으로부터 의료진을 보호할 수 있다. 중국 AI 플랫폼 회사 센스타임(Shangtang Technology SenseTime, 商汤科技)은 안면 인식 기술과 비접촉식 온도 감지 소프트웨어를 베이징, 상하이 및 선전의 지하철역과 학교 및 커뮤니티 센터에 배치했다. 이 소프트웨어는 열이 있고 바이러스에 걸릴 가능성이 있는 사람들을 식별한다.

글로벌 IT 기업 알리바바는 코로나 바이러스 진단을 위한 AI 시스템을 개발했다. 알리바바의 연구소 다모 아카데미(Damo Academy)에서 개발한 진단 알고리듬은 환자 가슴의 CT 스캔 사진에서 96퍼센트의 정확도로 코로나를 탐지할 수 있다고 한다. 5,000개가 넘는 샘플 데이터로 훈련받은 이 AI는 단 20초 만에 코로나 바이러스에 감염된 환자와 일반 바이러스성 폐렴 환자 사이의 차이를 식별해 냈다.

중국 톈진 의과 대학 병원 연구진은 허파 CT 분석을 통해 코로나 감염 여부를 진단해 낼 수 있는 AI를 개발했다는 논문을 공개했다.[2] 이 논문은 의학 분야 학술 논문 사전 공개 사이트 medRxiv에 공개되었다. 연구진은 코로나 확진 판정을 받은 453명의 허파 CT 이미지를 AI에게 학습시켜 코로나 바이러스로 인한 허파 손상의 특징을 구분하도록 했다. 개발된 AI는 코로나 감염 여부를 82.9퍼센트의 정확도로 분석할 수 있다고 한다.

또한 중국 원저우 의과 대학 병원 연구진은 허파 CT와 함께 코로나 환자들의 공통적 증상까지 확인하는 진단 AI도 제시했다. 이들은 확진자 32명과 비확진자 85명의 열, 기침 등 임상적 증상을 AI에게 학습시키고, 확진자에게만 특이하게 발견되는 18개 증상을 구분해 냈다. 이들은 허파 CT 영상과 함께 이 18개 지표를 종합해 좀 더 정확한 진단이 가능할 것으로 보았다.[3]

중국의 검색 엔진 기업인 바이두는 AI 기반으로 바이러스 RNA 서열을 분석하는 시간을 55분에서 27초로 줄였다고 한다. 바이두는 이 기술을 외부 보건, 학술 기관에 개방해 바이러스 백신 개발 시간을 단축할 것으로 보고 있다. 또한 바이두는 AI 기반 비접촉식 적외선 센서 시스템을 포함한 여러 진단 도구를 개발했다. 지하철역에서 1분 이내에 200명을 검사해 감염된 승객을 식별해 내며 혼잡한 지역에서 마스크를 쓰고 있는지 감지할 수 있는 오픈 소스 모델을 출시했다. 사람이 많은 지역에서 마스크를 쓰지 않고 있으면 대상자를 골라내 착용을 지시하는데 정확도는 97.3퍼센트라고 한다.[4] 이러한 코로나 사태에 대한 AI 활용에 대해 미국 국토 안보부 국장인 스티브 베넷(Steve Bennett)은 이렇게 지적하기도 한다.

> AI는 여러 방법으로 코로나 바이러스 대처에 도움을 줄 수 있다. AI는 전 세계적으로 바이러스가 동물에서 사람으로 이동할 수 있는 핫스팟을 예측한다. 발병 사례가 확인되면 보건 당국은 AI를 이용해 환경 조건, 건강 관리 접근법, 전염되는 방법을 예측할 수 있다. 또한 바이러스의 국부적인 발병과 이례적인 소규모의 현상 간의 공통점을 발견할 수 있다. 이로부터의 통찰은 바이러스의 본질과 해답을 얻는 데 도움을 준다.[5]

이처럼 각국은 코로나에 대한 진단과 분석, 대응에 AI를 적극 활용하고 있다.

특히 미국과 중국은 국가적 자존심을 걸고 AI 기술을 활용한 코로나 진단과 백신 개발에 집중하고 있다. 이러한 경쟁은 역으로 두 국가의 AI 기술을 비약적으로 발전시킬 것이다. 코로나와 AI 기술의 선순환 구조이다. 그러나 반대로 한국과 같이 AI 기술이 취약한 국가는 코로나 대응 약물 개발과 대처 기술 개발에 뒤처질 것이고, 이는 반대로 AI 기술 발전을 촉진하지 못하는 악순환 구조에 빠진다.

코로나는 글로벌 비대면 기업의 급성장을 촉진하고 있기도 하다. 예를 들어 외출이 제한된 전 세계 소비자들이 온라인 쇼핑에 눈을 돌리면서 전자 상거래를 통한 주문이 급증하고 있다. 소비자들이 코로나 감염을 막기 위해 외출을 자제하면서 이커머스가 대체 쇼핑 채널로 부상했으며, 특히 코로나에 취약한 고령자나 유아가 있는 가정에서는 온라인 쇼핑을 선호하고 있다. 이런 과정에서 각광을 받고 있는 것이 AI 스피커와 같은 AI 기반 디바이스이다. 바이러스 감염 예방을 위해 신체적 접촉을 자제하면서 음성으로 상품을 주문할 수 있는 AI 스피커 등 음성 지원 디바이스의 사용이 증가하고 있다. 미국 소비자들은 이동 제한 조치로 발이 묶이자 AI 스피커를 활용해 식료품과 휴지, 손소독제 등 필수품을 구매하고 있다. AI는 반복되는 고객 문의에 효율적으로 대응하는 채팅봇이나, 소비자가 음성으로 상품 주문을 할 수 있는 스마트 스피커 등에 널리 사용되고 있다.

코로나로 온라인 주문이 폭주하고 고객 서비스 업무가 급증한 반면, 오프라인 유통 기업들은 재택 근무가 확대되고 물류 인프라가 마비되면서 위기에 직면하고 있다. 아마존, 쿠팡 같은 이커머스 기업은 AI 기술을 바탕으로 고객 수요를 사전에 예측하고 재고와 물류 자원을 적절히 배분함으로써 품절, 배송 지연 등을 방지하고 있다. 또한 AI가 도로 상황, 주문량 등을 분석해 최적의 배송 경로를 설계하도록 해 배송 시간 단축 및 물류 비용 최소화를 시도하고 있으며, 주문량에 비례해 급증하는 고객 서비스 업무는 AI 채팅봇으로 소화하고 있다. 채팅봇 도입으로 반복적인 고객 문의에 효율적으로 대응할 수 있으며, 24시간 응대와 추천 서비스 등을 통해 고객 만족도 제고가 가능하다. IBM이 개발한 왓슨의 2020년 4월 사용량은 2월 대비 40퍼센트 증가했다.

글로벌 시장 조사 업체인 스트래티지 애널리틱스에 따르면 2020년

1분기 AI 스피커의 전 세계 판매량은 2820만대로 전년 동기 대비 8.2퍼센트 증가했다. 그중 특히 AI 스피커 '에코'를 앞세운 아마존의 글로벌 시장 점유율이 23.5퍼센트를 기록해 지난해 같은 기간 21.5퍼센트에 비해 2퍼센트 늘어났다.

음성 인식 기술 기업 복슬리 디지털(Voxly Digital)이 영국에서 실시한 설문 조사에 따르면, 응답자의 53퍼센트가 코로나19로 인한 봉쇄령 이후 아마존 알렉사, 구글 어시스턴트 등 음성 지원 디바이스를 더 많이 이용한다고 응답했다. 이마케터(eMarketer)는 2020년 말 미국의 스마트 스피커 사용자가 8310만 명에 이를 것으로 전망했으며, 온라인 쇼핑 인구의 10.8퍼센트인 2160만 명이 온라인 쇼핑 시 AI 스피커를 사용할 것으로 예상하기도 했다.[6]

포스트 코로나 시대와 AI

언택트 사회가 주창되고 있지만 내용을 들여다보면 아직 많은 한계를 가지고 있다. 대표적인 사례가 온라인 화상 회의 시스템 '줌'을 이용한 비대면 회의이다. 코로나 초기에는 우리 사회 전체가 구조적으로 완전히 비대면 사회로 전환할 것이라는 극단적인 주장들이 많았지만 현실적으로 한계를 가지고 있다는 사실이 밝혀지고 있다. 재택 근무, 온라인 강의, 온라인 주문과 배달 등과 같은 비대면 사회를 위한 여러 요소들에서 많은 문제들이 발생하고 있기 때문이다.

인간의 커뮤니케이션은 비대면보다는 대면에 더 최적화되어 있다.

대면 커뮤니케이션을 통해 인간은 상대의 표정이나 음성 톤의 변화, 몸짓 등에 대한 해석을 통해 상대방의 감정이나 의도를 읽어 낸다. 그러나 비대면 커뮤니케이션이 되면 '형식지'라는 객관적 정보 이외의 부분은 전부 사장됨으로써 상대방의 의도를 이해하고 해석하는 데 많은 제약을 받게 된다.

온라인 교육만 하더라도 오프라인 대면 교육에 비해 현저하게 효율성이 떨어진다. 온라인 쇼핑의 경우 주문은 비대면으로 하더라도 코로나에 감염된 쿠팡의 물류 센터에서 보았듯이 상품을 주문자에게 마지막으로 전달하는 것은 아직 로봇이나 드론이 하지 못한다는 것이 밝혀지고 있다.

대학의 온라인 교육만 해도 그렇다. 지식 창조의 첨단이 되어야 할 대학에서는 '에듀테크' 도입이라는 총론에서는 교수나 학생 등 구성원 모두가 찬성한다. 그런데 실행 단계에 들어가면 이야기는 달라진다. 우선 교수들의 입장에서는 도입의 장점이 없다. 교수 개인이 어려움을 무릅쓰고 새로운 교수 학습법을 도입, 실행해도 아무런 이득이 돌아오지 않는다. 이런 상황에서 교수들에게 아무리 새로운 교육 방법론 도입을 호소해도 대학 사회는 변화하지 않는다. 그러나 이번 코로나 사태로 인해 방역이라는 이슈가 전면에 등장하면서 그 강제력에 의해 어쩔 수 없이 교수들이 온라인 교육이라는 새로운 교육 형태를 수용할 수밖에 없는 상황이 되어 버렸다. 온라인 교재를 만드는 데 익숙하지 않는 교수는 줌으로 아니면 파워포인트에 음성만 입히는 초보적인 방식으로라도 온라인 수업을 진행하고 있다. '필요는 발명의 어머니'라는 격언 그대로의 현실이다.

기업 역시 포스트 코로나 시대라는 아무도 경험하지 못한 새로운 영역으로 진입하고 있다. 기업은 방역과 수익의 창출이라는 두 가지 모순된 현실에 직면하고 있다. 2020년 5월 쿠팡의 부천 물류 센터에서 152명의 대량 확진자가 발생한 사건은 기업의 현실을 잘 보여 준다. 쿠팡은 직원들의 추가 확진자를 방역 당국으로부터 통보받은 후 부천 물류 센터를 폐쇄하고 밀접 접촉자로 분류된 직원 200명을 자가 격리시켰다. 그리고 안전이 확보될 때까지 부천 물류 센터의 운영을 계속 중단한다고 밝혔다. 이렇게 되면 쿠팡은 폭주하는 주문을 소화할 수 없다.

좁은 공간에서 밀집 근무를 하는 콜센터 역시 코로나 위기에 직면하고 있다. 2020년 3월 서울 구로구 신도림동의 한 보험사 콜센터에서 발생한 코로나19 집단 감염이 인천, 경기 등 수도권으로 확산된 사건이 있었다. 해당 콜센터에서 근무하는 직원과 가족 등 60여 명이 코로나 확진 판정을 받았다. 집단 감염이 발생한 콜센터는 에이스 손해 보험 등을 고객사로 두고 있었으며, 이곳에서는 직원 148명과 교육생 59명 등 총 207명이 근무하고 있었다. 이 콜센터 역시 폐쇄되었다. 이런 상황이 발생하면 기업은 종업원 보호와 매출 하락, 수익성 악화라는 딜레마에 직면한다.

이처럼 언택트 사회로 가는 과정에는 많은 장애물이 놓여 있음에도 불구하고 비대면, 온라인이라는 방향으로 한국 사회의 큰 구조가 움직이기 시작했다는 것은 중요한 의미를 가진다. 코로나 이전에는 아무리 소수의 혁신자들이 구동하려고 해도 움직이지 않았던 사회 구조가 코로나 '방역'이라는 충격적인 연료가 들어오니 서서히 움직이고 있다. 이는 마르크스가 일찍이 사회주의 혁명을 주창하면서 혁명의 그날을 "100년이 하루가 되는 날"이라고 표현했던 것처럼 코로나는 한국 사회의 "100년이 하루가 되는 인공 지능 혁명"을 견인하고 있다.

코로나 이후의 글로벌 경쟁에서 한국 기업은 예외 없이 극심한 경쟁에 휘말릴 것이고 수익성이 악화된 상황에서 새로운 기술을 도입할 수밖에 없을 것이다. 포스트 코로나라는 상황에서 AI의 도입은 기업들의 경쟁력을 한 차원 끌어 올리는 전화위복의 강력한 원동력으로 작용할 수 있다. 이 경우 기업의 전략적 선택은 AI를 기반으로 한 직무와 노동 과정, 비즈니스 모델의 재설계이다. 예를 들어, AI 채팅봇을 기반으로 한 직무 재설계가 하나의 예이다. 코로나 시대에 노동자들이 밀집 근무를 해야 하는 콜센터 운영에 AI 채팅봇을 도입하는 것이다.

앞에서 JR 동일본의 AI 도입 사례를 다룬 바 있다. JR 동일본은 AI와 인간의 공존, AI에 의한 인간의 생산성 향상을 모색하고 있다. JR 동일본 콜센터 직원에게 전화가 걸려오면 고객의 전화 내용을 AI가 실시간으로 분석하고, 고객이 물어본 내용에 대한 답을 콜센터 직원의 화면에 띄워 주는 방식으로 채팅봇은 인간을 보조한다. JR 동일본은 이런 식으로 AI와 인간의 대립이 아닌 보완 관계로 활용하고 인간의 생산성을 향상시킨다.

교육 현장에도 AI와 빅 데이터 기술이 진입해야 한다. 한국교육개발원에서 실시한 교육 여론 조사에 따르면 초·중·고등학교 각 학급에서 가장 요구되는 교사의 자질은 학습 지도 능력, 인성 교육 등의 생활 지도 능력, 그리고 진로, 진학 지도 능력이다. 그러나 비대면 환경에서 교사는 학생 개개인의 역량이나 인성을 파악할 수 없다. 여기서 수업 중 학생의 수업 참여도를 분석할 수 있는 AI 개발과 도입이 필요하다.

게임을 기반으로 한 인공 지능 G러닝도 대안이 될 수 있다. 지금 비대면 교육에서 가장 중요한 부분은 학습에 대한 동기 부여이다. 대면 교육에서 동기 부여가 약한 학생을 포함해 일정한 강제력으로 시행한 기존 학습은 비대면 교육으로 '강제'가 사라지면서 학습이 곤란한 상황에 직면해 있다. G러닝은 학생의 동기 부여에서 중요한 역할을 할 수 있다. G러닝은 게임이 가지고 있는 몰입성을 기반으로 작동하기에 강력한 동기 부여 기능을 가지고 있다.

고령자에 대한 보호와 개호에도 AI의 도입은 중요하다. 코로나와의 공존은 개인과 개인의 접촉을 곤란하게 한다. 예를 들어 보건복지부가 추진하는 노인 커뮤니티 케어는 코로나와의 공존의 시대에는 작동할 수 없는 정책이다. 노인 커뮤니티 케어는 노인들이 살던 곳에서 지역 사회와 함께 어울려 살면서 각자에게 필요한 주거, 보건 의료, 요양, 돌봄, 독립 생활 지원 등 서비스를 받을 수 있는 서비스 정책이다. 보건복지부는 2026년에 한국의 노인 인구가 20퍼센트에 달해 초고령 사회에 진입할 것으로 보고 노인의 돌봄 사각 지대를 해소하고 가족의 부담을 완화하기 위해 노인 커뮤니티 케어 제도를 추진하고 있다.

그러나 코로나는 노인과의 접촉이나 케어를 불가능하게 만든다. 노인은 코로나에 극히 취약하기 때문에 타인과의 접촉은 가능한 제한해야 한다. 또한 노인에 대한 접촉 인원도 제한할 필요가 있다. 이렇게 되면 정부가 추진하는 노인 커뮤니티 케어는 토대부터 와해될 위기를 맞게 된다. 따라서 AI 기반 채팅봇이나 CCTV, 화상 회의 시스템 등을 통해 온라인과 오프라인이 혼합된 공간을 구성해 노인 커뮤니티 케어를 구현할 필요가 있다.

'IT 강국'에서 'AI 후진국'으로 전락하는 한국

일본은 지난 1990년대를 '잃어버린 10년'이라 부른다. 이렇게 10년이라 부르는 데에는 경제적으로 불황이었다는 현실도 작용했지만, 더 중요하게는 IT라는 첨단 산업에 적응하지 못한 채 미래에 대한 비전과 자신감을 잃어버렸다는 엄혹한 현실이 있다. 그런데 '잃어버린 10년'을 초래한 이유가 정작 그들 자신의 '오만함' 때문이었다는 점은 아이러니다.

1980년대 후반 일본 경제는 부동산 버블이라는 장밋빛 거품에 취해 있었다. 당시 부동산 가격은 천정부지로 치솟아 일본 열도를 팔면 미국을 송두리째 사들일 수 있다는 계산까지 나오고 있었다. 샐러리맨들은 매일 밤 고급 레스토랑에서 회식을 하고, 비싸기로 유명한 택시를 타고 집으로 돌아갔다. 그리고 그 비용은 다음날 고스란히 회사가 영수증 처리해 주었다. 정말이지 '황금 시절'이었다.

그러나 바로 그때 일본 경제에 패해 제조업이 공동화되어 간다던 미국에서는 소리 없이 기업의 IT화가 진행되고 있었다. 미국 기업은 수면 아래에서 IT라는 새로운 기술로 권토중래를 꿈꾸고 있었던 것이다. 1990년대 들어 일본 경제의 버블이 꺼지면서, 그리고 일본 기업이 IT 도입에 뒤처지고 있다는 사실을 자각했을 때는 이미 게임이 끝난 상태였다. IT 산업에서 일본은 완패한 것이다. 이런 일본 경제의 뼈아픈 경험이 AI 시대를 앞두고 한국에서 재현되고 있다.

IT 시대 이전에 한국은 군사 독재에서 겨우 벗어난 국가, 경제적으로 아직 개발도상국을 졸업하지 못한 국가, 1998년 IMF를 겪고 후진국으로 전락 위기에 놓인 나라라는 이미지의 국가였다. 그러나 온라인 게임과 IT 산업이 등장한 2000년대 이후 세계인의 인식은 한국이 기술 강국, IT 강국이라는 국가 이미지로 전환되었다.

2010년까지 한국은 미국의 실리콘밸리조차 주목하는 IT 강국이었다. 전 세계 IT산업의 맹아는 한국에 있었다. 싸이월드, 판도라TV, 리니지, 프리챌, 세이클럽 등을 보기 위해 해외 투자자들은 앞을 다투어 한국을 찾았고, 글로벌 IT의 미래와 비즈니스적 발전 방향을 학습했다. 말 그대로 "IT의 미래를 보려면 눈을 들어 한국을 보라."였다. 그러나 AI의 등장은 IT 강국 한국을 '인공 지능 후진국'으로 전락시키고 있다.

현재 한국은 AI만이 아니라 4차 산업 혁명 전반에 걸쳐 미국, 중국 등 '해외 열강'에 밀리는 위기 상황에 놓여 있다. 4차 산업 혁명의 가장 중요한 특성은 강한 기업이 더욱 강해진다는 점이다. 이는 기존의 파괴적 혁신과 전혀 다른 특성이다. 파괴적 혁신의 가장 중요한 특성은 기존의 산업 지배적 챔피언이 몰락한다는 점이다. 50여 년이 넘는 기술 혁신의 연구사에서 이 점은 예외가 없다.

돛을 단 범선은 증기 기관을 동력으로 하는 증기선과의 경쟁에서 패했으며, 전설적인 소니의 워크맨은 MP3라는 새로운 혁신적 뮤직 플레이어의 등장으로 패배했다. 게임 산업의 혁신에서도 동일한 승자 패배의 역사가 반복된다. 한국에서 「바람의 나라」, 「리니지」와 같은 새로운 PC 온라인 플랫폼이 등장할 당시, 콘솔 제국이었던 소니나 닌텐도는 이에 제대로 대처하지 못한 뼈아픈 실패를 맛보았다. 그러나 AI를 비롯한 4차 산업 혁명은 양상이 다르다. 이 점에서 4차 산업 혁명은 파괴적 혁신이 아닌 '연속적 혁신(continuous innovation)'으로 보아야 할지 모른다. 연속적 혁신은 경쟁에서 뒤처진 약자가 판을 뒤집을 기회를 주지 않는다. 한국이 가지는 위기감의 근원은 바로 여기에 있다.

예를 들어, 4차 산업 혁명의 핵심 기술적 모듈인 AI는 구글의 딥마인드나 아마존의 알렉사가 대표 주자이다. 자율 주행이나 로봇의 경우 토요타, 혼다, 테슬라 등이 있고, 사물 인터넷은 GE, 빅 데이터에는 아마존, IBM 등이 포진하고 있다. 이런 글로벌 리그에 낄 수 있는 한국 기업은 삼성전자나 현대차 정도이다. 하지만 이런 기업조차 4차 산업 혁명의 글로벌 리그에 낄 수 있다는 말이지 그 흐름을 주도한다는 의미는 아니다.

4차 산업 혁명은 융합이기도 하다. 이미 제조업과 ICT, 은행과 ICT 등을 나누던 전통적인 산업 구분선은 의미를 상실했다. 게임 회사인 닌텐도는 애플이 자사의 경쟁자가 될 것이라고 상상도 하지 못했다. 토요타도 검색 회사로 여긴 구글이 자신의 경쟁자가 될 것이라고 생각하지 못했다. 그러나 이제 이 모든 것은 현실이 되었다. 누가 적이고 누가 아군인지 뒤죽박죽이고, 하룻밤 자고 일어나면 기업 간 제휴 관계도 엉클어져 있다. 상황이 이러니 기업도 정부도 개인도 당혹스럽기는 마찬가지다.

이런 상황에서 한국의 기술 혁신에 대한 규제는 AI에 대한 대응을 더욱 어렵게 만들고 있다. AI는 물론 O2O, 핀테크, IoT, AR/VR 콘텐츠 등을 둘러싸고 정부와 국회에서는 '규제 샌드박스' 도입 등 규제 개혁에 대한 많은 논의를 해 왔지만 실제적인 규제 개혁은 이루어지지 못하고 있다. 이런 상황을 인식한 듯 2020년 6월 27일 문재인 대통령은 "국민이 체감할 수 있는 규제 개혁의 성과를 반드시 만들어서 보고를 해 달라."라며 그날 예정된 규제 혁신 점검 회의를 전격 취소하기조차 했다. 이처럼 규제의 왕국 일본의 망령은 다시 한국에서 부활하고 있다.

AI 후진국의 가능성은 많은 계량적 지표에서도 나타나고 있다. AI 경쟁력의 원천인 인재는 세계적으로 부족하며 특히 핵심 인재는 더욱 희소하다. 한국의 경우도 2018년부터 2022년까지 AI 인재는 9,936명이 부족하다고 한다. 소프트웨어 정책 연구소에서 제시한 'AI

두뇌 지수(AI Brain Index)'에서도 동일한 결론을 보여 주고 있다.[7] 이 지수에 따르면 AI 두뇌 지수가 가장 높은 국가는 미국이며, 한국의 AI 두뇌 지수는 미국의 76퍼센트 수준인 것으로 측정되었다. 또한 25개국 각 100명(총 2,500명)의 AI 두뇌 지수 평균은 측정 결과 54.92였고, 한국은 50.59로 평균 이하로 나타나 충격을 주었다. 25개국 중 1위는 미국이며 한국은 19위로 평균보다 낮게 나왔다. 이를 구체적으로 보면 미국 66.46, 스위스 65.54, 중국 65.17, 캐나다 59.08, 한국 50.59, 칠레 47.84, 인도네시아 35.34 등의 순이었다.

전 세계 AI 핵심 인재 500명 중에서 한국 출신 비율은 1.4퍼센트로 미국 14.6퍼센트, 중국 13.0퍼센트의 10분의 1 수준에 불과하다. 또한 세계적으로 활동하고 있는 AI 전문 인력 2만 2400명의 절반에 해당하는 46퍼센트가 미국에서 일하고 있으며, 한국에서 일하는 전문 인력의 비중은 1.8퍼센트에 불과하다.

한국 정부의 AI 준비 수준을 보아도 결과는 마찬가지로 낮게 나온다. 영국의 AI 및 디지털 분야 컨설팅 그룹 옥스퍼드 인사이트(Oxford Insight)는 2019년 국가별 AI 준비 지수를 발표했다. 옥스퍼드 인사이트는 2017년 처음으로 국가별 정부의 AI 운영과 공공 서비스에서의 활용 수준을 평가하기 위해 '정부 AI 준비 지수'를 개발해 2년마다 발표하고 있다.[8] 2019년 평가에서는 싱가포르 정부가 9,186점으로 1위를 차지했으며 영국, 독일, 미국, 핀란드가 그 뒤를 이었다. 상위 10개국에는 2개의 아시아 국가가 랭크되었는데 1위 싱가포르 다음이 10위 일본이었고 중국은 20위로 집계되었다. 한국은 26위에 머물렀다.

국가별, 연도별 AI 특허 출원 동향도 동일한 패턴을 보이고 있다. AI 기술 분야의 특허 출원을 보면 미국 35퍼센트, 중국 32퍼센트, 일본 15퍼센트, 한국 11퍼센트, 유럽 7퍼센트의 비중으로 출원된 것으로 나타나고 있다. 전체 출원 건수는 미국이 7,988건으로 1위를 차지하고 있다. 중국은 2016년 한 해만 해도 1,436건의 특허를 출원하는 등 2010년 중반 이후부터 중국의 특허 출원이 폭발적으로 증가하는 추세이다.[9] AI 연구는 미국이 주도하고 중국이 추격하는 양상이다.

AI 기술 특허 출원 세 강자는 모두 미국 기업으로 IBM, 마이크로소프트, 구글의 순이다. 이들 세 기업의 출원 건수 합계는 총 2,085건에 달한다. 중국 출원의 특징은 기업보다는 대학이 다수의 출원을 하고 있다는 점이다. 기업체인 바이두를 제외하면 톈진대, 베이징 이공대 등 대학이 다수의 특허를 출원 중이다. 40~50여 건의 특허를 출원한 중국의 대학 수는 20여 대학에 이르고 있다. 반면 한국은 삼성전자와 한국전자통신연구원 두 기관이 각각 482건과 414건으로 상위에 존재한다. 이처럼 AI와 관련해 한국의 글로벌 존재감은 없다. 한국은 인공 지능 후진국으로 전락할지도 모르는 기로에 있다.

AI는 임진왜란의 조총?

변화하는 대외 환경에 대응하지 못하고 패배한 우리의 역사적 교훈은 많다. 임진왜란과 병자호란이 그것이다. 임진왜란은 조총이라는 혁신적 무기와 새로운 전쟁 방식으로 조선을 철저하게 파괴했다.

임진왜란 당시 부산포에 상륙한 일본군은 파죽지세로 도성으로 진격했다. 일본군 선봉이 부산에 상륙한 것은 1592년 4월 13일이니, 이후 5월 3일 한양이 함락되기까지 단 18일이 걸렸다. 서울에서 부산까지 거리를 420킬로미터라고 하고 중간에 조선군과의 전투로 5일을 허비했으니 실제 행군 시간은 13일이었다. 일본군은 하루에 32킬로미터 이상을 행군했다는 계산이 나온다. 하루 32킬로미터를 성인 평균 시속 4킬로미터로 나누면 8시간이 나온다. 임진왜란 직전 전국 시대에 '아시가루(足軽)'라 불리던 일본군 보병은 10킬로그램 정도 무기와 비품을 소지하고 있었다. 일본도나 조총이 약 4킬로그램, 철제 갑옷이 약 4킬로그램, 그리고 주먹밥, 물통 등 비품이 2킬로그램로 추정되는 결코 가볍지 않은 무게였다. 10킬로그램 군장에 소풍 가는 것도 아닌 전투 상황에서 구보하는 수준으로 질풍처럼 한양으로 진격했다는 말이 된다. 만일 이 상황에서 바다의 이순신이 적의 식량 보급로를 차단하지 않았다면 임금이 포로가 되는 상황이 벌어졌을지도 모른다. 임진왜란에서 조선 시대 인구 500만 명 중 20퍼센트인 100만 명이 사망했다.

이렇게 임진왜란의 초기 전국을 지배한 중요 신무기, 조총을 조선이 미리 제작할 수 있었다는 사실을 아는 이는 많지 않다. 임진왜란이 일어나기 직전인 1589년 일본 사신으로 선조를 알현한 대마도 영주 소 요시토시(宗義智)는 조총과 공작 한 쌍을 선물한다. 하지만 조총은 조선 조정의 관심을 끌지 못한 채 창고에 처박힌다. 조선 조정이 조총을 무시하게 된 것은 연발 사격 능력이 활보다 떨어지고 우천 시에는 무용지물이 된다는 단점 때문이었다. 당시 조총은 장전 후 발사까지 2분이 걸렸지만 활은 분당 10발도 가능했다. 조총은 사정 거리도 짧았다. 조정에서 신립 장군은 사거리 겨우 50미터의 조총을 비웃으며 "기병으로 조총 부대를 단숨에 쓸어 버릴 수 있다."라고 장담하기까지 했다. 만일 조선이 조총의 잠재적 위력을 파악해 즉시 개발에 나섰다면 임진왜란은 전혀 다른 양상으로 전개되었을 것이다. 지금 생각하면 활과 총의 대비는 어처구니없지만 혁신 제품의 초기에는 항상 이런 일이 발생한다. 핵심은 우리가 혁신의 잠재적 파괴력을 인지하느냐의 여부이다.

조총을 무시하고 나서 불과 38년 만에 조선은 임진왜란의 역사적 교훈을 잊고 다시 병자호란이라는 치욕적인 패배를 당하게 된다. 이 역시 몰락해 가는 명나라와 떠오르는 청나라를 구분하지 못했기 때문이다. 이 어리석음의 결과는 국가 규모의 전쟁을 한 세기에 두 번 겪는 참극으로 끝나게 된다. 당시 무려 60만 명이라는 국민이 청나라에 끌려가는 비극이 발생한다. 조선이 오랑캐라 하여 철저하게 무시한 청나라에게 인조는 삼전도에서 삼궤구고두례(三跪九叩頭禮, 세 번 절하고 아홉 번 머리를 조아리는 의식)를 하고 항복해야 했다. 『인조실록』에는 이렇게 적혀 있다.

> 사로잡힌 자녀들이 바라보고 울부짖으며 말하기를, "우리의 왕이시여, 우리의 왕이시여. 우리를 버리고 가시나이까."라고 했는데, 길을 끼고 울며 부르짖는 자(청나라로 인질, 노예 등으로 끌려가는 자)가 만 명을 헤아렸다.

지금 AI는 임진왜란 직전의 조총과 유사하다. AI는 아직 실용화되기에는 시간이 많이 걸릴 것이지만 그 잠재적 파괴력에 대해서 부정하는 사람은 없다. AI의 파괴력은 특히 약한 AI에서 나타날 것이다. AI는 개념적으로는 강한 AI와 약한 AI로 구분할 수 있다. 강한 AI는 사람처럼 자유로운 사고가 가능한 자아를 지닌 AI를 말하며 인간처럼 복잡하고 창의적인 업무를 수행할 수 있다고 해서 범용 AI라고도 불린다. 반면 약한 AI는 자의식이 없는 AI를 말하는데 주로 특정 분야에 특화된 형태로 개발되어 인간의 한계를 보완하고 생산성을 높이기 위해 활용된다. 지금 인간들을 두렵게 만들고 있는, 인간과 동일한 판단력과 감정을 가질 수 있는 것이 강한 AI이다. 강한 AI는 테슬라의 창업주인 일론 머스크조차 두렵게 만드는 존재이다. 그는 이렇게 말한다.

> 나는 AI의 최첨단에 가까이 있는 사람이지만, AI는 나를 엄청나게 공포스럽게 만든다. AI의 발전은 상상할 수 있는 정도 이상으로 기하급수적인 속도로 일어날 수 있다. 나는 AI의 위험이 핵무기의 위험보다 훨씬 더 크다고 생각한다. 핵무기는 원한다고 해서 아무나 제조할 수 있는 것은 아니기 때문이다.[10]

하지만 현실적으로 강한 AI가 단시간에 등장할 가능성은 낮다. 먼저 막대한 에너지의 사용이 장애물이다. 이세돌을 격파해 글로벌 사회에 충격을 안긴 알파고는 12기가와트라는 엄청난 양의 전력을 사용했다. 이세돌이 소모한 에너지는 50와트이지만 알파고는 100만 배의 에너지를 소모했다. 고리 원전 1호기의 발전 용량은 587메가와트에 불과하다. 알파고는 1,200개의 CPU와 176개의 GPU(영상 처리 장치), 그리고 920테라바이트의 기억 장치를 사용한다.

따라서 AI가 '자아'나 감정을 가질 수 있는가 같은 논쟁을 떠나 강한 AI는 에너지의 측면에서도 단기간에 등장하기는 어려울 것이다. 그래서 글로벌 각국은 약한 AI를 기반으로 인간을 지원하거나, 인간의 작업을 대체하는 AI를 개발하기 위한 경쟁을 벌이고 있다. '기능형 AI'를 개발해 인간 사회를 한 차원 업그레이드하기 위한 글로벌 경쟁이 시작되고 있는 것이다.

그런데 이런 AI를 둘러싼 글로벌 경쟁에서 한국 정부의 전략은 혼선을 거듭하고 있다. 중국의 경우 일찍이 AI를 집중 육성, 미국을 따라잡는다는 국가적 목표를 세우고 AI 기술과 서비스 개발에 알리바바, 바이두와 같은 글로벌 기업을 투입해 왔다. 2015년과 2016년에는 AI를 둘러싼 논의가 역할과 위상에 대한 경제 혁신의 담론 수준에서 머물러 있었다면, 2017년부터는 AI를 대외적으로 국가 경쟁력의 제고 및 안보, 대내적으로 공공 서비스, 치안과 안전 등 국가가 국민에게 제공하는 거의 모든 역할에 개입할 수 있는 수단에 대한 진지한 논의와 실천으로 변모시키고 있다.

중국은 2020년을 '전면적 소강 사회(小康社會, 복지형 사회)'를 완성하는 시기이자, 과학 기술을 자주적으로 혁신해 산업 경쟁력을 강화하는 혁신형 국가에 진입하는 시기로 삼고 있다. 즉 자주적으로 개발한

AI 기술을 통해 산업 혁신을 꾀하고 국가 경쟁력을 제고한다는 것이다. AI를 교통, 치안, 의료 등 각종 사회 공적 서비스 시행에 들어가는 사회적 비용을 줄이고 효율성을 높이며 재화나 에너지(전기, 시간, 공간 등) 분배를 최적화할 수 있는 기술이자, 국가 안보 및 치안 유지에 유용한 도구로 간주하고 있다. 중국 정부의 이러한 AI 미래 비전은 '산업 경쟁력', '인민에 대한 공적 서비스와 생활의 편익 증진', 그리고 '국가 안보와 치안 유지'라는 세 가지의 전략으로 구성되어 있다.

그러나 한국의 경우 정부와 기업, 특히 국가의 AI에 대한 전략이 분명하지 않다. 지난 2020년 7월에 발표된 디지털 뉴딜은 이런 혼란과 모호성을 그대로 보여 준다. 정부는 AI 국가 전략으로 AI 인프라 확충, AI 기술 경쟁력 확보, 글로벌을 지향하는 AI 스타트업 육성, 산업 전반의 AI 활용 전면화 등을 내세우고 있지만 정작 비전과 목표, 전략적 방향을 이해하기는 힘들다. 이런 점은 중국 정부의 AI 전략과 대비된다.

한국 정부의 전략에는 특히 산업 경쟁력을 위한 부분이 누락되어 있다. 중국이 국가적 AI 전략을 실현하기 위해 ABC(알리바바, 바이두, 텐센트) 기업을 전면적으로 동원해, 기업 역량을 조직화하는 것과 대조적으로 한국 정부는 카카오나 네이버, SKT와 같은 기업 역량을 조직화하고 활용하려 하지 않는다. 중국과 한국이 사회주의와 민주주의라는 체제 차이가 존재하지만 그럼에도 불구하고 기업 역량에 대한 활용 의지라는 근본적인 차이가 발생하고 있다.

디지털 뉴딜은 고용 유지와 산업적 혁신이라는 모순적 측면이 혼재되어 있다는 한계도 있다. AI과 같은 혁신적 기술의 경우는 필연적으로 마찰적 실업(frictional unemployment)이나 기술적 실업(technological unemployment)을 초래할 수밖에 없다. 마찰적 실업은 노동자들이 직업을 구하거나, 직장을 이동하기까지 발생하는 시간적 차이로 인해 비롯되는 실업이다. 기술적 실업이란 경제학자 존 메이너드 케인스(John Maynard Keynes)가 주창한 개념으로 기술 변화로 인한 실업을 지칭한다. 구조적 실업의 유형으로 노동 절약형 기술과 기계의 개발로 인해 인간 노동의 역할이 감소하면서 발생한다. 따라서 AI의 확산은 필연적으로 마찰적 실업이나 기술적 실업을 초래할 수밖에 없다. 따라서 정부 정책의 핵심은 실업에 대한 억제가 아니라 잉여 인력에 대한 기술적 재교육과 AI와의 협력을 통한 노동의 질적 제고를 위한 산업 구조의 혁신이 되어야 한다.

디지털 뉴딜은 4대강 사업과 같은 국내 한정적인 토목 사업과 같은 논리 속에 제한되어 있다. 대표적인 경우가 빅 데이터이다. 디지털 뉴딜에서는 데이터 댐이라는 개념을 제시하고 있고 타당한 개념이기도 하다. 데이터 댐이란 공공 및 민간 데이터를 모아 이를 표준화하고, 결합, 가공해 AI 산업 발전을 위해 활용하자는 개념이다. 국내 공공 기관의 데이터조차 형식이 다르고 법적 규제로 인해 통합이 되지 않는 현실에서 데이터 댐은 설득력이 있다.

그러나 AI에 있어서 데이터는 이미 지역 국가를 넘어서 있다. AI는 물론 빅 데이터도 이미 글로벌적 규모로 전개된 지 오래이다. 데이터는 석유나 물과 같은 필수 자원의 수준을 넘어 해외에서 조달하고 가공해야 하는 '희토류'와 동일한 성격을 지니고 있다. 즉 한국에서 개발된 AI 스피커가 미국 시장으로 진입하려면 한국인 데이터가 아닌 미국인의 데이터를 기반으로 학습해야 하며 이런 데이터 없이는 시장 지배가 불가능하다는 이야기이다.

따라서 한국을 넘어 말 그대로 글로벌 수준의 데이터 획득 경쟁에 들어가야 한다. 20세기 초반의 제국주의가 자원과 영토를 둘러싼 약탈과 침략이었다면 21세기 제국주의는 AI와 데이터를 둘러싼 약탈과 경쟁이 되어 가고 있다. 바로 이점을 간파한 유럽 연합(EU)이 개인의 데이터를 역외로 가져가는 것을 막는 강력한 '개인 정보 보호법(GDPR)'을 도입한 이유이기도 하다. 20세기 아시아를 침략한 원조 제국주의 국가 유럽이 이제 21세기 AI와 빅 데이터의 시대를 맞아 '침략'의 두려움에 떨고 있는 것이 지금의 아이러니한 현실이다.

한국은 대기업이나 중소기업의 AI 기반 기술 개발과 서비스 모델이 취약하다는 문제도 있다. 네이버 자회사 스노우가 개발한 카메라 앱 '스노우'는 화면 속 사람 얼굴을 고양이나 개로 표현하는 등 만화처럼 표현할 수 있는 앱이다. 이용자의 얼굴과 표정, 몸짓을 인식하는 AI를 이용했다. 이 앱은 청소년과 젊은 여성 사이에서 선풍적 인기를 끌며 2015년 출시 이후 전 세계 누적 다운로드 3억 건을 돌파했다. 하지만 이 앱의 핵심 AI 기술은 중국 센스타임이 개발한 것이다. LG전자는 스마트폰에 들어가는 AI 비서로 구글 어시스턴트를 도입했다. 현대차는 자율 주행 기술 확보를 위해 중국 바이두와 기술 제휴를 맺었다. SK C&C는 2016년부터 미국 IBM과 손잡고 국내 기업에 왓슨을 제공 중이다. LG CNS는 구글의 AI 기술을 도입, 국내 기업의 공장 자동화 분야에 진출했다. 이처럼 국내 기업의 AI 기술과 서비스는 AI 강국인 미국이나 중국과 비교하면 뒤떨어지며 서비스의 종류도 제한적이다.

국내 기업은 AI를 어느 분야에 적용할 것인지, 어떤 AI 서비스나 비즈니스를 설계해야 하는지도 방향을 못 잡고 있는 상태에 있다. 뿐만 아니라 AI 도입에서 이해 관계자의 충돌이라는 문제도 있다. 지금 기업 내부에서는 AI 도입을 둘러싼 충돌이 시작되고 있다. 예를 들어 모 시중 은행에서는 고객 대출 심사에 AI를 도입하려는 시도가 지점장들의 저항에 부딪혀 저지되었다. AI 도입 이전에는 대출에 대한 승인 권한이 각 지점에 분산되어 있었지만 지점장의 재량과 대출 리스크에 대한 관리가 제대로 되지 않는다는 한계를 가지고 있었다. 이 문제를 해결하기 위해 본사가 AI를 도입하려고 하자 권한을 빼앗길 위기에 처한 지점장급 관리자들이 '반란'을 일으킨 것이다.

이들의 반란은 당연한 것으로 만일 AI가 대출 승인 권한을 가지게 된다면 각 지점장들은 여신 업무의 핵심 의사 결정자에서 지점 직원들 업무 관리자로 주업무가 바뀌게 된다. 즉 AI와 권력 투쟁에서 패한다면 이들은 기업의 HR 부서의 부서원으로 전락하게 되는 것이다. 그러나 이런 반란이 '미래의 패배'를 일시적으로 막을 수는 있겠지만 은행의 AI화라는 핵심 전략적 가치를 훼손하는 상황에 직면하게 될 것이다.

What is to be done, 무엇을 할 것인가?

"무엇을 할 것인가"는 1902년 러시아 혁명의 지도자였던 블라디미르 레닌(Vladimir Lenin)이 발표한 팸플릿 제목이다. 그는 이 글에서 러시아 사회주의 혁명을 위한 중요한 노선 전환을 주장한다. 즉 서유럽 사회당 같은 대중적 사회주의 정당에서 소수 직업적 혁명가들의 비밀 결사체이자 지도 조직인 엘리트 정당으로의 전환이 필수적이라고 주장했다.

레닌 주장의 근거는 러시아 차르 체제의 혹독한 탄압과 노동자, 농민의 낮은 정치적 수준이었다. 그는 러시아 비밀 경찰의 눈을 피하기 위해서는 소수의 직업 혁명가들이 지도하는 비밀 정당이 필요하다고 주장했다. 반면 율리 마르토프(Yuli Martov)와 같은 지도자는 서유럽의 사회당처럼 개방적이고 대중적인 정당을 주장했다. 격렬한 논쟁과 대립을 거치며 레닌은 마르토프를 비롯한 '멘셰비키(소수파)'와 분리되어 '볼셰비키(다수파라는 의미, 실제로는 소수파)'라는 분파를 확립하게 된다. 그리고 머지않아 볼셰비키는 멘셰비키 정권을 무력으로 타도하고 혁명의 주도권을 잡는다.

결국 레닌의 직업적 혁명가들이 지도하는 비밀 정당 이론은 러시아 혁명을 성공시키는 결정적 원인이 되었지만 아이러니하게도 (구)소련이 붕괴하는 내적 모순을 만들어 냈다. 민주 집중제라는 비밀 정당의 지도 원리는 이오시프 스탈린(Joseph Stalin)의 집권 과정에서 민주가 사라지고 '집중'만 남았으며 집중은 필연적으로 1인 독재로 귀결되었다. 1인 독재는 KGB라는 비밀 경찰을 도구로 한 공포 정치로 변질되었으며 소비에트 사회주의 공화국 연방은 거짓과 위선의 국가, 인민을 감시하는 국가로 전락했다. 그리고 내적 모순으로 사회주의 체제가 붕괴하기 시작하고 마침내 1991년 12월 미국과 더불어 세계 최강대국이었던 (구)소련은 지구상에서 소멸한다.

한국의 AI 사회와 경제로의 전환에도 레닌이 「무엇을 할 것인가?」에서 주장한 것 같은 획기적인 전환이 요구된다. 핵심은 국가 주도가 아닌 민간 주도의 AI 전략으로의 혁명적 전환이다. 물론 정부가 담당할 부분은 존재하고 중요하다. 예를 들어 기초 R&D 투자와 연구, 필요 인력에 대한 교육, 차세대 통신망 같은 인프라의 설치, 확충 등은 정부의 중요한 역할이다. 그럼에도 불구하고 비즈니스 영역은 철저하게 민간이 주도하는 방식으로 변화해야 한다. 2000년 이후 정부는 민간 주도의 산업 전략을 표명했지만 실제로 민간이 주도하는 혁신을 실행한 적은 없다.

그럼에도 우리에게는 민간 주도의 혁신이 커다란 성공을 거둔 산업이 존재한다. 바로 세계 최고의 경쟁력을 가진 한국의 게임 산업이다. 게임 산업은 1990년대 중반 이후 정부의 무관심과 규제 속에서도 민간의 자생력을 바탕으로 성장해 왔다. 그리고 2010년까지 전 세계의 게임 산업의 혁신을 주도했다. 한국 전쟁 이후 한국의 산업사에서 정부 주도가 아닌 민간 주도의 최초의 혁신은 게임 산업에서 나왔다.[11] 그렇다면 한국의 게임은 어떻게 자생적으로 글로벌 경쟁력을 획득하게 되었는가? 그것은 정부가 기획하거나 의도하지 못한 '보이지 않는 손'의 작용 때문이었다. 다른 말로 표현하면 산업적 생태계의 작동이라고 할 수도 있다.

한국의 온라인 게임 산업 성장에 기여한 외적 요인을 보면 크게 세 가지로 휴대 전화에 의한 소액 결제, ADSL의 보급, PC방의 확산 등이 있다. 그런데 이 요인들의 형성과 게임 산업에의 공헌에는 몇 가지 특징이 있었다.[12]

첫째, 정부에 의해 의도적으로 계획되거나 통제된 것이 아니라는 점이다. 다음 그림 1에 나와 있듯이 각 요인은 별개의 주체에 의해 추진되었으며 등장 시기도 각각 다르다. 예를 들어, PC방과 온라인 게임 개발사는 산업 생태계의 전혀 다른 주체로 연관성이 서로 거의 없는 상태에서 발전하다가 엔씨소프트의 게임 「리니지」를 계기로 결합해 시너지를 낳았다. PC방의 초기 성장은 「스타크래프트」가 견인했다. ADSL의 보급이나 모바일 소액 결제 시스템 도입이나 아바타 아이템의 유료화 등과 같은 요인들도 마찬가지이다. ADSL의 보급은 게임 산업의 등장과 무관하게 아파트의 존재와 정부의 통신 경쟁 촉진 정책이 기여했다.

둘째, 각각의 요인과 온라인 게임 간에 연쇄 반응이 존재한다는 것이다. 예를 들어 A라는 요인이 온라인 게임의 발전을 촉진하게 되면, 그 결과 B라는 요인이 요구되며 이때 요인 B가 등장하는 연쇄적인 현상을 말한다. 온라인 게임에서 게임 아이템 구매와 같은 소액 결제 시스템이 필요할 당시 온라인 채팅 사이트인 세이클럽에서 소액 결제 시스템이 구축되었고, 이 결제 방식이 게임에 도입되었다. 세이클

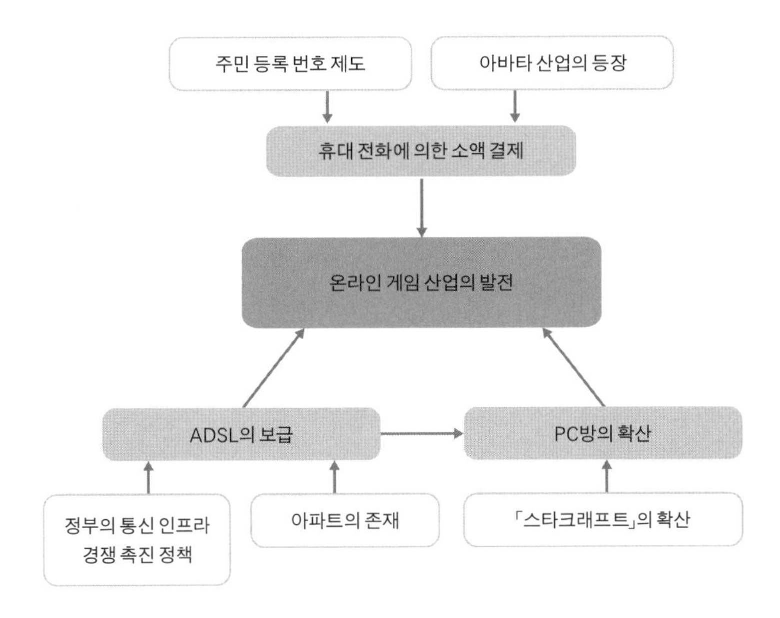

그림 1. 한국 온라인 게임 산업의 형성을 촉진한 거시적 요인.

럽에서 아바타 결제는 50원, 100원 단위의 소액이었고 이런 소액 결제는 신용 카드 사용이 곤란했기 때문에 대체 결제 방식이 필요했고, 이런 소액 결제 방식을 세이클럽이 만들어 낸 것이다.

그러나 미국이나 일본과 같은 게임 선진국의 경우에는 이런 요인 간의 연쇄 반응이 관찰되지 않았다. 온라인 게임의 보급 과정에서 이를 뒷받침할 수 있는 한국과 같은 보완적인 인프라가 등장하지 못해 온라인 게임이라는 혁신이 발생하지 않았던 것이다. 일본의 경우 게임 결제에 핸드폰이 사용되지 못하고 있어 실제적으로 자유로운 소액 결제를 가로막고 있었다.

신용 카드에 의한 요금 결제가 많은 미국의 경우에도 청소년이 게임을 이용하려면 부모의 신용 카드를 사용할 수밖에 없고, 이는 부모의 사전 승인 없이는 게임을 사용할 수 없다는 것을 의미한다. 이런 경우와 달리 한국에서는 온라인 게임의 성장을 제약하는 문제가 발생하면 이를 해소할 수 있는 요인이 등장해 그 제약을 해소했다.

AI 산업의 성장에도 게임과 같은 민간 주도 성장의 혁명적 메커니즘 구축이 필요하다. 1970년대 개발 독재 방식의 산업 육성이 아닌 민간의 자생력과 '다이내미즘'을 극대화한 새로운 성장 전략으로의 전환이다. 이를 통해 AI 기반의 산업, 사회, 국가 구조의 전면적 변혁을 이루어내야 한다.

후주

책을 시작하며: '인공 지능 후진국' 한국

1 "The US had a clear shot at killing Kim Jong Un on July 4 – Here's Why It Didn't Strike," *Business Insider*, July 4 2017.

2 「"사흘 전부터 지켜봤다" 미국의 北미사일 감시 체계」, 《뉴데일리》, 2017년 12월 8일.

3 「美-호주공군, 무인 로봇 전투기 개발 급진전」, 《로봇신문》, 2020년 4월 3일.

4 이렇게 되면 고령 인구의 정의와 기준도 변화할 것이고 고령 인구 비율의 추산 방법도 달라질 것이다. "How is Workplace Technology Supporting an Ageing Workforce," *DiversityQ*, Aug. 7. 2020.

1장 AI의 충격: 사회, 국가, 기업의 미래를 묻다

1 카를 마르크스, 프리드리히 엥겔스, 『독일 이데올로기(*Die Deutsche Ideologie*)』(김대웅 옮김, 두레, 2015년).

2 「[세계는 기본소득 실험 중] "영구배당금은 주요 수입 … 공짜 돈에 게을러지는 건 상상 못해」, 《서울신문》, 2017년 7월 26일.

3 경제 협력 개발 기구(OECD)의 보고서에서도 기본 소득 제도 도입으로 기존 복지 혜택에 들어가는 자금이 줄어 오히려 저소득층에 부정적 영향을 미쳐 빈곤율이 높아질 수 있다고 지적하기도 한다.

4 Helper S. and M. Sako, "Management innovation in supply chain: appreciating

Chandler in the twenty-first century," *Industrial and Corporate Change*, 19(2), 2010, pp. 399-429. 이 논문은 따라서 일본의 신뢰에 기반한 장기 거래가 경영 성과가 좋다는 결론으로 이어지고 있다. 하지만 AI의 등장으로 이러한 일본식 경영은 큰 충격에 직면해 있다. IT 시대를 맞아 일본식 경영의 한계에 대해서는 위정현(2012) 참고.

5 Polonski, V., "MacronLeaks changed political campaigning. Why Macron succeeded and Clinton failed," *World Economic Forum*, 2017.

6 김유향, 「딥페이크(Deepfake)의 발전과 해외 법제도 대응 이슈와 논점」(국회입법조사처, 2019년).

7 "中, 올 5월부터 사회 신용 제도 도입 … 신용 점수에 따라 '기차·비행기 탑승 제한'」, 《아주경제》, 2018년 3월 22일.

8 「인공 지능이 인간 점수 매기는 세상 … "인공 지능 신용 점수 700점 이상 애인 모집"」, 《중앙일보》, 2017년 8월 27일.

2장 AI가 강제하는 기업 경영의 변화

1 「역대급 문제 … 삼성 GSAT 본 수험생들 '비명 후기'」, 《한국경제신문》, 2019년 4월 15일. GSAT 문제의 난이도에 대해서는 해마다 크고 작은 논란이 발생하고 있다.

2 그림 2는 https://www.dhbr.net/articles/-/6137?fbclid=IwAR2u6yi-6C7VUVVmo9dd_wbLAn4ubaFX2Fyrk6LGVsCelnM의 그림을 바탕으로 새로 그렸다.

3 최근 소프트뱅크는 손정의 회장의 특별 지시에 따라 우수한 IT 인재 확보에 특별히 역량을 집중하고 있다. 자세한 내용은 「ソフトバンクの採用は変わり続ける」, 《ダイヤモンド·ハーバード·ビジネス·レビュー》, 2019年 9月 10日 참조.

4 「소프트뱅크의 '인공 지능 채용 심사' … 5명 자소서 읽는 데 인공 지능 15초·사람 15분」, 《조선일보》, 2017년 8월 14일.

5 마이아 시스템스 홈페이지, https://www.mya.com/meetmya/.

6 「로봇이 사람 붙이고 떨어트리는 AI채용, 구직자도 찬반 '팽팽'」, 《리크루트타임스》, 2019년 9월 4일. 최근 사회적으로 문제가 되고 있는 취업 불공정 논란은 이러한 취업 심사에서 AI 도입에 지지를 얻고 있는 것으로 보인다.

7 「서류 전형에 15초 … 인공 지능이 사람 뽑는다」, 《조선일보》, 2017년 8월 17일.

8 라즐로 복, 『구글의 아침은 자유가 시작된다: 구글의 인재 등용의 비밀』(이경식 옮김, 알에이치코리아, 2015년).

9 "Consumer-goods giant Unilever has been hiring employees using brain games and artificial intelligence - and it's a huge success," *Business Insider*, Jun. 28. 2017.

10 "Mom went away for a week. Babysitters forced 9-year-old girl to drink urine, beat her and her brother, police say," *USA Today*, Aug. 2. 2018.

11 https://www.suburbia-unwrapped.com/how-to-find-a-good-babysitter/.

12 "Wanted: The 'perfect babysitter.' Must pass AI scan for respect and attitude," *The Washington Post*, Nov. 24. 2018.

13 「직장인 81% '사내 인간 관계 스트레스로 퇴사 고민'」, 《머니투데이》, 2019년 3월 20일.

14 「部下を育てる面談, AIが分析 リコージャパンの挑戦」, 《日本経済新聞》, 2019年 7月 31日.

15 https://www.hirevue.com/blog/hiring/why-games-are-the-future-of-pre-employment-testing.

16 Reeves M. and G. Wittenburg, "Games Can Make You a Better Strategist," *Harvard Business Review*, Sep. 2015.

17 "Remember this before you play JPMorgan's new pymetrics games," *eFinancialCareers*, Nov. 3. 2020.

18 「HRテクノロジーで激変する人事評価の世界 AIとウェットさ, どう折り合い」, 《朝日新聞 GLOBE》, 2019年 7月 9日.

3장 AI의 등장, 교육의 파괴인가, 교육의 기회인가?

1 이윤미, 「공교육의 역사성과 교육의 공공성 문제」, 《교육비평》, 6, 2001년, 12~31쪽. 이러한 국가별 의무 교육의 역사적 기원의 차이는 현재 안고 있는 교육 문제들에 대한 국민적 인식 차이로 나타나고 있기도 하다.

2 「국가별 정보 동향: [싱가포르] 중학교 입학 시험(PSLE)이 지나치게 어렵다고 호소」, 《교육네트워크정보센터》, 2019년 10월 23일.

3 민창욱, 「공교육에 대한 국가의 규율 권한」, 《저스티스》, 147, 2015년, 5~52쪽.

4 Bowles S. and Herbert Gintis, *Schooling in Capitalist America: Educational Reform and the Contradictions of Economic Life*, Basic Books, 1976.

5 미셸 푸코, 『감시와 처벌: 감옥의 역사』(오생근 옮김, 나남, 2016년).

6 https://twitter.com/kinomoto1/status/743013661044670467.

7 장하준, 『나쁜 사마리아인들』(이순희 옮김, 부키, 2007년), 305쪽.

8 이윤미, 「한국형 공교육 체제의 특성과 개선 과제」, 《한국행정연구》, 28(4), 2019년, 1~30쪽.

9 박균열, 엄준용, 주영효, 「학생생활기록부 기재 방식, 관리, 활용의 문제점과 개선방안」, 《敎育問題硏究》, 54, 2015년, 81~107쪽.

10 "Artificial intelligence will track whether you're paying attention in class," *Yahoo News*, May 30. 2017. https://www.suburbia-unwrapped.com/how-to-find-a-good-babysitter/. 그림 3도 이 인터넷 기사의 일부를 화면 갈무리한 것이다.

11 "Curriculum platforms to get an AI boost from IBM's Watson," *EdScoop*, Jun. 26. 2018.

12 교육부, 「2019년 1차 학교 폭력 실태 조사 결과 발표」(교육부, 2019년).

13 이은혜, 성지은, 황성환, 「학교 폭력 문제 해결을 위한 접근 전략: 예방과 초기 개입 단계를 중심으로」, 《교정복지연구》, 60(1), 2019년, 121~147쪽.

14 「인성 교육법 시행 2주년…교사 절반 법 존재도 몰라」, 《중앙일보》, 2017년 7월 11일.

15 "High school uses facial recognition cameras to see if students are dozing off," *Abscus*, May 18. 2018.

16 "Partnering with Experts to Protect People from Self-Harm and Suicide," Facebook, Feb. 17. 2019.

17 "Artificial intelligence is learning to predict and prevent suicide," *Wired*, March 17. 2017. https://www.wired.com/2017/03/artificial-intelligence-learning-predict-prevent-suicide/.

18 조상식, 『교무행정팀 구성 및 운영 매뉴얼』(동국대학교 사범대학 교육연구원, 2016년).

19 배문영, 홍영표, 「교무행정업무에 대한 초등교사의 인식」, 《미래교육연구》, 29(1), 2016년, 1~25쪽.

20 이주희, 신상명, 「교사 역량 요인의 위계와 의미 연결」, 《교육행정학연구》, 36(5), 2018년, 61~86쪽.

21 임종헌, 유경훈, 김병찬, 「4차 산업 혁명 사회에서 교육의 방향과 교원의 역량에 관한 탐색적 연구」, 《한국교육》, 44(3), 2017년, 5~32쪽.

22 Bloom, B. S., "The 2 Sigma Problem: The Search for Methods of Group Instruction as Effective as One-to-One Tutoring," *JSTOR*, 13(6), 1984, pp. 4-16.

23 Goel, Ashok K. and Lalith Polepeddi, "Jill Watson: A Virtual Teaching Assistant

for Online Education," *Georgia Tech*, 2016.

24 위정현 엮음, 『온라인 게임, 교육과 손잡다』(한경사, 2008년). G러닝은 현재까지 미국, 일본, 베트남 등 글로벌 5개국 공교육에 진출했다.

25 위정현, 송인수, 「학습 도구로서 G러닝 콘텐츠의 활용과 학습 효과 분석」, 《한국게임학회 논문지》, 11(3), 2011년, 55~62쪽.

26 위정현, 오나라, 김양은, 「온라인 게임을 통한 아동 경제 학습 효과 분석」, 《한국게임학회 논문지》, 5(4), 2005년, 13~22쪽.

27 「원격 수업으로 중위권 사라진 '교육 양극화'」, 《주간동아》, 2020년 7월 22일. 코로나는 사교육 시장을 활성화시키고 있기도 하다. 대면 학습이 어려운 상황 속에 학습 효율은 하락하고 있어 이를 보완하기 위한 학원 등 사교육 시장은 더욱 성장하고 있다.

4장 AI가 요구하는 노동의 변화, 그리고 정부 조직의 저항

1 위정현, 정재훈, 「From messenger to mobility – 카카오모빌리티」, 《아산 기업가 정신 리뷰(AER)》(아산재단, 2018년).

2 한국공작기계산업협회, http://www.komma.org/komma/industrial/Overview.do.

3 秋野晶二, 「ME技術による労働の変化と管理」, 紀要論文(WEKO2), 《立教經濟學研究》, 44(4), 1991年, 93~112面. 표 1은 이 문헌의 104쪽 표를 인용해 만든 것이다.

4 "China isn't the only reason Americans are losing manufacturing jobs, *Business Insider*, Dec. 10, 2016.

5 「로봇과 비즈니스의 융합, 로봇 프로세스 자동화(RPA)」, 융합정책연구센터, 2017년 12월 11일.

6 정욱아, 「IBM RPA(Robotic Process Automation) Overview and Demo」, IBM Cloud Live, HOT 트렌드, 2017년 10월 25일. 그림 재인용. https://www.ibmcloudlive.com/?module=file&act=procFileDownload&file_srl=8856&sid=d3137e1902e100138ac8bd7dbe56a1f8&module_srl=6574.

7 「포스트 코로나 시대 '로봇 사원' 늘어날 듯 … 비용 절감·디지털 혁신 역할」, 《조선비즈》, 2020년 4월 29일. 향후 AI 도입을 둘러싸고 노사 간에 심각한 갈등이 생길 것이다. 기업은 노사 갈등이 심할수록 사람의 신규 채용보다는 AI 도입을 추진할 것이다.

8 「화이트칼라 업무 생산성 향상 도구 RPA」, 《주간기술동향》, 2017년 10월 25일.

9 조건이 참일 때 수행되는 일련의 명령문이다. 이 제어 구조를 나타내는 명령문을 if-then 문이라 하며, if 다음에 조건문이, then 다음에 참 문장이 온다.

10 David Schatsky, Craig Muraskin, Kaushik lyengar, 「로보틱 프로세스 자동화-인지적 기업으로 향하는 길」, 딜로이트(Deloitte), 2016년 11월. https://www2.deloitte.com/content/dam/Deloitte/kr/Documents/insights/deloitte-newsletter/2016/23_201612/kr_insights_deloitte-newsletter-23_report_01.pdf
11 "How much time and money can AI save government?," *Deloitte Insights*, April 26. 2017.
12 Federal Workforce Statistics Sources: OPM and OMB Updated October 24, 2019에서.
13 2020년 5월 22일자 「e-나라지표」에서. http://www.index.go.kr/potal/main/EachDtlPageDetail.do?idx_cd=1016.
14 유홍림, 윤상오, 「전자 정부 추진 과정에서 부처 간 갈등 분석: 행자부와 정통부 간 갈등을 중심으로」, 《한국정책과학학회보》, 10(4), 2006년, 397~420쪽.

5장 고독한 인간의 구원자

1 河合克義, 『老人に冷たい国·日本「貧困と社会的孤立」の現実』, 光文社, 2015年.
2 허준수, 「노인들의 고독감에 대한 영향 요인에 관한 연구」, 《노인복지연구》, 53, 2011년, 101~131쪽.
3 성균관대 의대 가정의학과 연구팀, 「가족과의 식사 빈도와 우울증의 연관성 조사」, 2018년.
4 통계청, 2016년 사회 조사 결과.
5 한국보건사회연구원, 「고령 인구 증가와 미래 사회 정책」, 2019년.
6 김종필, 현미열, 「치매 노인의 우울과 자살 의도」, 《대한 간호 학회지(*Journal of Korean Academy of Nursing*)》, 43(2), 2013년, 296~303쪽.
7 「孤独死, 推計2.7万人つかめぬ実態「国に定義なく」」, 《朝日新聞》, 2018年 9月 18日. 현재 일본의 심각한 사회적 문제는 고독사와 함께 치매 노인의 실종이다. 2019년에 신고된 건수는 1만 7479건으로 행방 불명 신고 당일에 70퍼센트의 사람이, 일주일 이내에 대부분의 사람이 소재 확인되었지만, 배회 중에 사고를 당하거나 갑자기 상태가 나빠지거나 해서 460명이 사망했다. 치매 실종자 중 사망이 확인된 비율은 2.7퍼센트였다. 여기에 대한 설명은 다음 링크를 참조할 것. https://www.nippon.com/ja/japan-data/h00773/.
8 엠브레인 트렌드모니터, 「'나홀로 족'의 증가와 함께 공고해지는 '1인 체제', "무엇이든

혼자서도 잘해요」, 2018년.

9 NEWSポストセブン, 「第三次おひとりさまブーム若い世代中心に一人ディズニーも」, 2015年 9月 29日.

10 심플족이란 구매와 소비를 잘 하지 않는 새로운 소비 패턴의 세대를 지칭하는 말이다. 이 개념을 제시한 일본의 마케팅 애널리스트 미우라 아쓰시(三浦展)는 "자동차 판매는 줄고 있지만 자전거는 인기이다. 백화점은 어려움을 겪고 있지만 유니클로는 최고의 인기를 끌고 있다. 친환경, 자연 지향, 복고 지향, 일본식 선호, 커뮤니티 지향, 선진국보다 세계 유산, 농업 회귀 등의 새로운 가치관이 대두된 것이다. 심플족이 일본을 바꾼다."라고 주장한다. 여기에 대한 설명은 다음 문헌 참조. 三浦展, 『シンプル族の反乱』(ベストセラーズ, 2009年).

11 한국갤럽, 「2012-2018 스마트폰 사용률, 현재 사용 & 향후 구입 예정 브랜드」, 2018년 7월 26일.

12 과학기술통신부, 「2019년 스마트폰 과의존 실태 조사」, 2019년.

13 정보통신정책연구원, 「어린이와 청소년의 휴대폰 보유 및 이용 행태 분석」, 2019년 9월.

14 https://www.canalys.com/analysis/smart+speaker+analysis.

15 필자의 직접 인터뷰.

16 Barrett, L. F., Adolphs, R., Marsella, S., Martinez, A. M., & Pollak, S. D., "Emotional expressions reconsidered: Challenges to inferring emotion from human facial movements," *Psychological Science in thePublic Interest*, 20, 2019, pp. 1–68.

17 Tasnim, M., Stroulia E., "Detecting Depression from Voice," In Meurs, M. J., Rudzicz, F. (eds) *Advances in Artificial Intelligence*, Canadian AI 2019, Lecture Notes in Computer Science, 11489, Springer, 2019.

18 「챗봇과 일상 대화? 빅 데이터가 해답!」, 《공학저널》, 2019년 9월 30일.

19 인지 행동 치료는 우리의 부정적이고 왜곡되어 있는 인지 구조를 깨닫도록 도와주며, 더 나은 융통성 있는 다른 관점을 발전시킬 수 있도록 한다. https://sev.iseverance.com/dept_clinic/department/psychiatry/treatment/view.asp?con_no=89623&page=1&SearchField=&SearchWord=.

20 「経済·社会·研究開発, "AIの賢い活用が人間中心社会をもたらす"」, 《マンスリーレビュー》, 2019年4月号 特集. 그림 1은 https://www.mri.co.jp/knowledge/mreview/201904.html의 그림을 참고해 다시 그렸다.

21 日本内閣府, 「雇用統計」, 2017年.

22 Ansys, "Analyzing Public Perceptions of Future Unmanned Transportation," *Global Autonomous Vehicles Report*, 2019.
23 임태성, 「가상 이동의 개념과 인식에 대한 연구」, 《한글》, 79(2), 2018년, 399~431쪽.
24 「"과도한 친절은 부담스러워요" 자발적 단절 원하는 밀레니얼 세대가 호텔에 온다」, 《월간 호텔앤레스토랑》, 2020년 9월 6일.
25 「한국 민족 문화 대백과사전」, http://encykorea.aks.ac.kr/Contents/Item/E0018004.
26 Stanford Social Science Data Collection, "How Couples Meet and Stay Together," 2009.
27 Baucom, N. B. Robert, P. Georgiou and S. Narayanan, "Predicting couple therapy outcomes based on speech acoustic features," *PLOS ONE*, 2017.
28 https://macaroonhawfinch.tistory.com/71.
29 「微软小冰情人节公布人工智能"恋人"首测用户体验片段」, Techweb.com, 2020年 2月 14日. http://m.techweb.com.cn/article/2020-02-14/2777173.shtml.
30 임태성, 앞의 글.

6장 공포와 기대

1 Rogers, von E. M., *Diffusion of Innovations*, The Free Press, 1962.
2 이 장은 여향란과 위정현(2019)을 기반으로 수정, 가필한 것이다.

7장 AI와 인간은 협력할 수 있는가?

1 이준행, 「내시경실의 환자와 의료진의 안전」, 연세 대학교 의과 대학 소화기학 연수 강좌, 2015년.
2 「AI 왓슨 암 진단 정확도 96퍼센트 … 아직 인간 대체는 어려워」, 《사이언스 타임스》, 2016년 5월 27일.
3 「클라우드·AI로 신약 개발 기간 반으로 줄인다」, 《디지털타임스》, 2019년 8월 18일.
4 「神様も驚くAI経営 来客予測で食品ロス激減」, 《朝日新聞》, 2019年 7月 30日.
5 「작은 로스 비용 모이니 사람 잡더라」, 《더스쿠프》, 2015년 1월 15일.
6 「伊勢の老舗食堂がAI来店予測ソリューション提供企業「EBILAB」に5カ月で大変貌」, 《CNET Japan》, 2018年 6月 20日.
7 "Sending the Police Before There's a Crime," *The New York Times*, Aug. 15. 2011.
8 "UK police wants AI to stop violent crime before it happens," *Newscientist*, Nov. 26.

2018.

9 "Google AI Beats Doctors at Breast Cancer Detection Sometimes," *The Wall Street Journal*, Jan. 1. 2020.

10 Daugherty, Paul R. and H. James Wilson, "Collaborative Intelligence: Humans and AI Are Joining Forces," *Harvard Business Review*, Jun-Jul. 2018.

8장 블랙박스와 바이어스

1 Silver, D., J. Schrittwieser, K. Simonyan, I. Antonoglou, A. Huang, A. Guez, T. Hubert, L. Baker, M. Lai, A. Bolton, Y. Chen, T. Lillicrap, F. Hui, L. Sifre, G. van den Driessche, T. Graepel and D. Hassabis, "Mastering the game of Go without human knowledge," *Nature*, 550, 2017, pp. 354-359.

2 「"외계인이 기보 던져 준 느낌" … 알파고가 남긴 '절세무공비급'」, 《일요신문》, 2017년 6월 8일.

3 Tatman, R., "Gender and Dialect Bias in YouTube's Automatic Captions," *ACL Anthology*, Proceedings of the First ACL Workshop on Ethics in Natural Language Processing, 2017, pp. 53-59.

4 https://twitter.com/dhh/status/1193714270157950976.

5 "Apple's 'sexist' credit card investigated by US regulator," *BBC News*, Nov. 11. 2019.

6 한애라, 「인공 지능과 젠더 차별」, 《이화젠더법학》 11(3), 2019년, 1~39쪽.

7 「美 정부 "인종 · 성별 따라 광고 노출 차별" 페이스북에 소송 제기」, 《IT조선》, 2019년 3월 29일.

8 홍성욱, 「인공 지능 알고리듬과 차별」, 과학기술정책연구원, 2018년.

9 「인공 지능 세뇌의 위험 … MS 채팅봇 '테이' 차별 발언으로 운영 중단」, 《연합뉴스》, 2016년 3월 25일.

10 리사 펠드만 바렛의 2017년 12월 TED 강연, https://www.ted.com/talks/lisa_feldman_barrett_you_aren_t_at_the_mercy_of_your_emotions_your_brain_creates_them.

11 「WHO "한국, 코로나19 대응 교과서 같은 우수 사례"」, 《연합뉴스》, 2020년 3월 22일.

12 「기 소르망 "한국, 방역대책 최고지만 … 심한 감시 사회" 주장」, 《동아일보》, 2020년 4월 29일.

13 미국 실리콘밸리 코트라, 「'더 안전한 미래 사회'를 위한 우리의 역할」, RSAC 2019 현장 리포트 2부, 2019년 4월 1일.

9장 AI 없는 한국과 글로벌 AI 패권 경쟁

1 차미영, 「코로나19 과학 리포트, '인공 지능으로 코로나바이러스-19 진단 · 예측'」, 《기초과학연구원 코로나19 과학 리포트 1》, Vol. 4, 2020년 3월 12일. https://www.ibs.re.kr/cop/bbs/BBSMSTR_000000000971/selectBoardArticle.do?nttId=18201&pageIndex=2&searchCnd=&searchWrd=#.

2 Wang, Shuai, Bo Kang, Jinlu Ma, Xianjun Zeng, Mingming Xiao, Jia Guo, Mengjiao Cai, Jingyi Yang, Yaodong Li, Xiangfei Meng, Bo Xu(2020), "A deep learning algorithm using CT images to screen for Corona Virus Disease (COVID-19)," *medRXiv*, Feb. 14. 2020. HYPERLINK "https//www.medrxiv.org/content/10.1101/2020.02.14.20023028v5"https://www.medrxiv.org/content/10.1101/2020.02.14.20023028v5.

3 차미영, 앞의 글.

4 조남호, 「코로나 바이러스에 대처하는 IT 기업의 자세」, 《삼성 SDS 스토리》, 2020년 4월 2일. https://www.samsungsds.com/kr/story/corona-it.html.

5 「AI를 통해 코로나바이러스와 같은 질병의 확산을 저지할 수 있을까?」, 《테크 트렌드》, 2020년 2월 3일.

6 「코로나19 이후 글로벌 전자상거래 트렌드」, 국제무역통상연구원 연구 보고서, 2020년 6월 12일. http://iit.kita.net/newtri2/report/iitreporter_view.jsp?sNo=2077&sClassification=5.

7 25개국 국가별로 AI 연구 수를 기준으로 핵심 인재 500명(총 1만 2500명)을 1차 선정했다. 이후, 3개 연구 역량 지표(연구 수, 편당 인용 수, FWCI) 값을 100점 기준으로 환산하고, 해당 지표에 가중치를 부여하여 국가별 최종 100명을 대상으로 AI 두뇌 지수를 측정했다.

8 전체적인 준비 지수는 총 4개의 클러스터(거버넌스, 사회 기반 시설과 데이터, 기술과 교육, 정부와 공공 서비스)로 그룹화된 11개의 지표로 구성되었다. 이 지표에는 데이터 보호 관련 법률 유무, 국가 AI 전략 유무, 데이터 활용 가능성, AI 역량, 민간 부문 혁신 역량, AI 스타트업 수, 디지털 공공 서비스 수준 등이 포함된다.

9 KPC4IR, 「한국의 인공 지능 분야 위상 측정 연구」, 2019년 12월 30일. https://

kpc4ir.kaist.ac.kr/index.php?mid=kpc4ir_03_01_01&document_srl=1729.

10 "Elon Musk: 'Mark my words—A.I. is far more dangerous than nukes'," CNBC, Mar. 13. 2018.

11 Wi, J. H., *Innovation and Strategy of Online Games*, Imperial College Press, 2009.

12 위정현, 『온라인 게임 비즈니스 전략』(한경사, 2006년).

참고 문헌

논문과 단행본

KPC4IR, 「한국의 인공 지능 분야 위상측정 연구」(2019년 12월 30일). https://kpc4ir.kaist.ac.kr/.

과학기술통신부, 「2019년 스마트폰 과의존 실태조사」(2019년). https://search.msit.go.kr/RSA/front_new/Search.jsp.

기초과학연구원, 「코로나19 과학 리포트, '인공 지능으로 코로나바이러스-19 진단·예측'」, 《코로나19 과학 리포트》(2020년). https://m.post.naver.com/viewer/postView.nhn?volumeNo=27717517&memberNo=37571784&vType=VERTICAL).

김석태, 「한국 지방 재정의 비효율성 구조와 그 함의」, 《지방정부연구》, 6(4)(2003년), 7~21쪽.

김유향, 「딥페이크(Deepfake)의 발전과 해외 법제도 대응 이슈와 논점」(국회입법조사처, 2019년).

김종필과 현미열, 「치매노인의 우울과 자살의도」, *Journal of Korean Academy of Nursing*, 43(2)(2013년), 296~303쪽.

김현수, 「코로나19 이후 글로벌 전자상거래 트렌드」, 《트레이드 포커스》(국제무역통상연구원, 2020년 6월).

다니엘 골만, 장석훈 옮김, 『SQ 사회지능』(웅진지식하우스, 2014년).

라즐로 복, 이경식 옮김, 『구글의 아침은 자유가 시작된다: 구글의 인재 등용의 비밀』, (알

에이치코리아, 2015년).
미셸 푸코, 오생근 옮김, 『감시와 처벌: 감옥의 역사』(나남, 2016년).
민창욱, 「공교육에 대한 국가의 규율 권한」, 《저스티스》, 147(2015년), 5~52쪽.
박균열, 엄준용, 주영효, 「학생생활기록부 기재방식, 관리, 활용의 문제점과 개선방안」, 《教育問題硏究》, 54(2015년), 81~107쪽.
배문영, 홍영표, 「교무행정업무에 대한 초등교사의 인식」, 《미래교육연구》, 29(1)(2016년), 1~25쪽.
성균관대 의대 가정의학과 연구팀, 「가족과의 식사빈도와 우울증의 연관성 조사」(2018년).
여향란, 위정현, 「게임 인공지능 초기이용자 만족에 미치는 요인 분석: 엔씨소프트의 블레이드앤소울 AI 조기수용자를 중심으로」, 《한국게임학회 논문지》, 20(3)(2020년), 3~14쪽.
위정현 엮음, 『온라인 게임 교육과 손잡다』(한경사, 2008년).
위정현, 『온라인 게임 비즈니스 전략』(제우미디어, 2006년).
위정현, 『인터넷 시대와 일본의 침몰』(한경사, 2012년).
위정현, 송인수, 「학습 도구로서 G러닝 콘텐츠의 활용과 학습 효과 분석」, 《한국게임학회 논문지》, 11(3)(2011년), 55~62쪽.
위정현, 오나라, 김양은, 「온라인 게임을 통한 아동 경제 학습 효과 분석」, 《한국게임학회 논문지》, 5(4)(2005쪽), 13~22쪽.
위정현, 정재훈, 「카카오: From messenger to mobility-Teaching Note」, 《아산 기업가 정신 리뷰(AER)》(아산재단, 2018년).
유홍림, 윤상오, 「전자정부 추진과정에서 부처 간 갈등 분석: 행자부와 정통부 간 갈등을 중심으로」, 《한국정책과학학회보》, 10(4)(2006년), 397~420쪽.
이윤미, 「공교육의 역사성과 교육의 공공성 문제」, 《교육비평》, 6(2001년), 12~31쪽.
이윤미, 「한국형 공교육 체제의 특성과 개선과제」, 《한국행정연구》, 28(4)(2019년), 1~30쪽.
이은혜, 성지은, 황성환, 「학교 폭력 문제 해결을 위한 접근 전략: 예방과 초기 개입 단계를 중심으로」, 《교정복지연구》, 60(1)(2019년), 121~147쪽.
이주희, 신상명, 「교사 역량 요인의 위계와 의미 연결」, 《교육행정학연구》, 36(5)(2018년), 61~86쪽.
임종헌, 유경훈, 김병찬, 「4차 산업혁명사회에서 교육의 방향과 교원의 역량에 관한 탐색적 연구」, 《한국교육》, 44(3)(2017년), 5~32쪽.

임태성, 「가상 이동의 개념과 인식에 대한 연구」, 《한글》, 79(2)(2018년), 399~431쪽.
장하준, 이순희 옮김, 『나쁜 사마리아인들』(부키, 2007년).
전경원, 『창의력이란 무엇인가』(신원, 2008년).
정보통신정책연구원, 「어린이와 청소년의 휴대폰 보유 및 이용행태 분석」(2019년).
조상식, 『교무행정팀 구성 및 운영 매뉴얼』(동국대학교 사범대학 교육연구원, 2016년).
카를 마르크스, 프리드리히 엥겔스, 김대웅 옮김, 『독일 이데올로기』(두레, 2015년).
한애라, 「인공 지능과 젠더차별」, 《이화젠더법학》, 11(3)(2019년), 1~39쪽.
허준수, 「노인들의 고독감에 대한 영향 요인에 관한 연구」, 《노인복지연구》, 53(2011년), 101~131쪽.
홍성욱, 「인공 지능 알고리듬과 차별」(과학기술정책연구원, 2018년).
Barrett, L. F., Adolphs, R., Marsella, S., Martinez, A. M., & Pollak, S. D., "Emotional expressions reconsidered: Challenges to inferring emotion from human facial movements," *Psychological Science in the Public Interest*, 20, 2019, pp. 1–68.
Baucom, N. B. Robert, P. Georgiou and S. Narayanan, "Predicting couple therapy outcomes based on speech acoustic features," *PLOS ONE*, 2017. https://www.ncbi.nlm.nih.gov/pmc/articles/PMC5608311/.
Bloom, B. S., "The 2 Sigma Problem: The Search for Methods of Group Instruction as Effective as One-to-One Tutoring," *JSTOR*, 13(6), 1984, pp. 4-16.
Bowles S. and Herbert Gintis, *Schooling in Capitalist America: Educational Reform and the Contradictions of Economic Life*, Basic Books, 1976.
Daugherty, P. R. and H. James Wilson, "Collaborative Intelligence: Humans and AI Are Joining Forces," *Harvard Business Review*, Jun-Jul. 2018. https://www.hbrkorea.com/article/view/atype/ma/category_id/5_1/article_no/1201.
Goel, A. K. and L. Polepeddi, *Jill Watson: A Virtual Teaching Assistant for Online Education*, Georgia Tech, 2016. https://smartech.gatech.edu/handle/1853/59104.
Helper S. and M. Sako, "Management innovation in supply chain: appreciating Chandler in the twenty-first century," *Industrial and Corporate Change*, 19(2), 2010, pp. 399–429.
Polonski, V., "MacronLeaks changed political campaigning. Why Macron succeeded and Clinton failed," World Economic Forum, 2017.
Reeves M. and G. Wittenburg, "Games Can Make You a Better Strategist," *Harvard*

Business Review, Sep. 2015. https://hbr.org/2015/09/games-can-make-you-a-better-strategist.
Rogers, von E. M., *Diffusion of Innovations*, The Free Press, 1962.
Silver, D., J. Schrittwieser, K. Simonyan, I. Antonoglou, A. Huang, A. Guez, T. Hubert, L. Baker, M. Lai, A. Bolton, Y. Chen, T. Lillicrap, F. Hui, L. Sifre, G. van den Driessche, T. Graepel and D. Hassabis, "Mastering the game of Go without human knowledge," *Nature*, 550, 2017, pp. 354-359. https://www.nature.com/articles/nature24270.
Tasnim M., Stroulia E., "Detecting Depression from Voice," In: Meurs MJ., Rudzicz F. (eds), *Advances in Artificial Intelligence. Canadian AI 2019*, Lecture Notes in Computer Science, 11489, Springer, 2019.
Tatman, R., "Gender and Dialect Bias in YouTube's Automatic Captions," *ACL Anthology*, Proceedings of the First ACL Workshop on Ethics in Natural Language Processing, pp. 53-59. https://www.aclweb.org/anthology/W17-1606/.
Wang, S., B. Kang, J. Ma, X. Zeng, M. Xiao, J. Guo, M. Cai, J. Yang, Y. Li, X. Meng, B. Xu, "A deep learning algorithm using CT images to screen for Corona Virus Disease (COVID-19)," *medRXiv*, Feb. 14, 2020.
Wi, J. H., *Innovation and Strategy of Online Games*, Imperial College Press, 2009.
秋野晶二, 「ME技術による労働の変化と管理」, 紀要論文(WEKO2), 《立教經濟學研究》, 44(4) (1991年), 93-112面.
河合克義(2015), 『老人に冷たい国·日本「貧困と社会的孤立」の現実』(光文社, 2015年).
魏晶玄, 新宅純二郎, 「韓国オンライン·ゲーム産業の形成プロセス」, 《赤門マネジメント·レビュー》(2002年), 453-462面.
三浦展, 『シンプル族の反乱』(ベストセラーズ, 2009年).
日本内閣府, 「雇用統計」(2017年). https://www8.cao.go.jp/kourei/whitepaper/w-2017/html/zenbun/s1_2_4.html.

언론 기사와 인터넷 문헌

「美 정부 "인종·성별따라 광고 노출 차별" 페이스북에 소송 제기」, 《IT조선》, 2019년 3월 29일. http://it.chosun.com/site/data/html_dir/2019/03/29/2019032901285.html.
「코로나 바이러스에 대처하는 IT 기업의 자세」, 《SAMSUNG SDS》, 2020년 4월 2일.

https://www.samsungsds.com/global/ko/news/story/corona-it.html.
「AI 왓슨 암 진단 정확도 96퍼센트…아직 인간 대체는 어려워」, 《사이언스타임즈》, 2016년 5월 27일. https://www.sciencetimes.co.kr/?news=ai-%EC%99%93%EC%8A%A8-%EC%95%94-%EC%A7%84%EB%8B%A8-%EC%A0%95%ED%99%95%EB%8F%84-96%EC%95%84%EC%A7%81-%EC%9D%B8%EA%B0%84-%EB%8C%80%EC%B2%B4%EB%8A%94-%EC%96%B4%EB%A0%A4%EC%9B%8C.
「챗봇과 일상 대화? 빅데이터가 해답!」, 《공학저널》, 2019년 9월 30일. http://www.engjournal.co.kr/news/articleView.html?idxno=429.
「국가별 정보 동향: [싱가포르] 중학교입학시험(PSLE)이 지나치게 어렵다고 호소」, 《교육네트워크정보센터》, 2019년 10월 23일. http://edpolicy.kedi.re.kr/frt/boardView.do?strCurMenuId=55&pageIndex=1&pageCondition=10&nTbBoardArticleSeq=823543.
「"사흘 전부터 지켜봤다" 미국의 北미사일 감시 체계」, 《뉴데일리》, 2017년 12월 8일. http://www.newdaily.co.kr/site/data/html/2017/12/08/2017120800070.html.
「작은 로스 비용 모이니 사람 잡더라」, 《더스쿠프》, 2015년 1월 15일. http://www.thescoop.co.kr/news/articleView.html?idxno=14525.
「기 소르망 "한국, 방역 대책 최고지만 … 심한 감시 사회" 주장」, 《동아일보》, 2020년 4월 29일. https://www.donga.com/news/Inter/article/all/20200429/100862194/1.
「클라우드·AI로 신약 개발 기간 반으로 줄인다」, 《디지털타임스》, 2019년 8월 18일. http://www.dt.co.kr/contents.html?article_no=2019081902101431650001.
「美-호주공군, 무인 로봇 전투기 개발 급진전」, 《로봇신문》, 2020년 4월 3일. http://www.irobotnews.com/news/articleView.html?idxno=20213.
리사 펠드만 바렛, 「당신이 감정에 지배되고 있습니다」, 2017년 TED 강연. https://www.ted.com/talks/lisa_feldman_barrett_you_aren_t_at_the_mercy_of_your_emotions_your_brain_creates_them?utm_campaign=tedspread&utm_medium=referral&utm_source=tedcomshare).
「로봇이 사람 붙이고 떨어트리는 AI 채용, 구직자도 찬반 '팽팽'」, 《리쿠르트타임스》, 2019년 9월 4일. http://www.recruittimes.co.kr/news/articleView.html?idxno=85964.
「직장인 81% "사내 인간관계 스트레스로 퇴사 고민"」, 《머니투데이》, 2019년 3월 20일. https://news.mt.co.kr/mtview.php?no=2019032009193570933.

「[세계는 기본소득 실험 중] "영구배당금은 주요 수입 … 공짜 돈에 게을러지는 건 상상 못해"」, 《서울신문》, 2017년 7월 26일. https://www.seoul.co.kr/news/newsView.php?id=20170727011003.
「中, 올 5월부터 사회 신용 제도 도입 … 신용 점수에 따라 '기차·비행기 탑승 제한'」, 《아주경제》, 2018년 3월 22일. https://www.ajunews.com/view/20180321181049659.
「내시경실의 환자와 의료진의 안전」, 연세대학교 의과대학 소화기학 연수 강좌. http://endotoday.com/endotoday/perm_safety_36.pdf.
「WHO "한국, 코로나19 대응 교과서 같은 우수 사례"」, 《연합뉴스》, 2020년 3월 22일. https://www.yna.co.kr/view/MYH20200322003900038.
「인공 지능 세뇌의 위험 … MS 채팅봇 '테이' 차별 발언으로 운영 중단」, 《연합뉴스》, 2016년 3월 25일. https://www.yna.co.kr/view/AKR20160325010151091.
「"과도한 친절은 부담스러워요" 자발적 단절 원하는 밀레니얼 세대가 호텔에 온다」, 《월간 호텔앤레스토랑》, 2020년 9월 6일. http://www.hotelrestaurant.co.kr/news/article.html?no=7492.
「"외계인이 기보 던져 준 느낌" … 알파고가 남긴 '절세무공비급'」, 《일요신문》, 2017년 6월 8일. https://ilyo.co.kr/?ac=article_view&entry_id=251906.
「포스트 코로나 시대 '로봇 사원' 늘어날 듯 … 비용 절감·디지털 혁신 역할」, 《조선비즈》, 2020년 4월 29일. https://biz.chosun.com/site/data/html_dir/2020/04/29/2020042903928.html.
「서류 전형에 15초 … 인공 지능이 사람 뽑는다」, 《조선일보》, 2017년 8월 17일. http://news.chosun.com/misaeng/site/data/html_dir/2017/08/17/2017081703389.html.
「소프트뱅크의 '인공 지능 채용 심사' … 5명 자소서 읽는 데 인공 지능 15초·사람 15분」, 《조선일보》, 2017년 8월 14일. http://biz.chosun.com/site/data/html_dir/2017/08/14/2017081401030.html.
「원격 수업으로 중위권 사라진 '교육 양극화'」, 《주간동아》, 2020년 7월 22일. https://weekly.donga.com/List/3/all/11/2127216/1.
「인공 지능이 인간 점수 매기는 세상 … "인공 지능 신용 점수 700점 이상 애인 모집"」, 《중앙일보》, 2017년 8월 27일. https://news.joins.com/article/21878804.
「인성 교육법 시행 2주년…교사 절반 법 존재도 몰라」, 《중앙일보》, 2017년 7월 11일. https://news.joins.com/article/21745660.
「역대급 문제 … 삼성 GSAT 본 수험생들 '비명 후기'」, 《한국경제신문》, 2019년 4월 15일.

https://www.hankyung.com/society/article/2019041435341.

"Apple's 'sexist' credit card investigated by US regulator," *BBC News*, Nov. 11. 2019. https://www.bbc.com/news/business-50365609.

"Artificial intelligence is learning to predict and prevent suicide," *Wired*, March 17. 2017. https://www.wired.com/2017/03/artificial-intelligence-learning-predict-prevent-suicide/.

"Artificial intelligence will track whether you're paying attention in class," *Yahoo News*, May 30. 2017. https://www.digitaltrends.com/cool-tech/nestor-AI-paying-attention/.

"Consumer-goods giant Unilever has been hiring employees using brain games and artificial intelligence - and it's a huge success," *Business Insider*, Jun. 28. 2017. https://www.businessinsider.com/unilever-artificial-intelligence-hiring-process-2017-6.

"Curriculum platforms to get an AI boost from IBM's Watson," *EdScoop*, Jun. 26. 2018. https://edscoop.com/ibm-watson-artificial-intelligence-scholastic-edmodo-curriculum/.

"Elon Musk: 'Mark my words—A.I. is far more dangerous than nukes'," CNBC, Mar. 13. 2018. https://www.cnbc.com/2018/03/13/elon-musk-at-sxsw-a-i-is-more-dangerous-than-nuclear-weapons.html.

"Google AI Beats Doctors at Breast Cancer Detection Sometimes," *The Wall Street Journal*, Jan. 1. 2020. https://www.wsj.com/articles/google-ai-beats-doctors-at-breast-cancer-detectionsometimes-11577901600.

"High school uses facial recognition cameras to see if students are dozing off," *Abscus*, May 18. 2018. https://www.scmp.com/abacus/tech/article/3028514/high-school-uses-facial-recognition-cameras-see-if-students-are-dozing.

"How is Workplace Technology Supporting an Ageing Workforce," *DiversityQ*, Aug. 7. 2020. https://diversityq.com/how-is-workplace-technology-supporting-an-ageing-workforce-1509859/.

"Mom went away for a week. Babysitters forced 9-year-old girl to drink urine, beat her and her brother, police say," *USA Today*, Aug. 2. 2018. https://www.usatoday.com/story/news/nation-now/2018/08/02/abusive-babysitters-chargednortheast-pennsylvania/892597002/.

"Partnering with Experts to Protect People from Self-Harm and Suicide," Facebook, Feb. 17. 2019. https://about.fb.com/news/2019/02/protecting-people-from-self-harm/.

"Remember this before you play JPMorgan's new pymetrics games," *eFinancialCareers*, Nov. 3. 2020. https://news.efinancialcareers.com/fi-en/3001873/jpmorgan-pymetrics.

"Sending the Police Before There's a Crime," *The New York Times*, Aug. 15. 2011. https://www.nytimes.com/2011/08/16/us/16police.html.

"The US had a clear shot at killing Kim Jong Un on July 4 - Here's Why It Didn't Strike," *Business Insider*, July 4 2017. https://www.businessinsider.com/why-us-didn-t-kill-kim-jong-un-icbm-test-july-4-2017-7.

"UK police wants AI to stop violent crime before it happens," *Newscientist*, Nov. 26. 2018. https://www.newscientist.com/article/2186512-exclusive-uk-police-wants-ai-to-stop-violent-crime-before-it-happens/#ixzz6GMWMMvH9.

"Wanted: The 'perfect babysitter.' Must pass AI scan for respect and attitude," *The Washington Post*, Nov. 24. 2018. https://www.washingtonpost.com/technology/2018/11/16/wanted-perfect-babysitter-must-pass-ai-scan-respect-attitude/.

「2019年の認知症行方不明者1万7479人, 7年連続増」, Nippon.com, 2020年 7月 16日. https://www.nippon.com/ja/japan-data/h00773/.

「AIの賢い活用が人間中心社会をもたらす」, 《マンスリーレビュー, 経済·社会·研究開発》, 2019年4月号 特集. https://www.mri.co.jp/knowledge/mreview/201904.html.

「HRテクノロジーで激変する人事評価の世界AIとウェットさ, どう折り合い」, 《朝日新聞GLOBE》, 2019年 7月 9日. https://globe.asahi.com/article/12522216.

「ソフトバンクの採用は変わり続ける」, 《ダイヤモンド·ハーバート·ビジネス·レビュー》, 2019年 9月 10日. https://www.diamond.co.jp/digital/q5hod5000000lekf.html.

「孤独死, 推計 2.7万人つかめぬ実態「国に定義なく」」, 《朝日新聞》, 2018年 9月 18日. https://www.asahi.com/articles/ASL5X55P8L5XTIPE026.html.

「微软小冰情人节公布人工智能"恋人"首测用户体验片段」, Techweb.com, 2020年 2月 14日. http://m.techweb.com.cn/article/2020-02-14/2777173.shtml.

「部下を育てる面談, AIが分析リコージャパンの挑戦」,《日本経済新聞》, 2019年 7月 31日. https://style.nikkei.com/article/DGXMZO47813360W9A720C1000000?channel=DF070220194746&page=3.
「神様も驚くAI経営 来客予測で食品ロス激減」,《朝日新聞》, 2019年 7月 30日. https://change.asahi.com/articles/0018/.
「伊勢の老舗食堂がAI来店予測ソリューション提供企業「EBILAB」に5カ月で大変貌」,《CNET Japan》, 2018年 6月 20日. https://japan.cnet.com/article/35120936/.
「第三次おひとりさまブーム若い世代中心に一人 ディズニーも」,《NEWSポストセブン》, 2015年 9月 29日. https://www.news-postseven.com/archives/20150929_353443.html.
한국공작기계산업협회. http://www.komma.org/komma/industrial/Overview.do.
한국민족문화대백과사전. http://encykorea.aks.ac.kr/Contents/Item/E0018004.
https://macaroonhawfinch.tistory.com/71.
https://sev.iseverance.com/dept_clinic/department/psychiatry/treatment/view.asp?con_no=89623&page=1&SearchField=&SearchWord=.
https://twitter.com/dhh/status/1193714270157950976.
https://twitter.com/kinomoto1/status/743013661044670467.
https://www.canalys.com/analysis/smart+speaker+analysis.
https://www.hirevue.com/blog/hiring/why-games-are-the-future-of-pre-employment-testing.
https://www.mya.com/meetmya/.
https://www.suburbia-unwrapped.com/how-to-find-a-good-babysitter/.
https://www.wired.com/2017/03/artificial-intelligence-learning-predict-prevent-suicide/.

찾아보기

바

사

아

자

차

카

기획 중앙대학교 인문콘텐츠연구소
2017년 11월부터 대한민국 교육부와 한국연구재단에서 지원하는 HK+인공지능인문학사업단을 운영하고 있으며, 인문학과 인공 지능의 융합적 연구를 수행하고 있다.

AI 인문학 3

인공 지능 없는 한국

1판 1쇄 찍음 2021년 5월 15일
1판 1쇄 펴냄 2021년 5월 31일

지은이 위정현
기획 중앙대학교 인문콘텐츠연구소 HK+ 인공지능인문학사업단
펴낸이 박상준
펴낸곳 (주)사이언스북스

출판등록 1997. 3. 24.(제16-1444호)
(06027) 서울특별시 강남구 도산대로1길 62
대표전화 515-2000, 팩시밀리 515-2007
편집부 517-4263, 팩시밀리 514-2329
www.sciencebooks.co.kr

ISBN 979-11-90403-16-0 94550
ISBN 979-11-90403-72-6 (세트)

이 저서는 2017년 대한민국 교육부와 한국연구재단의 지원을 받아 수행된 연구임
(NRF-2017S1A6A3A01078538)